BORIS GRUNDL

Verstehen heißt nicht einverstanden sein

Econ

Econ ist ein Verlag
der Ullstein Buchverlage GmbH

2. Auflage 2019

ISBN: 978-3-430-20244-2

© der deutschsprachigen Ausgabe
Ullstein Buchverlage GmbH, Berlin 2017
Alle Rechte vorbehalten
Gesetzt aus der Centennial
Satz: LVD GmbH, Berlin
Druck und Bindearbeiten: CPI books GmbH, Leck
Printed in Germany

Es hat nichts Edles,
sich seinen Mitmenschen überlegen zu fühlen.
Wahrhaft edel ist,
wer sich seinem früheren Ich überlegen fühlt.

(Ernest Miller Hemingway)

6

INHALT

PECHVOGEL ODER HANS IM GLÜCK?

Schweißgebadet wache ich auf. Es ist einer dieser Alpträume, die mich seit meiner Kindheit verfolgen: Etwas Unbestimmtes bedroht mich. Es ist hinter mir. Rechts hinter meiner Schulter, im Dunkeln. Ich kann es nicht sehen, nur fühlen. Es ist nah, ganz nah und greift nach mir. Ich habe Angst. Schreckliche Angst, und möchte weglaufen. Kann aber nicht. Ich kann mich nicht bewegen, bin total gelähmt, vollkommen hilflos. Und jetzt, mitten in der größten Angst, wache ich auf.

Dieser immer wiederkehrende Alptraum sorgte dafür, dass ich mich, schon als ich ganz klein war, jedes Jahr freiwillig gegen Kinderlähmung impfen ließ – viel zu oft, wie mir die Ärzte sagten. Das war mir egal. »Schluckimpfung ist süß, Kinderlähmung ist bitter«, so hieß es damals. Mich überzeugte das, und so impfte ich, was das Zeug hielt. Hinter jeder Muskelverspannung wähnte ich den Anfang meines Alptraums. Ein traumatisiertes Kind auf Grund eines wiederkehrenden Traums.

Doch in dieser Nacht ist etwas anders. Inzwischen bin ich kein Kind mehr: In diesem Traum bin ich zuvor von einer Klippe gesprungen und habe mir dabei den Hals gebrochen. Menschen mit schreckgeweiteten Augen stehen um mich herum, nachdem mich ein paar von ihnen nach meinem Kampf gegen das Ertrinken aus dem Wasser gefischt haben und ich an einem Strand im Sand liege.

Ich halte die Augen noch einen Moment länger geschlossen als sonst und lasse den Traum vorüberziehen, irgendwo im Nebel des Ungefähren verschwinden. Es ist so, wie es immer war, denn ich weiß: Das ist der beste Weg, den Traum da zu lassen, wo er hingehört – im Reich der Träume.

Noch ein wenig benommen öffne ich die Augen. Ich liege in einem fremden Zimmer und blicke gegen eine weißgestrichene Decke. Keine Ahnung, wo ich mich gerade befinde und wie ich hierhergekommen bin. Ich versuche, mich zu bewegen, so wie ich es nach meinen Alpträumen immer getan habe. Stück für Stück, um mich zu versichern, dass alles nur ein böser Traum war. Aber dieses Mal spüre ich nichts. Es bewegt sich nichts: kein Bein, kein Knie, nicht einmal der kleine Zeh. Ist mein Alptraum bittere Realität geworden?

Das ist der Moment, in dem mein Leben sich schlagartig ändert. Gewissheit greift um sich: Ich bin tatsächlich gelähmt! Mein schlimmster Alptraum ist wahr geworden. Er hat mich eingeholt. Auf einmal bin ich nur noch ein wacher Kopf in einem lahmen Körper. **Mein altes Leben ist vorbei.** Das ahne ich, und das wird in den nächsten Tagen und Wochen immer deutlicher.

Ich bin 25 Jahre alt, Student der Sportwissenschaften in Köln, durchtrainiert, attraktiv, hungrig – ja gierig nach Leben in jeglicher Hinsicht. Der prototypische Tennis- und Skilehrer! In der Tat finanziere ich mein Studium – und nicht nur das – mit Tennisstunden. Spiele in der Regionalliga. Am liebsten wäre ich Tennisprofi geworden: Auf der deutschen Rangliste stand ich bereits unter den ersten einhundert. Aber auch andere Sportarten liegen mir: In zwölf oder dreizehn Disziplinen bin ich Stadt- und Landesmeister, darunter Leichtathletik, Skispringen und Schwimmen. Meinen ersten Marathon bin ich mit siebzehn Jahren gelaufen.

Ich hatte es schon immer wissen wollen. Als kleiner Junge war mir zum Leidwesen meiner Mutter kein Baum zu hoch, als dass ich nicht bis ganz hoch in die Krone geklettert wäre. Später als junger Mann war ich immer das, was man landläufig einen smarten Typ nennt, dem so ziemlich alles in den Schoß fiel. Ein Hans im Glück! Was ich anfing, klappte

einfach: Schule, Musik (Klarinette und Saxophon), Freundschaften, Sport, Studium, Mädels. Alles kein Problem! Immer
im Laufschritt unterwegs. Bloß nicht stehenbleiben, immer
schneller, höher, weiter! Keine Zeit nachzudenken. Immer
Vollgas.

Und nun liege ich hier in einem Raum, den ich nicht
kenne, wie ein Käfer auf dem Rücken in einem Bett, das nicht
mein Bett ist, und bin unfähig, mich zu bewegen – schon gar
nicht im Laufschritt. Wie in Franz Kafkas Erzählung *Die
Verwandlung*. Doch es ist nicht Gregor Samsa, der da im
Körper eines Käfers erwacht.

Ich höre entfernte Stimmen und Geräusche, vielleicht
hinter einer Tür, ein Piepen über meinem Kopf, das ich nicht
einordnen kann. Selbst den Kopf kann ich nicht drehen. Er
ist mit einer Halskrause fixiert. Und meine Hände sind mit
dicken Handschuhen bandagiert. Kein Vollgas mehr möglich.
Das ist eine Vollbremsung. Ungewollt. Unerwartet. Unfair?
Ich weiß es nicht.

Es riecht nach Desinfektionsmittel und welken Blumen.
Irgendwo tropft ein Wasserhahn. Das Einzige, was mir geblieben ist, ist Zeit. Unendlich viel Zeit, wie sich in den folgenden Wochen und Monaten noch herausstellen wird. Und
Gedanken, unendlich viele Gedanken.

Ich befinde mich in einem Krankenhaus. Langsam
kommt die Erinnerung zurück: In Mexiko war ich doch, mit
meinem Freund Stefan, mit einer Reisegruppe. Wir hatten
eine Exkursion zu einer der schönsten Lagunen im mexikanischen Dschungel gemacht – ein Paradies! Und dort wollte
ich mir, wie schon so oft, mal wieder etwas beweisen. Ich
hatte die Jungs aus dem mexikanischen Dorf beobachtet,
wie sie auf die Klippe geklettert und dann ins Wasser gesprungen waren. Ich hatte sie lachen gesehen und schreien
gehört, ihre Begeisterung gespürt. Lebensfreude pur. Das
wollte ich auch – das konnte ich auch, natürlich!

Und so machte ich mich auf und kletterte die Klippe hoch. Der erste Sprung von halber Höhe – das war schon geil! Da geht doch noch mehr. Höher, schneller, weiter! Langsam arbeitete ich mich mit weiteren Sprüngen immer etwas höher bis nah an den Wasserfall heran. Da stehe ich nun und konzentriere mich auf meinen Sprung. Meinen letzten Sprung. Es sollten die letzten Sekunden in meinem Leben sein, in denen ich aus eigener Kraft auf meinen Beinen stehen kann. Aber das weiß ich da noch nicht.

Als ich so dastehe und in mich gehe, höre ich auf einmal eine Stimme. Und sie sagt: »Boris, spring nicht!« Was nun folgt, ist eine Entscheidung innerhalb eines Bruchteils einer Sekunde. Ist es Intuition oder Angst, welche da zu mir spricht? Es ist nicht leicht, diese beiden Stimmen voneinander zu unterscheiden. Ich dachte, es sei Angst. Und diese wollte, ja musste ich überwinden. Ich bin schließlich Boris Grundl. Und eigentlich unbesiegbar. Also wischte ich diese innere Stimme rasch beiseite und sprang. Ohne die notwendige Körperspannung – Hals überdehnt, siebter Halswirbel gebrochen. An Armen und Beinen sofort gelähmt, zu 90 Prozent.

Die innere Stimme war also meine Intuition, die es gut mit mir gemeint hatte. Das weiß ich heute. Aber damals konnte ich Angst von Intuition noch nicht unterscheiden. Niemand konnte, ja durfte mich von irgendetwas abhalten: Ich war besessen davon, meine Grenzen zu spüren und sie im Zweifel zu überwinden.

Das war mit einem Sprung vorüber. Ich hatte meine Grenze definitiv erreicht, gar überschritten.

Aus voller Fahrt, aus unbändiger Rastlosigkeit wurde von einem Moment zum anderen ein Leben in Slow Motion. **Bisher war ich gewohnt zu gewinnen – nun hatte ich verloren.** Alles auf einmal: Gesundheit, Perspektive, Lebensantrieb. Alles weg.

Was blieb mir noch? Was hatte mein Leben für einen Sinn? Es kamen große Ängste und Selbstvorwürfe. Die immer gleichen Fragen quälten mich unaufhörlich. Warum war mir das passiert? Wie konnte ich mir so etwas nur antun? Wieso fühlte ich mich nur im Grenzbereich so richtig lebendig? Was war mein Leben noch wert? Was sollte aus mir werden? Von den Konsequenzen, die der Unfall für mich haben würde, hatte ich nicht die geringste Vorstellung, und fürs Erste weigerte ich mich beharrlich, darüber überhaupt tiefer nachzudenken. Große Schuldgefühle und Selbstmitleid fraßen sich in meine Seele.

Ich war gelähmt, sowohl mein Körper als auch mein Geist. In den ersten Wochen ließ ich alles nur über mich ergehen, als ob ich nichts damit zu tun hätte. Mit einer gewissen Neugierde nahm ich zur Kenntnis, wie irgendwelche Pflegekräfte mich fütterten, wie sie meine Inkontinenz versorgten, wie sie mir den Schleim aus den Bronchien absaugten und was sonst noch alles nötig war, um mich am Leben zu erhalten. Ich hatte damit nichts zu tun. Ich war mir selbst ein Fremdkörper. Wenn die Pfleger mich versorgten, fühlte ich mich wie ein Sack Kartoffeln.

Nicht nur ich war verzweifelt, auch meine Familie und meine Freunde, alle, die mich besuchten, waren es. Das sah ich in ihren Augen und an ihrer Körpersprache. Ihre Worte sollten mich aufmuntern, doch ihre Gesten sagten mir, was sie wirklich dachten: »So ein Mist, lieber Boris. Das war es dann wohl mit dir. Vorbei mit dem glänzenden Leben. Vorbei mit dem tollen Sportler. Vorbei mit der tollen Berufsperspektive. Vorbei mit dem Mädchenschwarm, da läuft als Mann wohl nicht mehr viel. Vorbei mit einem freien und selbstbestimmten Leben. Ja, und so gar nichts alleine können. Ein Leben lang füttern, waschen, wickeln … Schöne Scheiße!« Einmal hörte ich zufällig ein Gespräch zwischen zwei Therapeutinnen mit. Eine kam gerade aus dem Urlaub zurück: »Da ist ein Neuer angekommen. Ein Klippenspringer aus Mexiko. Schade drum, soll mal ein super Tennisspieler gewesen sein. Das sieht man auch. Wahnsinnsbeine! Total durchtrainiert und so braungebrannt. Schade drum.«

Das war zu viel für mich: zu viel Mitleid, zu wenig Respekt. Ich wollte diese Geschichten der anderen nicht glauben. Ich wollte ihnen beweisen, dass sie falschlagen. Doch mein Wille war gebrochen. Mein durchtrainierter Körper gab ein Bild der Stärke ab, doch ich blutete innerlich aus. Mein Energiespeicher leerte sich, und ich wusste nicht, wie ich ihn aufladen sollte. Früher hatte das wie von selbst funktioniert, über Nacht. Doch jetzt war da nichts mehr, was mich aufrichtete.

Ich ging innerlich auf Abstand, zu allem und zu allen. Und in den folgenden Wochen und Monaten im Krankenhaus änderte sich an dieser Einstellung erst einmal nichts. Im Gegenteil: Je mehr mir meine Lage bewusst wurde, desto stärker lehnte ich sie ab. Ich lehnte mich ab. Ich überspielte mein Leiden mit gekünstelter Souveränität. Ich fühlte mich nutzloser als eine Zimmerpflanze, die sich wenigstens für das Wasser, das man ihr gibt, erkenntlich zeigt, indem sie ab und zu blüht. Ich verdorrte innerlich.

Ich, der Supersportler, fühlte mich so unendlich hilflos. Das Bett, in dem ich lag, war ein sogenanntes Drehbett, das meinen Körper davon abhalten sollte, wund zu werden. Wie eine Frikadelle auf dem Grill wurde ich alle paar Stunden vom Rücken auf den Bauch und dann wieder auf den Rücken gedreht. Ich starrte an die Decke, wurde gedreht, starrte auf den Boden.

Decke. Boden. Decke. Boden. Eine Endlosschleife zwischen Decke und Boden.

Mein Blickfeld war das eines Babys im Kinderbettchen: Wer sich nicht über mich beugte, den sah ich nicht. Sogar mein Bewusstsein wurde dabei immer begrenzter.

Decke, Boden, Decke, Boden, Decke, Boden.

Meine kleine Welt beschränkte sich auf mein enges Krankenhauszimmer. Außerhalb existierte für mich nichts anderes mehr. Dieses Drehbett sollte zur Metapher für mein Leben werden: Es hatte sich alles gedreht, und zwar radikal.

Ich wusste, dass ich nicht mehr der Alte war. Obwohl ich krampfhaft versuchte, an diesem Bild nach außen festzuhalten. Diesen starken attraktiven und erfolgreichen jungen Mann gab es nicht mehr. Das konnte ich noch nicht akzeptieren. Das war nicht ich, Boris Grundl, das Tennis-Ass, der ewig gutgelaunte Sonnyboy, der Charmeur und Frauenheld. Jetzt war ich wirklich ein Krüppel.

Ich hatte viel Zeit, über mein Schicksal zu grübeln. In den langen Nächten, wenn es ganz still wurde auf den Krankenhausfluren, kam die Einsamkeit. Ich war ungeheuer traurig, verzweifelt und hatte Angst vor der Zukunft. Was würde aus mir werden? Selbst versorgen konnte ich mich nicht, ich würde ein Sozialfall sein, der von seinen Eltern und vom Staat durchgefüttert werden musste. Wie es aussah, würde ich nicht alleine wohnen können. Was war mit meinem Sportstudium, was mit dem Autofahren? Würde ich je einen Beruf ausüben können? Dass ich nie wieder Tennis spielen, nie wieder mein Saxophon in die Hand nehmen würde, das wusste ich. Eine Alternative konnte ich mir nicht vorstellen, ich hatte nicht einmal den Hauch einer Idee, nur dieses beklemmende Gefühl, absolut nutzlos zu sein. Und war ich nicht auch bloßgestellt? Wer würde mich Häufchen Elend noch ernstnehmen? Niemand würde von mir erwarten, dass ich noch etwas bewegen könnte in meinem Leben. Und die Frauen? Die finden einen Krüppel ganz bestimmt nicht attraktiv, bemitleiden ihn höchstens – und das war wirklich das Allerletzte, was ich brauchen konnte.

Ich sah keinen Ausweg. Ich sank immer tiefer in diesen Sumpf von negativer Energie. So sah mein Leben im Frühjahr 1991 aus. Keiner glaubte an mich. Am wenigsten ich an mich selbst.

Nun, und was ist heute? Heute bin ich einer der gefragtesten Führungsexperten und Keynote-Speaker Europas. Ich schreibe Bücher, und als Unternehmer mit eigenem Leadership-Institut gehören wir zu den Topadressen für Transformation von Führungskräften. Dank meiner finanziellen Freiheit ist es mir möglich, dass ich in Spanien und Deutschland lebe. Ich bin mit einer tollen Frau verheiratet und habe zwei großartige erwachsene Kinder.

Vielleicht fragen Sie sich jetzt: Wie kann jemand aus so einer Niederlage, so einem tiefen Fall ins Bodenlose einen Sieg machen? Wie ist es dazu gekommen? Wie ist so etwas überhaupt möglich?

Ich musste lernen zu verstehen, tief zu verstehen. Mich selbst verstehen. Andere verstehen. Märkte verstehen. Unternehmen verstehen. Produktion verstehen. Familie verstehen. Vertrieb verstehen. Sinn verstehen. Menschliche Entwicklung verstehen. Transformation verstehen. *Das Leben verstehen.* Und genau darum geht es: *das* Leben und seine Prinzipien verstehen lernen. Nicht: *mein* Leben zuerst verstehen. Denn das ist der Knackpunkt: Die meisten Menschen wollen zuerst *ihr* Leben verstehen, um dann *das* Leben zu verstehen. Und genau darin liegt der Kardinalfehler! Es geht zuerst darum, *das* Leben an sich zu verstehen und danach *mein* Leben. So wird ein Schuh daraus, und man erreicht eine gesunde Distanz zu sich selbst.

Und weil vielen diese Distanz zu sich fehlt, kreisen sie ständig um sich selbst und verlieren sich im Nebel der Egozentrik. Das ist auch der Grund, dass bei so vielen das Motiv »verstanden werden wollen« das Motiv »verstehen wollen« dominiert. Und wer lernen will, *das* Leben zu verstehen, lernt, dass verstehen nicht zwangsläufig heißen muss, einverstanden zu sein. Und wer *mein* Leben verstehen will, versteht nur, wenn er auch einverstanden ist. Was für ein riesiger Unterschied!

Da ich zuerst mit mir und *meinem* Leben beschäftigt war, musste ich lernen, mir bessere Fragen zu stellen. Statt: Warum ist mir das passiert (*mein* Leben)? Was will mir das Leben damit mitteilen (*das* Leben)? Statt: Warum habe ich mir das angetan (*mein* Leben)? Wofür war das Ganze gut (*das* Leben)? Zugegeben, das war alles andere als leicht – es war eine harte Denkschule.

Die Inhalte dieser Denkschule müssen drei Aufnahmekriterien bestehen. Erstens müssen sie mich beim Nachdenken zum Handeln inspirieren. Denn Inspiration ist der Wegweiser kluger Reflexion. Zweitens müssen sie nach der Handlung die gewünschten Ergebnisse bringen. Und drittens müssen sie für die Kunden unserer Akademie ebenfalls die gewünschten Ergebnisse liefern. Erst dann traue ich mich, darüber zu schreiben und zu reden.

Und das heißt noch lange nicht, dass ich diese Prinzipien selber immer beherrsche. Oft genug scheitere ich bei deren Anwendung. Doch es gelingt mir immer öfter, danach zu leben. Denn es geht nicht um Perfektion. Es geht nicht um ein perfektes Leben. Es geht um ein stimmiges Leben. Ein berufenes Leben. Aus meiner Sicht geht es nicht darum, was »ich will« oder »nicht will«. Es geht darum, »für was ich gemeint bin«. Das ist ein ganz anderer Tenor. Ein Leben voller Sinn und Berufung. Dieser Lebenssinn entspringt einer sehr individuellen Selbstfindung. Und diese Reise nach innen macht jedes Leben spannend. Davon bin ich überzeugt.

Ich möchte nicht der sein, den meine Eltern in mir sehen. Ich möchte auch nicht der sein, den mein Partner in mir sehen will. Oder mein Chef. Oder die Gesellschaft. Und ich bin auch nicht der, der ich einmal war. **Ich bin der, der ich bin!**

In diesen Sätzen liegt für mich die Kraft eines freien und selbstbestimmten Lebens. Meine Überzeugung ist es, dass genau diese Gedanken für jeden Menschen jeden Tag immer wichtiger werden. Von dem Tag an, an dem wir über »unser Dasein« anfangen nachzudenken, bis zu unserem Tod. Denn es geht in Zukunft nicht um höher, schneller, weiter; sondern um flexibler, klarer, tiefer. Um dahin zu kommen, müssen wir lernen zu verstehen, ohne dass wir uns dem Druck aussetzen, auch einverstanden zu sein.

Mein Schicksal hat mir einige heftige und viele wunderbare Lektionen erteilt. Lektionen, welche ich erkennen und anerkennen lernen musste. Heißt das, dass meine Erkenntnisse »wahr und richtig« sind? Überhaupt nicht! Das kann und will ich nicht behaupten. Doch durch ständige Reflexion und Aktion hat sich mir ein Weltbild vermittelt, welches ich in meiner Arbeit mit Menschen zum »Selbst-darüber-Nachdenken« gerne anbiete. Wie mit diesem Buch. Deswegen öffne ich mich so weit wie möglich und so gut ich es eben bis jetzt kann, damit jeder von meinen Limitierungen, Lernprozessen und Erkenntnissen selbst profitieren kann. Denn darum geht es. Auch wenn ich mich dadurch angreifbar und verletzbar mache. Der Einsatz lohnt sich für jeden Menschen, welcher durch diese Lektüre weiterkommt.

Im Drehbett musste ich lernen zu verstehen. Einverstanden war ich mit meiner Situation zu Anfang überhaupt nicht. Und ich dachte, ich werde es auch nie sein. Doch heute bin ich selbst damit einverstanden. Ohne sie wäre ich nicht der, der ich jetzt bin. Deswegen kokettiere ich bei Vorträgen gerne mit dem Satz: **Ich würde noch einmal springen.** Zugegeben, dieser Gedanke ist für viele kaum nachvollziehbar. Doch manche regt er zum tieferen Nachdenken an. Denn es geht hier nicht um mich. Einmal kam ein Zuhörer nach einem Vortrag zu mir und sagte:»Herr Grundl, ich würde gerne etwas in meinem Leben finden, für das ich gerne

springen würde. Ich werde danach suchen.« Er hatte verstanden.

Doch die Frage bleibt: Wie wird aus einem zu 90 Prozent
gelähmten Häufchen Elend und Sozialfall ein Mensch, der
ein unabhängiges, selbstbestimmtes Leben voller Freiheit
und Anerkennung lebt? Wie ist eine solche Entwicklung
überhaupt möglich? Genau davon möchte ich auf den folgenden Seiten sprechen.

Ein
erfülltes Leben

8. Eigenen Überzeugungen folgen

7. Konsequent Handeln

6. Haltung gewinnen

5. Standpunkt prüfen

4. Perspektive wechseln

3. Differenziert bewerten

2. Bestätigung gesucht

1. Verstehen überflüssig

Verstehen heißt nicht einverstanden sein

1

VERSTEHEN ÜBERFLÜSSIG

Wer verstehen will, muss hinhören, aufnehmen. Und wer nicht hören will, muss fühlen. So war es mir ergangen. Ich hatte nicht auf meine innere Stimme gehört und hatte die Konsequenzen zu tragen.

Immer wieder ging mir im Drehbett die Situation auf der Klippe durch den Kopf.

Während meines Aufstiegs zu meinem letzten Sprung von ganz oben hatte ich gehört, wie der Wasserfall an mir vorbei in die Tiefe stürzte. Er war immer lauter geworden, und irgendwie war der Weg nach oben diesmal anders. Die Steine hatten noch glitschiger als vorher gewirkt, und das Klettern schien viel anstrengender zu sein. Vielleicht war ich einfach schon ein bisschen müde von dem ganzen Ausflug, von der Sonne. Aber da war noch etwas anderes, eine Stimme in mir sagte: »Muss das denn sein?« Aber ich hörte nicht auf diesen inneren Kompass und kletterte weiter.

»Na los, was man angefangen hat, bringt man auch zu Ende!«, trieb ich mich weiter an. »**Wer A sagt, muss auch B sagen.**« Außerdem war es viel leichter, von hier oben zu springen, als den ganzen Weg über die rutschigen Felsen wieder runterzuklettern. Wenn ich schon den ganzen Felsen hinaufklettere, könnte ich auch gleich springen, alles andere wäre viel zu mühsam. Außerdem hätte es nach Kapitulation ausgesehen. Überhaupt: Ich war jetzt schon von fast allen Punkten gesprungen. Dieser eine Sprung von ganz oben fehlt mir noch in meiner Sammlung. Der letzte Sprung von der höchsten Stelle. »Das bringst du jetzt noch zu Ende«, sagte ich mir!

HAKEN DRAN

Heute würde ich diesem fünfundzwanzigjährigen Jungen gerne zurufen:»Wer sagt das? Wer sagt denn, dass du musst?« Aber hätte er auf mich gehört? Wohl nicht. Ich kann ihn und das, was er tat, verstehen. Aber er und ich, wir sind uns in diesem Punkt nicht mehr sehr ähnlich. Er wollte etwas unreflektiert zu Ende bringen, durchziehen. Koste es, was es wolle. Ein Programm abspulen, funktionieren. Er wollte nach dem Urlaub sagen können: Wir waren tauchen und surfen, Boot fahren und schnorcheln, und dann bin ich auch noch von dem höchsten Punkt einer Felswand, vom Rand eines Wasserfalls, in eine Lagune gesprungen. Der Junge wollte einen Haken an die Sache machen sowie an all die anderen Abenteuer, die er bei dieser Reise schon erlebt hatte: San Diego – Haken dran, Fischen in Cabo San Lucas – Haken dran, das Mädchen rumkriegen – Haken dran, Puerto Vallarta – Haken dran, Lagunentour mit Felsensprung – Haken dran. **Nicht der Weg war das Ziel, sondern das Ziel war das Ziel.**

Ich fühlte mich als Mittelpunkt des Universums. Und war doch gelangweilt. Gelangweilt von der Leichtigkeit des Seins. Das sollte sich ändern.

Würde ich diese Reise heute machen, dann würde ich die Zeit nutzen, um noch näher zum Mittelpunkt meines Selbst zu reisen. Ich wäre vielleicht ein paar Mal gesprungen, vielleicht aber auch nicht, hätte diesen friedlichen Ort einfach nur bestaunt, mich von der Energie des Dschungels anstecken lassen, den Jugendlichen zugeschaut und mich mit ihnen gefreut. Mit allen meinen Sinnen »wahrgenommen«. Ich hätte alles in mir aufgesogen, mich so lange wie möglich daran zu erinnern, einfach geatmet, in mich hineingespürt, in mich hineingehört, gelebt.

Als junger Wilder, der ich damals war, hatte ich dafür noch keinen Blick und auf meiner Reise keinen Moment wirklich intensiv gelebt, gefühlt oder genossen. Dafür fehlte mir das Bewusstsein, denn es galt, ein Programm zu absolvieren, von A nach B zu reisen und jetzt noch diesen einen Sprung hier zu machen. Warum? Das fragte ich mich nicht. Sonst wäre mir vielleicht klargeworden, dass ich einem Zwang folgte. Deshalb hatte ich auch nicht mehr die Leichtigkeit der Jugendlichen, die sprangen, ohne zu planen, ohne zu funktionieren, und die aufhörten, wann immer sie keine Lust mehr hatten – und denen deshalb auch nichts geschah. Weil sie mit sich selbst stimmig waren.

INTUITION ODER ANGST

Ich stand irgendwann ganz oben, und jede einzelne Zelle meines Körpers schien zu schreien: »Lass es sein, spring nicht!« Aber ich achtete nicht auf dieses innere Signal, ignorierte, dass ich nicht eins war mit mir. Nicht bei mir war. Mein Kopf entschied rational gegen mein körperliches emotionales Empfinden, gegen mein Bauchgefühl und gegen mein Herz. Gleich würde ich springen. Ich hatte wacklige Knie, als ich auf dem Felsen stand, und ein flaues Gefühl im Magen. Die Steine unter meinen Füßen waren rutschig, ich fand kaum Halt, der Wasserfall machte hier oben ein schier ohrenbetäubendes Getöse. Ich schaute hinunter …

Heute höre ich besser auf meine Intuition, meine innere Stimme oder meinen Kompass, wie immer man es nennen will. Ich höre bei weitem nicht an allen Tagen, was mir die Stimme rät. Das »Müssen« ist immer mal wieder in mir, schreit nach Beachtung. Doch das »Dürfen« behält jetzt meist die Oberhand. Ich bin sensibilisiert und höre immer öfter in mich hinein. Wenn ich es nicht tue, falle ich früher oder später auf die Nase, und je länger ich die Signale ignoriere,

desto schlimmer sind die Folgen. Es ist wichtig, die Balance
zwischen inneren und äußeren Einflüssen zu halten.

Warum hatte ich damals nicht hören wollen?

Heute weiß ich, ich war viel zu viel mit mir selbst beschäftigt. Heute weiß ich, dass es vielen so geht. Meine Gedanken kreisen oft um mich selbst, innerhalb meines kleinen
Tellerrands. Das nennt man wohl »Egozentrik«. Und die unterscheidet sich von Egoismus oder Egomanie. Der Egomane
ist von der Angst durchdrungen, er könnte zu kurz kommen.
Er ist nicht selten süchtig nach Anerkennung. Deswegen un-
ternimmt er viel, um aufzufallen, egal, wie. Dem Egoisten
fehlen Empathie und Einfühlungsvermögen für die Gefühle
anderer. Egozentriker können sehr einfühlsam bei anderen
sein, doch in ihrem »inneren Erleben« kreisen sie ständig um
sich selbst. Unnötiges Hineinsteigern in Belanglosigkeiten
oder die Tendenz zur Hypochondrie sind Ausprägungen dieser Spezies. Aus einer Mücke einen Elefanten machen, sagt
der Volksmund. Oder Kritik viel zu sehr persönlich nehmen.

Ich wollte damals stark sein, souverän sein. Heute
würde ich sagen, ich wollte stark wirken. Ich wollte nicht
stark werden, ich wollte stark sein. Das ist ein großer Unterschied, und es kostet viel Kraft, stark wirken zu wollen,
obwohl die Stärke tief im Inneren gar nicht vorhanden ist.
Kraft, die der tatsächlichen Findung verlorengeht und auch
noch obendrein schlecht investiert ist. Eine Menge Kompensationen – wie zum Beispiel überzogener Ehrgeiz – können
dadurch entstehen.

GEFÜHLTE UNGERECHTIGKEIT

Ich stelle in meinen Seminaren meinen Zuhörern immer mal
wieder die Frage: »Wenn Sie die Wahl hätten zwischen zwei
Tüten. In der einen befindet sich Stärke und in der anderen

die Fähigkeit, stark zu werden. Welche Tüte würden Sie wählen?« Oder ein anderes Beispiel: »In der einen Tüte ist ein erfülltes und erfolgreiches Leben. Und in der anderen stecken die Fähigkeiten dafür. Wohin greifen Sie instinktiv?« Oder ganz verwegen: »Welche Tüte willst du haben? Die mit einer Million Euro oder die mit der Fähigkeit, eine Million zu erwirtschaften?«

Die meisten entscheiden sich intuitiv nicht für die Tüte mit den Fähigkeiten, sondern für die Tüte mit dem Ergebnis. Und genau hier liegt es im Argen. Diese Menschen denken, sie sind schon etwas, und wollen nichts mehr werden, nichts mehr lernen. Sie halten sich für besser, als sie sind. Und deswegen haben sie ein Recht auf die jeweils erste Tüte. Und zwar jetzt, sofort. Bloß nicht mehr zuhören und aufnehmen, sondern gleich haben wollen. Denn eigentlich hätten sie mehr verdient. Jetzt! Alles andere ist ungerecht. Doch was steckt dahinter? Es gibt zwei Antworten: die »Selbstwert-falle« und die »Selbstvertrauensfalle«.

Die Selbstwertfalle zeigt sich in einer Überlegenheits-illusion und ist ein weit verbreitetes Phänomen. Es lässt sich sehr einfach verstehen und ist sehr schwer abzustellen. Zum Verständnis eine Frage: Was ist denn einfacher, die Defizite anderer oder die eigenen Defizite erkennen? Die Frage so gestellt, liegt es auf der Hand: Wir wissen, dass wir die Fehler anderer leichter erkennen als unsere eigenen.

Dazu passt folgende Geschichte: Zwei Ehepaare treffen sich zum Kaffeetrinken. Nach zwei Stunden gehen sie aus-einander. Über wen wird im Anschluss geredet? Richtig, es wird über das jeweils andere Paar gesprochen. Und wie wird über das andere Paar geredet? Wird darüber geredet, was die anderen so toll machen und was man von ihnen lernen kann? Oder wird darüber gesprochen, wo deren Verbesse-rungspotential in der Beziehung liegt? Wir kennen die Ant-wort.

Und warum ist das so? Indem wir andere kleinerreden, fühlen wir uns selbst besser. Unser geringer Selbstwert sorgt dafür, dass wir negativ über andere sprechen, um uns selbst besser zu fühlen. Es entsteht eine Illusion von Überlegenheit, die Überlegenheitsillusion. Deswegen denkt fast jeder, er müsste eigentlich mehr verdienen: mehr Respekt, mehr Wertschätzung, mehr Liebe, mehr Geld. Alles andere wäre ungerecht. Und deswegen wäre es gerecht, mehr zu haben. Jetzt. Und deswegen ist klar, nach welcher Tüte gegriffen wird.

Auch die Selbstvertrauensfalle sorgt für den Griff in die »Jetzt-haben-wollen-Tüte« anstatt in die »Etwas-werden-wollen-Tüte«. Tief im Inneren trauen wir es uns selbst nicht zu. »Was ich hab, das hab ich!« Wir vertrauen nicht darauf, dass wir es mit unseren Fähigkeiten selber schaffen könnten. Deswegen bevorzugen wir das Ergebnis, ohne Anstrengung. Nicht mehr lernen – es bringt ja eh nichts, ich kann ja sowieso nichts machen. Deswegen wollen wir jetzt schon mehr sein und vor allem mehr haben. Hinhören, aufnehmen, lernen könnte ja als ein Zeichen von Schwäche interpretiert werden. Das könnte uns entlarven. Wer lernen muss, weiß ja noch nicht alles! Der ist noch nicht aus-gebildet, nicht komplett, vielleicht noch nicht er-wachsen. Wissen ist Macht, auch wenn es nur vorgetäuscht wird, und gezeigtes Unwissen ist Ohnmacht. Deswegen so tun als ob. »Fake it till you make it«, das machen doch alle …

So tun, als ob wir könnten, als ob wir wüssten, als ob wir alles im Griff hätten. Wir wollen nicht als »Lehrling« dastehen und lernen. Wir wollen als »wissend« dastehen und beweisen, dass wir es wissen. Wir wollen unser Wissen zeigen, wollen nichts mehr aufnehmen, gezeigt bekommen, wir wollen abgeben, unser Wissen präsentieren oder den Schein des Wissenden wahren. Die Fahrtrichtung der Einbahnstraße geht nach außen und nicht nach innen.

Der Roll-Laden ist unten und nur in eine Richtung durchlässig.

Schein anstatt Sein! Das muss reichen.

Kinder sind da ganz anders. Sie saugen Wissen und Erfahrungen in sich auf. Sie nehmen die Welt in sich auf, sie staunen, sind verblüfft, überrascht von Neuem oder erschrecken vor Unbekanntem. Das erlauben sich viele Erwachsene nicht mehr: Sie haben Angst davor, als Blöde, Unwissende und damit scheinbar Schwache dazustehen.

Mir wurde diese Haltung öfters vorgeworfen. Weil ich offen war, lernen wollte und dazu noch in einem Rollstuhl sitze, wurde ich von vielen unterschätzt. Sie dachten, sie hätten mich im Griff. Sie wären mir überlegen. Und ich blieb ruhig und lernte weiter. Schließlich wurden meine Ergebnisse immer besser, und ich überholte einen nach dem anderen. Von den »Überlegenheitsillusionisten« wurde mir Scheinheiligkeit unterstellt. Der Volksmund kennt einen anderen Blickwinkel: Der Klügere gibt nach. Den Instinkt, mich kleinzumachen, habe ich für bestimmte Situationen beibehalten. Es ist interessant, wie viele selbst heute noch die Einladung annehmen, sich mir überlegen zu fühlen.

»Hör mal!«, hieß es als Kind: Achtung, es kommt eine Unterweisung, wie etwas geht beziehungsweise wie es nicht geht. **Hören und zuhören wird oft damit assoziiert, dass wir in einer unterlegenen Position sind.** Wir drängen uns plötzlich selbst in eine Kinderrolle, obwohl wir den Kinderschuhen längst entwachsen sein wollen, und erleben unser Gegenüber als einen maßregelnden, Recht habenden, überlegenen Erwachsenen, obwohl wir uns vielleicht gerade in einer gleichberechtigten Situation befinden.

Das große Missverständnis lautet: Ich bin nicht stark, wenn ich hören (und lernen) muss. Der Unwissende wird wie ein Kind vom Wissenden nicht ernstgenommen. Der

Wissende ist der vermeintlich bessere Mensch. In den Köpfen der Menschen ist der Wissende oder derjenige, der sein Wissen zeigt oder im Zweifelsfall so tut, als würde er wissen, fast automatisch der Stärkere, der Überlegene. Er kann dominieren. Und das ist es, was viele wollen: dominieren, sich durchsetzen.

DAS OHR IST DER WEG

Hören, aufnehmen löst in den Köpfen vieler Menschen eine unterlegende Position aus. Hinhören und aufnehmen sind für viele Menschen gleichbedeutend mit Noch-lernen-müssen, und das heißt: nicht wissen. Wenn sie sich erlauben würden zu hören, würden sie damit zeigen, dass sie unwissend sind. Deswegen wollen sie nur verstehen, wenn sie mit dem Gehörten auch einverstanden sind. Sie fühlen sich nicht perfekt, weil sie eine Wissenslücke zu stopfen haben. Und das will keiner zeigen – weder sich selbst noch anderen gegenüber. Und so wird in der Konsequenz weggehört: »Weiß ich!« »Kenn ich!!« »Ich weiß Bescheid!«

Tiefes Lernen-Wollen heißt verstehen, aufnehmen, verarbeiten und umsetzen wollen. Und um tief zu verstehen, muss ich hören und die Welt in mich aufnehmen, sie hineinlassen. Zuerst in meinen Kopf aufnehmen, intellektuell. Und dann durch Erfahrungen in mein ganzes Wesen aufnehmen, emotional. Immer wieder, jeden Tag aufs Neue. Das zur Kenntnis nehmen, was tatsächlich da ist. Den Mut haben, der Wahrheit ins Gesicht zu sehen, und anerkennen, was da ist. In mir und um mich herum. Und das geht nur, wenn ich beim Verstehen-Wollen innerlich so stark bin, dass ich nicht einverstanden sein muss.

Für mich ist deswegen der Hörsinn im Lauf der Zeit immer mehr zur Metapher für eine Lebensphilosophie geworden. »Das Auge führt den Menschen in die Welt, das Ohr führt die Welt in den Menschen«, bemerkte bereits der Naturforscher Lorenz Oken. »Das Ohr ist der Weg«, heißt es sogar in den philosophischen Schriften der Upanischaden. Und bei Jesaja 55,3 in der Bibel: »Höret, so wird eure Seele leben ...«

In der Zivilisation, in der wir heute leben, hören wir zu wenig bewusst hin und nehmen zu wenig vorurteilsfrei auf. Unsere Sehwahrnehmungen und damit unsere Verurteilungsqualität sind über- und unsere Hörwahrnehmungen unterproportioniert. Bei einer Umfrage des Emnid-Instituts in Bielefeld antworteten auf die Frage, welcher unserer Sinne für die Befragten persönlich der wichtigste sei, 87 Prozent der bundesdeutschen Bevölkerung mit dem Wort »sehen«.

Demgegenüber weisen Ärzte und Physiologen darauf hin, dass der Sinn, der uns eigentlich mit unseren Mitmenschen und damit der Welt verbindet, der Hörsinn ist. Das ist allein schon deshalb so, weil wir durch den Hörsinn unser wichtigstes Kommunikationsmedium aufnehmen: die Sprache.

Dazu kommt: Es ist zwischenzeitlich wissenschaftlich erwiesen, dass tiefe Gefühle wesentlich besser über den Hörkanal ausgelöst werden als über den visuellen. Denken Sie nur daran, welche Gefühle durch Musik erzeugt werden können, wenn wir plötzlich im Autoradio den Song hören, der die Background-Musik zu unserem ersten Kuss geliefert hat. Die emotionale Wirkung von Klängen hat auch einen entwicklungsgeschichtlichen Hintergrund.

Oftmals wird die Bedeutung des eigenen Hörens unterschätzt. Wenn man beim Schauen eines Films den Ton sehr leise stellt, merkt man schnell, dass emotional entscheidende Informationen fehlen und der Film sofort an Ausdruck, an Kraft, an Lebendigkeit verliert.

DIE FÄHIGKEIT ZU
DIFFERENZIEREN

Differenziertes Hören ist ein wesentliches Element der Be-
reicherung des Menschen. Über unseren Hörsinn erfassen
wir Sprache und Stimmungen, werden wir in die Lage versetzt, mit anderen Menschen zu kommunizieren, können
uns aber auch in Raum und Zeit orientieren. Des Weiteren
dient das Hörvermögen der Abwendung von Gefahren: Ur-
sprünglich waren das beispielsweise Raubtiere, heute ist es
hauptsächlich der Straßenverkehr. Und völlig anders als die
Augen nehmen die Ohren auch noch im Schlaf Alarmsignale
wahr.

Das Gehör wirkt direkt ein auf Stimmungen. Entsprechend emotional gefärbt ist das Hören für die meisten Menschen. Akustische Reize haben beim Empfänger eine starke
emotionale Wirkung und bestimmen unser Verhalten. Ein
Musikstück kann zu Tränen rühren. Sanfte Stimmen wirken
beruhigend, während hartnäckiges Schnarchen einen zur
Weißglut treiben kann. Die Werbung hat sich die emotionale Bedeutung des Tons längst zu Nutze gemacht: »Sound-
designer« arbeiten daran, etwa Rasierapparate so zu kon-
struieren, dass sie besonders kraftvoll und leistungsstark
klingen. Chips oder Cornflakes werden mit Stoffen versetzt,
die ein knuspriges Krachen im Mund erzeugen. Das Ohr isst
mit. Vom Sounddesign beim Sportwagen ganz zu schweigen ...

Der Hörsinn ist von allen fünf Sinnen der differenzier-
teste. Das Ohr differenziert um das Zehnfache präziser als
das Auge. Das ist leicht zu verstehen: Wenn Rot und Grün
vermischt werden, entsteht Gelb. Kommt noch Blau hinzu,
entsteht Weiß. Wenn eine Klarinette und eine Oboe sich
mischen, kann das Ohr sie noch immer auseinanderhalten.
Das gilt auch für ein ganzes Orchester.

Das Wort »aufhören« beschreibt ein echtes Ende: Schluss, aus, vorbei! Das Wort »versehen« beschreibt das Ende einer Täuschung.

Differenzierungsqualität, vor allem mental, ist ein sehr wichtiger Faktor zur besseren Orientierung in der heutigen Zeit. Der Hörsinn ist sensibler, genauer und auch leistungsfähiger als das Auge. So werden Worte wesentlich schneller verarbeitet als Bilder. In derselben Zeit, in der ein Bild vom Gehirn verarbeitet wird, können zirka sechs bis acht Worte verarbeitet werden. Im Vergleich zum Sehsinn kann das Gehör zwei kurz aufeinanderfolgende Signale relativ gut voneinander unterscheiden. Der Mensch kann bis zu zwanzig Signale pro Sekunde als einzelne Tonereignisse, die voneinander getrennt sind, wahrnehmen. Danach erst verschwimmen diese zu einem einzigen Ton, der die tiefste hörbare Frequenz darstellt. Das Ohr des Menschen nimmt Frequenzen zwischen 16 und 20 000 Hertz wahr und macht es möglich, bis zu vierhunderttausend Töne zu unterscheiden – und sogar die Richtung, aus der sie kommen.

Doch die Reaktion auf Bilder ist schneller. Wenn wir genau hinhören, entstehen Handlungsimpulse langsamer. Wenn wir mit den Augen auf die Jagd gehen, kommen Handlungsimpulse schneller.

Lange fragte man sich in wissenschaftlichen Kreisen, wie es möglich ist, dass wir in lauten Umgebungen bestimmte Geräusche und Stimmen willentlich heraushören können. Forscher haben 2013 herausgefunden, wie genau sich unser Gehirn bei bestimmten Hörsituationen verhält. Menschen, die sich auf einer lauten Party mit einem Gesprächspartner unterhalten, können dessen Stimme allein durch Konzentration auf diese hören. Die Stimmen umstehender Personen werden zwar durch Teile des Hörzentrums wahrgenommen, doch durch die Konzentration auf die

Stimme des Gesprächspartners können die anderen gehörten Stimmen erfolgreich ignoriert werden.

Der Hörsinn ermöglicht uns eine Bandbreite von Wahrnehmungsmöglichkeiten. Er hilft uns dabei, Geräusche, Töne und Stimmen zu erkennen und daraus passende Reaktionen abzuleiten. Eine der für uns Menschen wichtigsten Funktionen besteht in der Möglichkeit der Kommunikation, mit anderen und mit uns selbst. Der Hörsinn ist der einzige Sinn, welcher die Kommunikationsqualität mit uns selbst aufnehmen und erforschen kann. **Das Ohr führt nicht nur die Welt in den Menschen, sondern auch den Menschen zu sich selbst.** Zu seinem Kern. Zu seinem Wesen. Zu seiner Bestimmung, seiner Berufung, seinem Lebenssinn. Beides hängt für mich zusammen. Denn: Wer die Welt in sich aufnimmt, erlernt die Lebensgesetze (*das* Leben). Und erhält im zweiten Schritt dadurch eben auch Erkenntnisse über *sein* Leben.

Wir wissen, dass unser Gehirn unablässig Gedanken produziert. Über sechzigtausend pro Tag – zumindest behauptet das ein hartnäckiger, weil eingängiger Weiterbildungsmythos. Selbstreflektierte Menschen wissen auch ohne solche Zahlenspiele, wie sehr sich ihr Geist mit Denken und inneren Dialogen beschäftigt. Und ein Gedanke ist ein Wort, welches wir zu uns selbst sprechen. Dass vieles davon unbewusst und wenig produktiv ist, ist ebenso klar. Deswegen ist es wichtig zu wissen, wie wir mit uns selbst reden, was qualitativ in unseren Köpfen vor sich geht. Und dabei gilt: Qualität vor Quantität. Der einzige Weg dahin ist, sich selbst beim Denken zuzuhören. Klar und unverstellt zu erkennen, was da vor sich geht. Ohne Bewertung. Kein »Ich sollte, ich müsste doch ...«, sondern nur: »Was ist da? Interessant!« Es gehört viel Mut dazu, sich selbst auszuhalten. Sich selbst zuzuhören. Und dann stellt sich weiter die Frage, inwieweit wir unsere Gedanken führen – nicht kontrollieren! – und lenken lernen können. Das ist spannend, jeden Tag aufs Neue.

Also, indem wir Sprache hören und verstehen, können wir gesellschaftlich teilnehmen. Durch Sprache und das Verständnis von Sprache können wir Beziehungen aufbauen und pflegen. Bereits Aristoteles hat beobachtet, dass Blinde, denen ihr Hörsinn noch zur Verfügung steht, verständiger sind als Taube. Das Gehör hat einen direkteren Einfluss auf die Bildung des sittlichen Charakters, was für das Geschaute nicht unmittelbar gilt. Nicht zufällig ist etymologisch betrachtet das Wort »taub« aus dem mittelhochdeutschen »tumb«, dem Wortstamm für »dumm«, entstanden. Taube galten in der Vergangenheit auch als geistig unterbemittelt.

Vor diesem Hintergrund gewinnt Robert Jungs Ausspruch, dass die Krise des modernen Menschen in Wirklichkeit eine Krise seiner Weltwahrnehmung ist, einen konkreten nachvollziehbaren Aspekt. Deswegen plädiere ich für eine ausgewogene Nutzung der Sinne. **Für mich ist das Ohr der Sinn der Weisheit.**

MORALISCHE VORWÜRFE

All dies regte und regt mich persönlich dazu an, darüber nachzudenken, wie ich die Welt und das Leben in mich aufnehmen möchte. Das soll nicht heißen, dass ich immer nur aufnehme. Das heißt, ich nehme dann vor allem auf, wenn ich etwas mit meinem bestehenden Denken nicht tiefer erfassen kann. Dann wird es mental geparkt. Das kann Ressourcenschwäche sein, Erschöpfung oder Krankheit etwa, oder mein zu kleiner Horizont. Dann ist jegliches Entscheiden unklug. Und auch mentales Erfassen ist eine Form von Entscheidung.

Schon als junger Mensch faszinierten mich Frauen und Männer, welche sich deutlich durch ihre Ergebnisse vom Durchschnitt abhoben. Ich hörte ihnen zu und wusste: An ihren Worten war etwas dran. Doch was es war, entzog sich meiner Liga im Denken. Ich konnte sie nicht verstehen. Denn ich wollte damals nur verstehen, wenn ich auch einverstanden war. Und so blieb ich mental auf der Stelle stehen.

Was sie sagten, wirkte auf mich zeitweise arrogant, selbstherrlich und moralisch zweifelhaft. Ich wollte sie für ihr Denken und ihre Worte verurteilen. Doch irgendetwas in mir sagte: »Boris, bevor du sie verurteilst und ihr Denken nicht erfassen kannst, parke erst einmal das Gehörte. Denke darüber nach. Schau, von wo aus sie etwas wahrnehmen.« Und so kam es zu einem inneren Kampf: Auf der einen Seite war da die moralische Keule, welche zuschlagen wollte, und auf der anderen Seite der Wunsch nach besseren Ergebnissen in meinem Leben. Aus heutiger Sicht ein interessantes inneres Ringen.

So musste ich mich mit dem Wesen der Moral auseinandersetzen. Und Moral wird definiert als ein aus kultureller und religiöser Erfahrung gebildetes Regel-, Normen- und Wertesystem, das als Verhaltensmaßstab in einer Gesellschaft betrachtet wird. Also etwas sehr Bedeutendes, Wichtiges, Entscheidendes. Doch auch Worte wie Doppelmoral gibt es. Und mir fiel auf, dass Menschen oft andere moralisch angriffen, obwohl sie selbst das Kritisierte nicht ansatzweise selbst lebten. Ja, mir schien es fast, dass die größten Idealisten andere für Dinge angeklagten, die sie selbst nicht hinbekommen hatten.

So verstehe ich auch den Vorfall aus dem Jahr 2003 um den Fernsehmoderator Michel Friedman. In seiner Talkshow *Vorsicht! Friedmann* griff er als Obermoralist seine Gäste an, und in seinem Privatleben hielt er diesen Ansprüchen nicht stand. Als herauskam, dass er Umgang mit Drogen und Prostituierten hatte, waren alle überrascht. Auch ich war verwirrt. Doch schließlich kam die Erkenntnis, und ich lernte zu differenzieren: Zum einen ist Moral einer der entscheidenden Faktoren der Charakterbildung, und zum anderen wird Moral gerne als Ausrede für eigene schwache Ergebnisse und damit Lebenslügen zweckentfremdet. So gesehen verstehe ich auch das Zitat von Herbert George Wells: »Moralische Entrüstung ist Neid mit einem Heiligenschein.«

Jetzt hatte ich eine Aufgabe und einen Wegweiser. Wo versteckte ich mich hinter moralischen Anklagen gegen andere? Das war eine heftige Aufgabe. Mir wurde immer klarer, wie sehr Menschen durch Vorwürfe an andere von sich selbst ablenken, sich dadurch selbst blockieren und klein halten. Das war auch bei mir so. Doch in der Folge immer weniger: **Stück für Stück kam ich meinen mentalen Ausreden auf die Schliche**.

META-PROGRAMME: PRO-AKTIV UND RE-AKTIV

Mit zunehmendem Verstehen lösten sich meine Parkprobleme im Geiste immer mehr. Denn ich setzte mich nicht mehr dem Druck aus, einverstanden zu sein, wenn ich verstand. Das war der Durchbruch. Und Eleanor Roosevelt half mir dabei mit dem Zitat: **»Große Geister diskutieren über Ideen. Durchschnittliche Geister diskutieren über Geschehnisse. Kleine Geister diskutieren über Menschen.«**

Das Aufnehmen und Sortieren wird »reaktiv« genannt. Von vielen Business-Trainern fälschlicherweise als »zu passiv« interpretiert. Denn re-aktiv kann bedeuten, dass nach geistigem Durchdringen sehr aktiv gehandelt wird. Der Gegenpol ist pro-aktiv. Hier wird auf einen Impuls sehr zeitnah re-agiert.

Schon bei genauerer Beschreibung der beiden Gegenpole lässt sich erahnen, dass es kein Besser oder Schlechter gibt. Denn je nach Situation ergibt das eine oder das andere mehr Sinn. Beide Aggregatzustände sind »passend gewählt«, sehr kraftvoll, oder »unpassend gewählt«, sehr daneben. So ist es bei größeren Investitionen sicher sinnvoll, länger und tiefer in sich zu gehen. Und bei einer Bergbesteigung hat es sicher keinen Sinn, zuerst nachzudenken, bevor ich zupacke, wenn vor mir jemand ausrutscht und abzustürzen droht.

Was mich ärgert, ist, dass inkompetente Trainer Partei für einen Pol ergreifen, bloß weil sie nicht tief genug nachgedacht haben. Und so plappert jeder das Proaktive nach, bis es schließlich »sozial erwünscht« ist und schließlich das »Nonplusultra« zu sein scheint. Gerhard Schröder war ein proaktiver Kanzler und sehr effektiv, und Angela Merkel ist eine reaktive Kanzlerin und ebenfalls sehr effektiv. Die Frage lautet also nicht, was besser ist, sondern was wann am wirkungsvollsten. Fest steht: »Pro-aktiv« ruft eher unser bisheriges Denken ab, und re-aktiv lässt mehr Chancen, um durch Reflexion über den Tellerrand zu schauen.

Im Kern sind beide Konzepte wichtig und haben ihren Stellenwert im Leben. Phasen, in denen ich in mich gehe, und Phasen, in denen ich nach außen trete. Die schnelllebige Zeit, die von Komplexität, Informationsflut und Tempo geprägt ist, macht dies zugegebenermaßen nicht einfach.

Pro-aktiv und re-aktiv sind hochwertige mentale Aggregatzustände – »Metaprogramme« heißt der Fachbegriff dafür. Meist dominiert eines der beiden die Denkqualität eines Menschen. Und wer beide beherrscht und bei Bedarf abrufen kann, ist ganz vorne mit dabei.

BEWERTEN – URTEILEN – VERURTEILEN

Wahrnehmen, ohne gleich zu urteilen, fällt uns oft schwer. Und dabei verwechseln wir bewerten, urteilen und verurteilen! Eine wichtige Differenzierung.

»Bewerten« heißt den Wert von etwas feststellen. Dazu bedarf es oft eines intensiven Nachdenkens oder Erforschens. Experten lassen sich daran schnell erkennen, dass sie tiefe Antworten ohne langes Nachdenken parat haben. Denn sie haben das Thema schon früher geistig durchdrungen und darüber nachgedacht. Hierbei gilt: Je weniger Ahnung wir selbst haben, desto leichter kann uns ein anderer mit seinem scheinbaren Wissen blenden. Deswegen fallen selbst kluge Leute immer wieder bei Geldanlagen auf Scharlatane rein. **Es gilt: Je höher die tatsächliche Kompetenz, desto stimmiger ist die Fähigkeit zur Bewertung.** Deswegen sollten wir uns beim Kennenlernen und tieferem Vertrauen Zeit lassen und unser Umfeld immer mal wieder auf Stimmigkeit überprüfen. Hochkompetente Experten kommen leider noch immer zu selten vor im Vergleich zu Blendern – ob beim Gebrauchtwagenkauf oder bei *Bares für Rares.*

»Urteilen« ist ein Urteil fällen mit zwei Differenzierungskategorien: »Schwarz – weiß«, »null – eins«, »gut – böse«, »kenn ich – kenn ich nicht«, »mag ich – mag ich nicht« sind die Bewertungskriterien. Oder Daumen hoch, Daumen runter in den sozialen Medien. Dieses Schema ist sehr weit verbreitet und wird je nach sozialer Gruppe geprägt. Das heißt, richtig und falsch ist bei den Hells Angels etwas anderes als im Tennisklub, der vielleicht auch noch von einer bestimmten politischen Partei geprägt ist. Deswegen wird sicher nicht in allen Tennisklubs gleich geurteilt. Oder »gut und böse« hat eine andere Bedeutung bei religiösen Fanatikern als bei normalen Gläubigen. So gibt es Gruppen, die Kapital an sich als böse definieren, und solche, die es gut finden. Im Mittelalter war die unberechenbare Natur böse, und die Städte und Dörfer waren gut. Heute ist die moderne Industrialisierung eher »böse« und die unverfälschte, reine Natur eher »gut«.

»Verurteilen« ist leider eine Untugend, die mit Abstand am meisten verbreitet ist. Hier geht es um das Suchen von

Argumenten für Vorwürfe gegen andere, um sich selbst besser zu fühlen. Ob am Stammtisch negativ über die abwesenden Mächtigen gesprochen wird oder über den unfähigen Chef, dessen Posten man gerne haben will. Es geht hierbei darum, andere abzuwerten, zu verurteilen, um sich selbst wertvoller zu fühlen. Die Gründe dafür können vielfältig sein. Es gibt zeitlich begrenzte Zustände, welche das Verurteilen fördern: Müdigkeit, Überforderung, kleinere Misserfolge oder Krankheit. Und es gibt zeitlich hartnäckigere Zustände: mangelnder Selbstwert, erlernte Hilflosigkeit, alle Formen von Neid etc. So oder so, tiefes Nachdenken lohnt sich immer!

PSYCHOLOGISCHE SICHERHEIT

Wer sich nicht anstrengt, nachdenkt und lernt, genügend zu differenzieren, wird vom Schwarzweiß-Denken beherrscht. Eins, null, null, eins. Woher kommt das eigentlich? Diese

Frage müssen wir uns stellen, um dahinterzukommen, was uns bewegt, das zu tun, und um dann gegebenenfalls unser Denken und damit unser Verhalten in Frage zu stellen und verändern zu können.

Was wir kennen und einordnen können, gibt uns Sicherheit. Was wir nicht kennen und nicht einordnen können, macht uns unsicher. Bei psychologischer Unsicherheit ergeben sich drei einfache Reaktionsmuster: Angriff, Flucht oder Lähmung (Totstellen), die uns aus der Steinzeit suggeriert werden. Und die verwenden wir öfter, als uns bewusst ist.

Ein Beispiel: Wir hören, dass ein guter Bekannter eine Feier macht und wir nicht eingeladen sind. Oder wir bekommen mit, dass unser Kind in einem Sandkasten nicht mit den anderen mitspielen darf und ausgegrenzt wird. Das, was wir jetzt fühlen, ist psychologische Unsicherheit – in diesem Fall durch soziales Ausgegrenztsein. Würden wir in diesem Fall eher angreifen oder ausweichen? Und Menschen, die bei Prüfungen nicht mehr klar denken können, praktisch mental gelähmt sind, praktizieren unbewusst eine Form des Totstellens.

Deswegen versuchen wir, alles Unbekannte, alles für uns nicht Greifbare mit unseren bekannten und gewohnten Denkmustern zu erfassen. Das ist nur allzu menschlich und verständlich. Die psychologische Sicherheit hat Vorrang. Und so versuchen wir, neue Impulse mit bekannten Mustern zu erfassen. Und sagen: »Kenn ich schon!« Wir fragen nicht: »Kann ich das?« Der Vorteil: Alles lässt sich schnell erfassen und in die bekannten Schubladen einordnen. Impuls, schnelle Verarbeitung, rasche psychologische Sicherheit. Fertig! Hier wird schnelles sicheres Erleben mit mangelndem geistigem Wachstum bezahlt. Je größer und einfacher die Schublade, desto schneller und einfacher die Einordnung – eine einfache Gleichung.

Es gibt auch einen anderen Weg. Werde ich mit etwas Unbekannten konfrontiert, parke ich es erst einmal mental.

Ich halte diese innere Unsicherheit aus, weil ich tiefer verstehen will. Deswegen möchte ich nicht vorschnell geistig zupacken. Ich informiere mich, denke nach, nehme unterschiedliche Standpunkte ein und freue mich an dieser geistigen Übung. Ich zerlege das Unbekannte in kleine Scheibchen und schaue mir diese ebenfalls aus verschiedenen Blickwinkeln an. Vielleicht ordne ich jetzt das Ganze in verschiedene bestehende Schubladen ein. Oder ich erlerne neue hochwertigere Schubladen. Ich frage mich nicht, wie sieht das von meinem Standpunkt aus? Ich frage mich, von welchem Standpunkt schaut der andere drauf? Und was kann ich davon übernehmen und was nicht.

Dadurch lerne und wachse ich. Vielleicht werde ich am Anfang mit dieser Haltung von anderen noch nicht so ernstgenommen. Denn wer noch lernt, kann nicht so stark sein. Doch mit zunehmend besseren Ergebnissen wird sich das ändern. Garantiert. Dann fragen sich viele: Woher kommt auf einmal der große Erfolg, scheinbar über Nacht? Und wir wissen, wie lange es wirklich gedauert hat.

Der Mensch der Steinzeit war auf die Fähigkeit angewiesen, Situationen schnell unter dem Aspekt der Gefahr zu bewerten, um zu überleben. Das heute so weit verbreitete vorschnelle Bewerten ist ein Relikt aus dieser Zeit. Diese Art der Wahrnehmung ist hilfreich, wenn wir uns schnell sicher fühlen wollen, jedoch hinderlich, wenn wir mental wachsen möchten. Doch das ist notwendig, wenn wir unsere Ziele smarter erreichen wollen. Wer nicht wächst, tendiert dazu, die Dinge unnötig kritisch und in der Folge negativ zu bewerten, und orientiert sich dann an dieser Bewertung in seinem Handeln.

Ein Grund dafür ist, dass wir dazu neigen, unsere Welt, unsere Lebensumgebung, unsere Arbeitsaufgaben eigentlich ständig optimieren zu wollen. Doch optimieren kann man nur, was fehlerhaft ist. So machen wir uns permanent auf

die Suche nach Fehlern im System. Das ist in vielen beruflichen Arbeitsfeldern sinnvoll. Ein Ingenieur zum Beispiel
muss nach Fehlern suchen, weil ein Produkt eben möglichst
fehlerfrei sein muss. Er arbeitet nach einem Programm, das
heißt: Suche, was nicht da ist, erkenne, was fehlt, beseitige
die Fehler. Eine Art Maschinendenken. So entsteht Perfektionismus. Der hat dann Sinn, wenn er bewusst eingesetzt
und gesteuert wird. Und er hat keinen Sinn, wenn er als
bestimmendes Programm das Gehirn steuert. Die Frage
lautet also: **Bin ich Herr oder Sklave meines Perfektionismus?**

Werde ich zum Sklaven dieses Programms, kann das
zwanghaft werden, in Fleisch und Blut übergehen, und führt,
wenn wir nicht aufpassen, zunächst zu einer Wahrnehmungs-
gewohnheit, die fast unausweichlich in einer unbewusst destruktiven Wahrnehmung endet: In jeder Suppe ist ein Haar!
Und vor allem führt es zu destruktiven Gefühlen uns selbst
und unserer Umgebung gegenüber. Menschen sind nicht perfekt. Sie haben Schwächen – und immer auch Stärken.

Diese permanent kritische Sicht auf die Dinge ist eine
Denk- und Fühlgewohnheit, die wir nur ablegen können,
indem wir eine neue Gewohnheit entwickeln, die uns in die
Lage versetzt, nicht mehr zwanghaft kritisch uns und unser
Umfeld wahrzunehmen. Doch wie geht das? Indem wir diese
Gewohnheit als Konditionierung akzeptieren und uns selbst
neu konditionieren.

GEWOHNHEITEN

Wichtig ist, zu verstehen, dass Gewohnheiten ihrem Wesen
nach weder gut noch schlecht sind. In Form positiver Rituale
schenken sie der Seele Stabilität und Orientierung und re-
gulieren die Psyche. Wie oft automatisieren Menschen Ab-

läufe – etwa ein alltägliches morgendliches Anzieh- und
Waschritual –, und wie oft schaltet unser Gehirn so auf den
neurologisch effizienten Automatikmodus? Ein beruhigender
Gegenpol zur schnelllebigen, hektischen Zeit von heute. **Es
existieren hilfreiche oder hinderliche Gewohnheiten** – solche, die uns auf dem Weg zu besseren Ergebnissen unterstützen oder uns im Weg stehen.

Doch einfach nur eine Gewohnheit ablegen, das funktioniert nicht. Es ist, als ob wir mit einer Balancierstange auf
einem Dachfirst entlangspazieren würden: Links und rechts
geht es steil hinunter. An der Balancierstange hängen rechts
und links in einem Eimer unsere Gewohnheiten. Einfach
etwas sein zu lassen, eine Gewohnheit abzulegen, führt dazu,
dass ein Eimer leichter wird als der andere und wir Schlag-
seite bekommen. Deshalb gilt: auswechseln und ersetzen!
Wer weniger Kaffee trinken möchte, könnte dafür mehr Wasser trinken, der neugeborene Nichtraucher mit dem Joggen
anfangen. Und wer aus Gewohnheit schlecht über andere
redet, könnte durch ein Erfolgsjournal sein Selbstwertgefühl
anheben, um andere nicht dauernd abwerten zu müssen.

Eine von mir oft angewandte Technik kann helfen, hem-
mende Gewohnheiten zu analysieren und zu ersetzen. Zuerst
fixiert man schriftlich, welcher Schaden durch die Gewohnheit entsteht – kurz-, mittel- und langfristig. Man entwirft
sozusagen ein schmerzhaftes Horrorszenario. Dieser Schmerz
hilft. Dann überlegt man, mit welchem nutzbringenden Ritual
man seine schlechte Gewohnheit ersetzen und überwinden
könnte. Wenn jemand beispielsweise nachts gelangweilt
durchs Fernsehprogramm zappt, könnte er sich klarmachen,
wie viel Frust und wachsende Stagnation das bedeutet. Was
für ein Schmerz! Würde man sich stattdessen informative
Sendungen von Streaming-Diensten anschauen, wenn man
nicht schlafen kann, könnte man seinen Geist wenigstens mit
sinnvollen Dingen füttern. Das funktioniert!

Gewohnheiten entstehen dadurch, dass wir die gleichen Dinge immer wieder tun. Irgendwann müssen wir nicht mehr darüber nachdenken, was wir tun, sondern es geschieht wie von selbst, aus dem Bauch heraus. Wenn wir an die erste Fahrstunde denken, als wir noch nicht wussten, wie viele Pedale uns im Fußraum des Wagens und wie viele Schalter am Lenkrad erwarten und was alles zu tun ist, wenn man aus der Parklücke losfahren will: Schulterblick, Blinker setzen, Handbremse lösen, Fuß von der Bremse aufs Gaspedal setzen, Kupplung langsam kommen lassen, dabei leicht Gas geben und Lenkrad einschlagen. Ein zwangsläufiger Schweißausbruch war die Folge. Und wie ist es heute, nachdem wir mehrere tausend Male aus einer Parklücke uns in den Verkehr eingefädelt haben? Es geht wie von selbst! Das ist Gewohnheit.

VIER KOMPETENZSTUFEN

Bevor ich nun mein Verhalten und damit meine Wirkung verändere, muss ich im ersten Schritt erst einmal erkennen, was mir in meinem Leben nicht gefällt, welche Ergebnisse ich mir anders wünsche. Dann übernehme ich im zweiten Schritt Verantwortung für die Situation, und mir wird bewusster, woran genau es liegt, dass ich nicht an meine Ziele komme, nicht die Ergebnisse erreiche. Im dritten Schritt ändere ich mein Verhalten durch Lernen und Üben, indem ich bewusst anders agiere – so lange, bis es im vierten Schritt automatisiert ist. Ich habe es oft genug bewusst wiederholt, bis das veränderte Verhalten aus dem Bauch heraus passt. Das ist dann die unbewusste Kompetenz. Das ist eine von vier Entwicklungsstufen von Transformation – die letzte, die gewünschte, die wunderbare. Denn hier liefere ich, ohne nachzudenken. Doch bis dahin ist es ein weiter Weg.

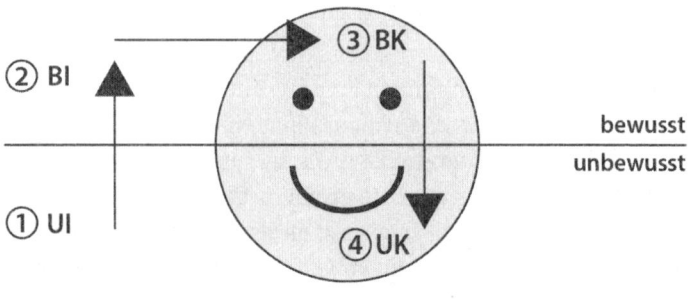

BI = Bewusste Inkompetenz   BK = Bewusste Kompetenz
UI = Unbewusste Inkompetenz   UK = Unbewusste Kompetenz

Die erste Stufe ist nämlich die *unbewusste Inkompetenz.* Verdrängung. Die Phase des Nicht-sehen-Wollens oder Nicht-sehen-Könnens. Wir produzieren schwache Ergebnisse, ohne zu wissen, was uns fehlt – so lange, bis wir einen ehrlichen Blick auf uns selbst werfen. Hier tun und lassen wir, ohne dass wir nachdenken, und produzieren schwache Ergebnisse. Die Verantwortung dafür schieben wir auf andere – wir beschweren uns. Das heißt: Wir sind unzufrieden, unternehmen aber nichts dagegen, sondern behelfen uns, indem wir andere vielleicht schlechtreden und uns dadurch besser fühlen: Der Chef ist schuld, der Partner ist schuld, der Kapitalismus, die Politik, die Kirche …

Wenn wir uns aber auf den Weg machen, aus diesem Teufelskreis auszuscheren, bedeutet das, dass wir uns auf die zweite Stufe begeben müssen: die *bewusste Inkompetenz.* Einsicht und Erkennen. Uns wird klar, dass wir Ziele verpassen. Worte und Taten stimmen nicht überein. Wir sind unzufrieden, unser Umfeld ebenso. Der Blick auf unsere emotionale Veränderungskompetenz lichtet sich langsam. Am Ende dieser Phase können wir uns unseren Defiziten besser stellen. Uns wird bewusst, was unser Beitrag daran ist, was in unserem Leben vielleicht schiefläuft, wie unser Teil der Verantwortung aussieht. Wenn uns nach dem erneuten Jobwechsel vielleicht klarwird, dass wir in der neuen Firma wieder ähnliche Probleme haben. Und in der nächsten Partnerschaft kommen ähnliche Probleme wie in der letzten ans Tageslicht.

Der nächste Entwicklungsschritt ist die *bewusste Kompetenz*: anerkennen. Wir lernen unter Mühen und handeln endlich. Aber das Neue ist noch keine tiefe Gewohnheit. Hier richten wir unser Denken und Handeln bewusst anders aus, als wir es vorher getan haben. Wir beobachten uns beim Denken und denken bewusst anders. Das ist am Anfang etwas holprig und künstlich. Wenn uns wieder die gleichen Schwierigkeiten im neuen Job begegnen, überlegen wir, was unser Teil der Verantwortung ist, und klären das mit unserem Umfeld. Das machen wir so lange, bis daraus ein Automatismus entsteht und diese Art von Themen gar nicht mehr auftaucht.

Dann sind wir bei diesem Thema auf der vierten Stufe angelangt: die *unbewusste Kompetenz*. Dieser Punkt ist transformiert – endlich am Ziel. Wir liefern intuitiv. Auf zum nächsten Thema: Wo möchten wir unsere Ergebnisse noch verbessern? Nun wieder rein in die vier Stufen. Und dann passiert es: Die Qualität unserer Ergebnisse nimmt ständig zu. Wir werden vom »Kenner« zum »Könner«. Die Menschen unter unserer Verantwortung entwickeln sich – ganz natürlich. Wir werden immer souveräner und kompetenter. Unsere Ausstrahlung wird immer überzeugender. Wir werden zum stimmigen Vorbild für andere.

Doch damit dies gelingt, ist es unabdingbar, dass wir immer wieder in uns hineinhören. Beginnen wahrzunehmen und zu registrieren. Wo ist unser nächstes Thema zur Transformation? Aha, da geht es also lang. Und das ist reaktives Verhalten: reflektieren, nachdenken. Tempo rausnehmen, um danach umso mehr zu beschleunigen.

Schnell bewerten können gilt in vielen Gesellschafts-
kreisen als besondere Fähigkeit und Qualität. Wer zügig
eine Meinung hat, weiß, was er tut, und hat eine solide
Basis, dies zu tun – vermittelt jedenfalls derjenige, der
bewertet. Oder eine Scheinbasis – und das ist viel öfter der
Fall! So oder so bringt unser ständiges Bewerten, das oft
negativ und von Misstrauen geprägt ausfällt, uns dazu, die
Welt und die Menschen einschließlich unserer eigenen Person negativ zu sehen. Es bestimmt unser Handeln, und es
ist nicht kraftvoll.

Ich war in meinem Drehbett von einem Tag auf den
anderen gezwungen, ja, verdammt zum Hören. Das war eine
wirkliche, heftige Krise. Gerade noch Vollgas mit offenem
Verdeck und wehendem Haar – und jetzt plötzlich auf der
Standspur.

Zu erleben gab es in der langen Liegephase wenig, und
das war langweilig, bot keine Abwechslung. Ich spürte plötzlich, was es bedeutet, fast nur noch zu hören und zu denken.
Ich war viel mit mir allein, und meine Aufmerksamkeit, die
mein Leben lang nach außen gerichtet war, wendete sich
mehr und mehr nach innen. Ich verstand mit einem Schlag
gar nichts mehr, war plötzlich auf Grund meines sehr eingeschränkten Blickfelds von Boden und Decke auf meinen
Hörsinn reduziert und angewiesen. Das war neu für mich.
Ich war immer ein visueller Mensch gewesen, einer, der nach
außen gerichtet war, der sich die Welt zu Diensten gemacht
hatte. Nicht einer, der der Welt diente.

Mir wurde klar, dass ich keine Ziele mehr hatte. Keinen
Sinn mehr fühlte. Dass mein altes Leben, so wie es war,
vorbei war.

Was bei mir nach einer Zeit der totalen geistigen Lähmung einsetzte, könnte man als Denkschule bezeichnen. Mir
wurde klar, dass ich Teil meines Lebens bin, der dieses
Leben auch (mit)gestaltet. Ich verstand, dass mein Tun – und

mein Lassen – Auswirkungen hat und dass es zu jeder Wirkung, zu jedem Ergebnis eine Ursache gibt, zu der ich meinen Teil beitrage. Und beitragen kann. Diese Verantwortung eröffnete mir aber auch Handlungsspielräume: Ich wurde mir bewusst, dass ich in meinem Leben mitgestalten und mitwirken konnte – eine großartige Möglichkeit. Denn im Leben geht es um Wirkung und Ergebnisse!

ERGEBNISSE

Wenn ich bei Seminaren und Vorträgen fasziniert über Ergebnisse im Leben rede, blicke ich oft in fragende Gesichter. Denn Ergebnisse sind in meiner Welt all das, was in unserem Leben da ist. Und einen Teil davon habe ich selbst erwirkt, und einen Teil nicht: Mein Gesundheitslevel ist ein Ergebnis. Meine Fähigkeit zu Denken ist ein Ergebnis. Meine Fähigkeit, Probleme zu lösen, ist ein Ergebnis. Die Qualität meiner Beziehung zu mir ist ein Ergebnis. Die Qualität meiner Beziehung zu anderen ist ein Ergebnis. Meine Qualität an Verantwortungsübernahme ist ein Ergebnis. Meine Stärkenorientierung ist ein Ergebnis. Mein Umgang mit Schwächen ist ein Ergebnis. Meine finanzielle Situation ist ein Ergebnis. Die Erfüllung, welche ich im Leben erfahre, ist ein Ergebnis. Diese Liste könne ich beliebig weiterführen. Auf einen Teil dieser Ergebnisse habe ich Einfluss und auf einen anderen Teil nicht. Jetzt geht es mir darum, mich auf das zu konzentrieren, was ich beeinflussen und verbessern kann. Und jetzt versuche ich, darin der Beste zu werden, der ich sein kann. Darum geht es mir, wenn ich über Ergebnisse rede.

Denn in vielen Köpfen ist Ergebnis das, was abzuliefern ist und nach dem man beurteilt wird. Mein Verständnis davon ist eher mathematisch, linear sozusagen: Wo ist die Ursache für welche Wirkung? Ich schaue mir etwas an, was mir positiv oder negativ passiert, und frage mich: Welches Denken und Handeln hat zu diesem Ergebnis geführt (*mein* Leben)? Und welches Denken und Handeln führt bei anderen zu welchen Ergebnissen (*das* Leben)? Was kann ich von anderen lernen, was kann ich verändern in meinem Denken, Fühlen und Handeln, damit mein Ergebnis besser wird? Dahinter steht der forschende Gedanke: Wo gibt es einen deutlichen Zusammenhang zwischen meinem Denken und Handeln und meinen Ergebnissen – dem, was in meinem Leben passiert? Das kann ich beeinflussen, aber es gibt auch klare Grenzen meines Einflusses, und die gilt es anzuerkennen.

Also lautet die Frage, wo es einen Zusammenhang zwischen Wirkung und Ursache bei mir gibt. Darauf gilt es sich zu konzentrieren, ohne Ausreden und Selbstmitleid. Wenn mir die Wirkung nicht gefällt, kann ich mich fragen, wo mein Beitrag bezüglich der Ursache liegt. Dort habe ich Möglichkeiten, etwas zu gestalten. Und dann verstehe ich immer besser: Was ich gestern gedacht habe, zeigt sich heute in Form von Ergebnissen in meinem Leben. Und daraus folgt: Was ich heute denke, zeigt sich morgen in Form von Ergebnissen in meinem Leben. Und wenn ich in diesem Buch über Ergebnisse schreibe – und das kommt oft vor –, dann meine ich genau diese Art Ergebnisse.

Wenn ich mich auf diese Denkschule konsequent einlasse, werde ich zum Meister meines eigenen Lebens und verurteile andere immer weniger. Ich bleibe bei mir, werde selbst stärker und helfe anderen, die Stärke zu entwickeln, bei sich selbst zu bleiben. Dann verstehe ich, wenn Hans Urs von Balthasar sagt: »Wir warten unser Leben lang auf den außergewöhnlichen Menschen, statt die gewöhnlichen um uns herum in solche zu verwandeln.« Und das kann nur, wer selbst seine Einzigartigkeit erkennt und außergewöhnlich wird. Das ist die Berufung des Menschenentwicklers.

PERSÖNLICHKEIT

Bei Menschen-Entwicklung geht es immer darum, dass jeder der Beste wird, der er sein kann. Dass jemand zu einer Persönlichkeit wird. Denn Persönlichkeiten können über sich selbst hinausdenken. Sie sind nicht so sehr mit sich selbst beschäftigt. Und große Persönlichkeiten erreichen Menschen auf eine sehr besondere Weise. Vielleicht bedeutet auch deswegen das lateinische Wort »per-sonare« so viel wie »durchtönen«. Das passt: Eine Persönlichkeit »durchtönt« Menschen, statt sie zu übertönen. Sie erreicht Menschen durch »Stimmigkeit«, statt sie zu überstimmen.

Große Persönlichkeiten nehmen nicht mehr so viele Dinge persönlich, sie haben eine gesunde Distanz zu sich selbst gewonnen. Das riecht nach gelebter innerer Freiheit. Doch wie komme ich zu diesem Mehr an konzentrierter Wirkung? Natürlich indem ich ständig dazulerne und mich entwickle. Dieses Lernen geht weit über Wissen und Erfahrung hinaus. Hierbei geht es um echte Transformation. Dabei gibt es verschiedene Lernebenen – die so individuell sein können, wie Menschen unterschiedlich sind. Jede dieser Lernebenen besteht aus einer neuen, tieferen Erkenntnis und Einsicht. Aus dieser erwächst ein klügeres und weitsichtigeres Handeln mit deutlich besseren Ergebnissen.

Ein beispielhafter Verlauf könnte so aussehen:

Man setzt sich Ziele, erreicht diese und stärkt dadurch sein Selbstvertrauen.

Im nächsten Schritt lernt man für seinen Erfolg zu kämpfen, kommt immer mehr weg von Kampf und Einsatz und findet immer mehr zu entspannter Hartnäckigkeit. Man lernt dann vielleicht, immer mehr dem eigenen inneren Kompass zu folgen und dass es keine Rolle spielt, was andere über einen sagen. Im vierten Schritt könnte man lernen, den eigenen Partner einzubeziehen, und so zum Ausdruck bringen, dass eine intakte Familie das Rückgrat eines erfüllten Lebens ist. Man lernt dabei, dass Erfolg ohne Erfüllung armselig, arm an Seele, ist und sich das Leben nicht nur um beruflichen Erfolg drehen kann. Man könnte lernen, dass man Dingen dient, die größer als man selbst sind. So transformiert sich ein entwickeltes Ego vom Ich zum Wir. Im folgenden Schritt lernt man abzugeben und macht sich überflüssig, während die Ergebnisse immer besser werden. Dann lernt man, dass kein Erfolg ewig anhält, sondern dass es darum geht: Ergebnisse produzieren, loslassen. Produzieren, loslassen – ein Kreislauf. Im nächsten Schritt gilt es zu erkennen, dass wahre Erfüllung heißt, den Sinn des eigenen Lebens zu kennen und zu leben. Und schließlich geht es um die Frage: »Für was bin ich gemeint worden?« Sie ersetzt die Fragen »Was muss ich?« und »Was will ich?«. Der zehnte und letzte Schritt: Sie übergeben Ihr Lebenswerk an die nächste Generation und lassen los.

Natürlich muss dieser beispielhafte Verlauf nicht eins zu eins auf jeden von uns und sein Leben zutreffen. Jeder hat die Aufgabe, seine eigenen Lernebenen zu finden und zu transformieren. Und woran erkennen wir, dass das Thema transformiert wurde? Richtig: an der Wirkung, an den Ergebnissen. Wir befinden uns jetzt in der vierten Phase: der unbewussten Kompetenz. Wir liefern, ohne viel darüber nachzudenken. Denn nachgedacht und geübt haben wir in der dritten Phase: der bewussten Kompetenz. Wenn wir jetzt die einzelnen Punkte einmal konzentriert durchgehen, wird vielleicht spürbar, welche Intensität in jedem der zehn Schritte und den Erkenntnissen dahintersteckt und welche Kraft sie auslösen. Auch die Anstrengung ist sicher spürbar, denn dies ist der Preis für die besseren Ergebnisse. Ob es sich lohnt, diesen Preis zu bezahlen, muss jeder für sich entscheiden. Aus meiner Sicht ist das keine ernsthafte Frage.

Bei mir persönlich gab es irgendwann einen Punkt im Drehbett, an dem ich mich entschlossen habe, mir zuzuhören, mich und mein Leben zu erkennen, meine Situation anzuerkennen und mich zu transformieren. Im Klartext hieß das: »Du liegst im Drehbett, du bist gelähmt. Das ist nicht gut, und das ist nicht schlecht. Es ist so, wie es ist. Überlege dir, wofür diese Erfahrung hilfreich sein könnte. Konzentriere dich auf das, was möglich ist, und mache das Beste draus!«

Ich glaube, in dem Moment habe ich den Grundstein gelegt für meinen Entschluss, lebenslang zu hören und lebenslang zu lernen. Das ist auch heute noch so. Meine Kinder wundern sich, wenn ich sage, dass es für mich noch so viel zu lernen gibt. »Du hast doch schon so viel erreicht«, haben sie früher gesagt. Doch inzwischen sagen sie das nicht mehr. Sie wissen um mein Ringen, zu verstehen – ein lebenslanger Prozess. Doch auf dem Weg zu tieferem Verstehen wartet jetzt die nächste Herausforderung: Der Wunsch nach Bestätigung kann das Verstehen-Wollen torpedieren und so zu einem Bremsklotz der Entwicklung werden.

2

—

BESTÄTIGUNG GESUCHT

Die Fähigkeit zuzuhören gilt vielen als sehr menschliche Qualität – vor allem, wenn dieses Zuhören präsent und wertfrei geschieht. Sie ist so wertvoll, vielleicht auch deswegen, weil sie eher selten zum Vorschein kommt. Doch ein guter Zuhörer wird unbewusst eher als »weicher« denn als »harter« Typ wahrgenommen. Und von weich zu schwach und von hart zu stark ist es ein kleiner Schritt – aber wer will denn schon »weich« erscheinen? Ebenso scheint die Kette »Ohr – hören – aufnehmen – zugänglich – eher weiblich und leise« und »Auge – sehen – senden – dominieren – eher männlich und laut« in einigen Köpfen eine Vorurteilsspirale auszulösen.

So überholt diese Kette scheint, so oft wirkt sie dennoch. Kürzlich durfte ich bei einer Veranstaltung ein jüngeres Vorstandsmitglied eines großen Automobilkonzerns kennen lernen. Der blitzschnelle Wechsel zwischen Fragen stellen, zuhören und kurzen Statements war beeindruckend: 75 zu 25 Prozent, so meine Schnellanalyse. Mir scheint, dass dies eine der entscheidenden Führungskompetenzen der Zukunft ist.

VERSTEHE MICH ZUERST

Doch wenn man an Gespräche denkt in Eisenbahnabteilen, Wartezimmern, Krankenhäusern, an Frühstückstischen: Die Menschen reden lieber, als dass sie zuhören. Woran liegt das bloß, wenn ein guter Zuhörer doch als so wertvoller Mensch angesehen wird? **Menschen, die in der Lage sind, anderen wertfrei zuzuhören, möchten verstehen.** Es ist eine Art von Respekt: »Rede du. Ich bin da. Ich sehe dich, und ich nehme dich an.« Doch die meisten Menschen wollen zuerst verstanden und angenommen werden, bevor sie bereit sind zu verstehen und anzunehmen.

Bei Seminaren zur Transformation von Führungsteams ist das eine ganz entscheidende Erkenntnis. »Wer möchte von anderen verstanden werden, und das vorurteilsfrei? Wer möchte, dass andere sich die Mühe machen, genau von ihrem Standpunkt aus auf eine Sache zu schauen?« Auf diese Fragen gehen jedes Mal gefühlt 98 von 100 Armen hoch. Darauf folgt die nächste Frage: »Und was glauben Sie jetzt, wie wichtig ist es Ihren Mitarbeitern, von Ihnen verstanden zu werden?« Die Antwort auf diese Frage füllt automatisch unausgesprochen den Raum. Und jetzt wird die logische Kette klar: **Erst wenn sich ein Mensch von einem anderen verstanden fühlt, gibt er diesem die Erlaubnis, ihn zu entwickeln.** So einfach diese Erkenntnis ist, so wirkungsvoll ist sie. Und das geht nur, wenn wir lernen, zu verstehen, ohne einverstanden sein zu müssen. Denn nur dann können wir uns ganz auf die Sichtweise eines anderen einstellen. Und erst dann wird dieser uns die Erlaubnis geben, ihn zu entwickeln. Egal ob Mitarbeiter, Lebenspartner, pubertierende Kinder oder nerviger Chef: Jeder will verstanden werden!

Deswegen steht Verständnis ganz oben auf der Liste der gängigen menschlichen Qualitäten. Im Umkehrschluss bedeutet dies nichts anderes als: Die Tatsache, dass viele Menschen nicht wirklich zuhören wollen – denn es ist keine Frage des Könnens –, bedeutet, dass sie nicht verstehen wollen. Sie wollen lieber, dass ihnen jemand zuhört und sie versteht. Sie wollen lieber verstanden werden als selber verstehen. Verstanden zu werden gibt ihnen das Gefühl der

Bestätigung. Sie holen sich von außen das Verständnis, das sie sich selber gegenüber vielleicht nicht aufbringen können, und stärken dadurch ihre Daseinsberechtigung – ihr Ich, ihr Ego. Wer still zuhört und beobachtet, kann das an allen Ecken und Enden dieser Welt erleben.

ICH HABE RECHT – ALSO BIN ICH!

Wie oft passiert es, dass bei Diskussionsrunden im Fernsehen, bei Familienfesten oder bei Meetings in Unternehmen Experten beisammensitzen, die sich bis aufs Messer bekämpfen? Ich habe es selbst erlebt, wie bei der Besetzung von Talkshows sogar im Vorfeld dafür gesorgt wird, dass möglichst viele unterschiedliche kampfbereite Meinungsvertreter im Raum sind. Jeder Moderator freut sich, wenn es knallt, denn das sorgt für Quoten. So verständlich das ist, so klar ist auch: Augenscheinlich geht es vielen weniger um die Sache, über die diskutiert wird, sondern viel mehr darum, nicht nur Recht zu haben (1 zu 0), sondern am besten von der Gegenseite auch Recht in Form von Zustimmung zu bekommen (2 zu 0). Und sich dadurch sich noch mehr im Recht zu fühlen. Da geht es mehr um Revierkämpfe von Platzhirschen als um die Sache selbst. Ich behaupte unbewiesen, dass so zig Millionen Woche für Woche durch den Besprechungskamin unprofessioneller Kommunikation verpulvert werden.

Und wie kommt es eigentlich, dass bei einer Befragung der Nürnberger Gesellschaft für Konsumforschung (GfK) 2014 jeder dritte der mehr als tausend Befragten erklärte, dass er schon einmal Streit mit Nachbarn gehabt hatte? In Hamburg war es sogar jeder Zweite. Es geht dabei um Laubbläser, ungeputzte Treppen, Gartenzwerge, unangenehme Gerüche von Haustieren, Kinderlärm und Ähnliches. Nicht selten werden diese Konflikte vor Gericht ausgetragen. Und vor Gericht geht es bekanntermaßen immer ums Recht haben beziehungsweise dass einer der beiden Parteien vom Richter hochoffiziell bestätigt wird, dass sie Recht hat. Ich schäme mich oft fremd, wenn ich Berichte über Nachbarschaftsstreitigkeiten lese. Natürlich gibt es Fälle, die gerichtlich geklärt werden müssen, jedoch: **Die meisten Konflikte ließen sich durch den gesunden Menschenverstand einfach und schnell klären.**

Oder wenn wir an die Rosenkriege bei Scheidungen oder an tagtägliche Ehestreitigkeiten denken: Wie oft ist dort »Recht-haben-Wollen« das Nummer-eins-Motiv? Ein besseres Beispiel für übersteigertes Hineinsteigern gibt es wohl nicht. Da hat man sich mal geliebt oder geglaubt, sich geliebt zu haben – und jetzt wird sich bis aufs Blut bekämpft. Mit allen Mitteln wird versucht, die eigene gefühlte Verletzung dem anderen heimzuzahlen. Und über die Kinder wird vielleicht sogar versucht, Macht auszuüben, zum Schaden der eigenen Kinder. Von Verantwortung keine Spur! Der Bestätigungswahn kennt keine Grenzen. Doch weil es so oft vorkommt, hält das jeder für normal. Ich nicht. Ich verstehe es, bin damit jedoch überhaupt nicht einverstanden.

Dahinter steckt meiner Meinung nach nichts anderes als das Bedürfnis nach Bestätigung der eigenen Position als Pars pro Toto für die eigene Person. Dafür gehen manche sogar über das Wohl ihrer eigenen Kinder. Wenn ich Recht habe, bin ich richtig! Beide Wörter entspringen übrigens der gleichen Wurzel!

Beim »Recht-haben-Wollen« werden tiefe innere Ansichten von der Welt berührt, die sich darin zeigen, wie mein Gegenüber denkt, fühlt und handelt. Tiefe innere Vorstellungen, die stark mit Emotionen verknüpft sind. Unser Verstand weiß zwar, dass die Sichtweise jedes Einzelnen vollen Respekt verdient, trotzdem brauchen wir primär Bestätigung für unsere Sicht der Dinge. Zuerst respektiert werden, dann andere eventuell respektieren, so heißt die Devise. Deswegen suchen wir die Fehler bei anderen. Die gibt es natürlich, je nach Blickwinkel mehr oder weniger. Uns interessiert nicht, was wir vom anderen vielleicht lernen könnten. Wo der andere Recht haben könnte. Uns interessiert, was an unserer Sicht der Dinge besser ist. **Selbstbestätigung schlägt Lernbestrebung.**

BOTE ODER BOTSCHAFT

Und so beschleicht uns das Gefühl, unsere Sicht auf die Welt sei die bessere und richtigere. Dadurch wird unsere Toleranz zum gönnerhaften Gnadenakt. Unbewusst schauen wir auf andere herab: »Sicher darfst du so denken. Aber eigentlich weiß ich es besser. Ich habe Recht. Sollten deine Ergebnisse im Leben besser sein als meine, dann werde ich dich trotzdem noch moralisch übertrumpfen. Und wenn du etwas sagst, was mein Glaubenssystem ins Wanken bringt, dann werde ich böse.« Denn der Mensch kann schwer zwischen Boten und Botschaft trennen.

Ein Gedankenexperiment: Bei einem Gespräch kommt heraus, dass jemand gelogen hat, um sich einen Vorteil zu verschaffen. Er wird von einem anderen vor anderen entlarvt und steht als Lügner da. Ist er nun auf den Entlarver (Bote) böse? Wenn ja, warum eigentlich? Er könnte ja auch denjenigen anklagen, der die Ursache für die Lüge ermöglicht hat (Botschaft). Und wer wäre das?

Bei Vorträgen und Seminaren ist es noch verblüffender. Wenn jemand ein Prinzip erklärt, denken viele, dass der Referent diese Botschaft sei. Doch er ist nur der Bote. Manchmal entspringt der Inhalt gänzlich aus ihm selbst, manchmal hatte er es irgendwoher, und manchmal hat er Dinge einfach weiterentwickelt. Doch er ist und bleibt primär der Bote. Die Botschaft sind seine Inhalte. **Es ist erstaunlich, wie wenig Menschen sich auf die Inhalte losgelöst vom Boten konzentrieren können.** Oder wie sehr sie es vom Boten abhängig machen, ob sie die Botschaft überhaupt interessiert. Das sehen wir immer wieder bei Wahlen: wie sehr diese von den vordersten Persönlichkeiten der Partei bestimmt werden.

Natürlich wäre es ideal, wenn Bote und Botschaft eins wären. Dann hätte der Referent die Inhalte tief durchdrungen. Das bezeichnet man dann als authentisch, oder besser als stimmig. Und wenn man dann noch weiß, wie man Botschaften sendet, wird es richtig stark. Das nennt man Charisma – die Champions League. Doch da das sehr selten vorkommt und ich gerne zu Seminaren und Vorträgen gehe, konzentriere ich mich beim Lernen primär auf die Inhalte. Die sind oft sehr gut. Nur eben schwach präsentiert. Das erreiche ich, indem ich meinen Hörsinn hochfahre. Je besser wir zuhören, desto besser konzentrieren wir uns auf die Inhalte.

Das sind einfache Beispiel dafür, wie schwer es ist, über sich selbst hinauszudenken. Und wie sehr wir um uns selbst kreisen und wie wenig differenziert wir manchmal sind. Und daraus ergibt sich ein Ungleichgewicht im Erfassen von sich selbst und anderen.

Deswegen gehen wir noch einmal zurück zum Beispiel mit dem Lügen. Wir haben alle schon einmal gelogen. Sind wir deshalb Lügner? Oder werden wir unter bestimmten Umständen (Kontext) ab und zu zum Lügner (Differenzierung)? Natürlich ergibt die Lüge, wenn wir sie verwenden, Sinn. Doch wie bewerten wir es, wenn wir selbst belogen werden? Bei etwas, was uns vielleicht sogar wichtig ist? Ist das jetzt etwas ganz anderes? Oder interessieren wir uns für die Motive des anderen, um zu verstehen? Ich muss ja nicht damit einverstanden sein! An diesem einfachen Beispiel kann man den Unterschied zwischen den Ansprüchen an sich selbst und an andere einfach überprüfen. Die Schauspielerin Valerie von Martens drückte es auf ihre Art aus: **»Es wäre eine Freude zu leben, wenn jeder die Hälfte von dem täte, was er von anderen verlangt.«**

BEZUGSRAHMEN DER ANERKENNUNG

Wir halten fest: Die Suche nach Bestätigung ist für jeden Menschen von elementarer Bedeutung und eine treibende Kraft für unser Handeln. Bestätigung kann von außen nach innen (äußerer Bezugsrahmen) und aus uns selbst heraus (innerer Bezugsrahmen) entspringen. Der innere Bezugsrahmen entspricht der sozialen Erwünschtheit. Diese wird in unserer Gesellschaft als »richtig« definiert. Und deswegen nachgeplappert, ohne dass darüber nachgedacht wird, was davon stimmt und was nicht. Oder anders: Jeder tut so, als hätte er Bestätigung von außen nicht nötig, jedoch sind die meisten davon extrem abhängig.

Genau in dieser Unbewusstheit liegt das Problem und damit gleichzeitig die Lösung. Die erste Frage, die uns in Richtung Auseinandersetzung mit dem Thema führt, lautet also: **Wann bin ich Herr oder Sklave meines Anerkennungsstrebens?** Und danach: Wie werde ich immer mehr zum Herrn meines Anerkennungsstrebens? Und danach: Wie erlerne ich die Balance zwischen innerem und äußerem Bezugsrahmen der Anerkennung? Auf diese Art würde dieses Thema dann auf ein höheres Niveau transformiert.

Bei mir waren vor meinem Unfall äußere Bestätigung und Anerkennung die Haupttriebfedern meines Tuns und Lassens. Sie waren und wurden immer stärker. Ich kreiste nur um mich selbst und verlor mich darin. So stark, dass ich nicht hören wollte, weder auf innere noch auf äußere

Stimmen. Und es gab keinen Grund, dies zu ändern. Ich war ja auf allen Gebieten sehr erfolgreich. Es fehlte mir an nichts. Das Muster »Anerkennung für Leistung« kannte ich seit meiner Kindheit und war mir sehr vertraut. Ich stellte es nicht in Frage, sondern machte einfach weiter. War ich aktiv, fühlte ich mich lebendig.

BRENNGLAS ODER GIESSKANNE

Doch die Wirkung meiner Handlungen, die Ergebnisse, waren mir nur sekundär wichtig. Primär war »beschäftigt sein« wichtig. Mich im Handeln erleben. Und dann hoffentlich Anerkennung für meinen Aktionismus bekommen. Das machen doch alle so, also wird es schon richtig sein. Wie bei einer Gießkanne: viel zu tun, schwer beschäftigt, voller Terminkalender. Am besten von anderen viel gebraucht werden und um Rat gefragt werden. Das tut gut und gibt zusätzliche Bestätigung. Die Wirkung und Ergebnisse meiner Handlungen waren nur sekundär wichtig. Dass die Zerstreuung meiner Energie die Wirkung reduzierte, kam mir nicht in den Sinn. Und dass ich durch mein »Gebraucht-werden-Wollen« andere klein hielt und von mir abhängig machte, auch nicht. Im Gegenteil: Ich fühlte mich gut dabei. Ich fühlte mich beliebt.

Durch das Beobachten anderer Personen fiel mir auf, dass es auch den Typus Menschen gab, die sich auf weniger konzentrierten und damit extrem starke Wirkung erzielten, so wie Brenngläser. Doch die Konzentration auf die Wirkung wie bei einem Brennglas war mir unheimlich. Dies lehnte ich ab und verurteilte es moralisch, als unmenschlich. Eben wie so viele es tun: Weil diese Typen doch etwas streng zu sich und ihrem Umfeld waren. Für sie galt: Ergebnisse auf Platz eins, Beziehungen auf zwei. Und für mich galt: Beziehungen auf eins und Ergebnisse auf Platz zwei. Ich war eine

Gießkanne und gefiel mir in dieser Rolle. **Menschen mit der Wirkung von Brenngläsern lehnte ich ab.**

Doch der Reiz des »Aktivseins« veränderte sich. Aktiv zu sein allein reichte mir nicht mehr, ständig mussten irgendwo neue Reize her. Neue Kicks. Und so spürte ich mich mit der Zeit nur noch in Grenzbereichen als so richtig lebendig. Wohin dies führte, habe ich bereits erzählt. So weit meine Analyse. Die Frage ist also: Sind wir eher Gießkanne oder Brennglas? Und was möchten wir eigentlich lieber sein?

Vor meinem Unfall hatte es keinen Anlass gegeben, darüber nachzudenken. Ich lebte einfach drauflos. Ein Leben im Hochgeschwindigkeitszug. Dabei war der Leistungsgedanke ganz fest in meinem Wertesystem verankert. Ich war durch ihn geprägt worden, und er bestimmte meine Persönlichkeit als Hochleistungssportler. Als Kind, als Schüler und junger Erwachsener war das Leistungsprinzip für mich ganz klar mit Anerkennung von außen verbunden. Darunter leidet so manches Kind, und auch ich habe manchmal damit gekämpft, denn im Umkehrschluss bedeutete es: Bringst du keine Leistung, bekommst du auch keine Anerkennung, keine Liebe und keine Aufmerksamkeit.

Ein großer Druck für einen Jungen, der in der Tat auch zu einem bestimmten Verhalten führte: Wer gewohnt ist, Anerkennung nur auf diese bestimmte Art und Weise zu erhalten, will auffallen, versucht ständig, im Mittelpunkt zu stehen. Und das tat ich auch. Meist fiel mir das nicht schwer. Meine Heimatstadt beispielsweise war überschaubar. Wenn ich im Freibad einen Salto vom Dreier machte, war ich schon ein toller Hecht. Auch zuhause ging das Prinzip meist auf. In der Schule hatte ich keine Probleme, meine Noten waren gut, außerdem war ich ein talentierter Klarinettenspieler und Saxophonist. Und im Tennis stieg ich schnell vom Jugendklubmeister zum Herrenklubmeister und über den Bezirksmeister im Einzel und Doppel zum württembergischen A-Meister auf. Stadtmeister im Skifahren, Ringen, Schwimmen und, ja, Carrera-Bahn-Fahren. Bezirksmeister in der Leichtathletik und sogar schwäbischer Meister im Skispringen.

»Jetzt bin ich hier angekommen, dahin muss ich noch. Okay, dann kommt als Nächstes dieser Schritt, und vielleicht schaffe ich vielleicht auch noch einen.« Immer weiter, weiter, weiter – das war mein Lebensmotto. Es war nicht verwunderlich, dass ich so dachte. Meine Eltern unterstützten das. Sie betrieben eine Tennisschule, und es passte gut, dass ihr Junge so eine Art Aushängeschild war. Sie wollten mir damit natürlich nicht schaden, und selbstverständlich fühlte ich mich meinen Eltern gegenüber verpflichtet. Mir war es recht, ich führte ein tolles Leben. Doch für meine beiden jüngeren Brüder wurde ich zu einem unangenehmen Paradebeispiel. Es war nicht leicht für sie, unter diesem Druck ihre eigene Identität zu finden. Das alles sind Themen, welche wir als Kinder untereinander und mit den Eltern mit der Zeit gemeinsam aufgearbeitet und transformiert haben. Natürlich bei weitem nicht alles, doch sehr viel Entscheidendes. Darauf bin ich stolz. Denn oft scheitern Familien an ihren unbewussten Mustern aus der Kindheit. Auch diese Themen gilt es zu transformieren.

Was tun wir nicht alles, wie sehr verbiegen wir uns nicht manchmal, überfordern uns, können nicht nein sagen und laden uns Unmengen an Aufgaben auf, versuchen, es allen recht zu machen? Alles in der Hoffnung, dass wir zu hören bekommen: »Das ist ein hervorragender Vorschlag! Sie sind exzellent! Du siehst toll aus! Oder: Ich bin stolz auf dich! Ich liebe dich!«

Der Wunsch nach Bestätigung ist ein menschliches Grundbedürfnis. Das steht außer Frage. **Jeder Mensch braucht Anerkennung, und das seit Menschengedenken –**

wahrscheinlich, seit ein Apfelbaum dafür gesorgt hat, dass Adam und Eva aus dem Paradies vertrieben wurden.

STELLUNG ODER PERSON

Im Wirtschaftsleben in Unternehmen kommt Anerkennung auch in Form von Dienstwagen, Boni, Prämien und Beförderung zum Ausdruck. Also Status, Geld, Karriere, Macht. Die Verwechslungsgefahr, dass ein Bonus oder die Größe eines Firmenwagens irgendeine Auskunft über mich und meine inneren Qualitäten geben könnte, ist sehr hoch! Stellung (Position) oder Person – so lautet hier die Gretchenfrage. Ich kann gar nicht zählen, wie viele Erfolgsmenschen ich nach ihrem Karriereende kennen gelernt habe, die ihre alte Stellung nicht loslassen konnten und die nur von ihrem Privatflieger oder den Chefarztprivilegien von früher sprachen. Eine Stellung verleiht Macht. Aber wehe, die Zeit der Stellung ist vorbei. Dann versiegt die Macht binnen Sekunden. Dasselbe gilt im Sport: Medaillen und Pokale geben wenig Auskunft über den Menschen, die Person.

Deswegen sollten wir uns bewusstmachen, aus welcher Position wir wann denken, handeln und agieren. In einer Stellung mit Verantwortung müssen wir manchmal für bessere Ergebnisse unbequem sein. Hierbei handeln wir aus unserer Stellung heraus. Und je höher die Stellung, desto seltener dürfen wir uns als Person öffentlich fallen lassen. Können wir uns vorstellen, dass Frau Merkel zu einem Empfang kommt, sich in einen Sessel setzt, die Füße auf den Tisch legt und sagt: »Bringe mir mal eine Flasche Wein. Mir geht das ganze Regieren und Verantwortung-Tragen gerade sowas von auf den Keks. Heute schieße ich mich mal weg.« Das wird nicht vorkommen, aber ich bin mir sicher, dass Frau Merkel das als Person ab und zu denkt – und auch ein

Recht darauf hat! Oder ein anderer Kontext. Beim Militär wird gefragt: »Darf ich offen sprechen?« Hier verlässt ein Soldat seine Stellung und spricht dann als Person. Das wird natürlich anders bewertet.

Wir dürfen nicht Stellung mit Person verwechseln, wenn es um unseren Wunsch nach Anerkennung geht. Wir müssen lernen, das Spannungsfeld zwischen Person und Stellung besser zu verstehen. Auch bei anderen. Denn so mancher wird aus Verantwortung in seiner Stellung Entscheidungen treffen, welche er als Person nicht treffen würde. Und umgekehrt.

Anerkennung macht uns so glücklich, dass wir fast alles dafür tun. Sportler treiben ihre Körper zu Höchstleistungen und ruinieren manchmal dabei ihre Gesundheit. Frauen hungern oder lassen sich operieren, bis sie den gängigen Schönheitsidealen entsprechen. Männer opfern ihre Ersparnisse oder machen Schulden, um sich mit teuren Statussymbolen auszustatten.

STATUSSTREBEN

Was passiert, wenn wir jemand anderen nach seinen Statussymbolen fragen? »Statussymbole? Das habe ich doch gar nicht nötig! Da stehe ich drüber!« Denn Statussymbole haben nämlich immer nur die anderen: die nicht so Souveränen, die Dummen, die Verlierer. Natürlich! Dass dem mit Sicherheit nicht so ist, haben wir ja schon hergeleitet. Und das Interessante daran ist Folgendes: »Darüberstehen« und »souverän sein« sind nämlich sehr moderne, weil immaterielle Statussymbole.

Statussymbole sind heute eher immateriell als materiell. Natürlich lässt sich mit Luxus materieller Wohlstand und Status zeigen und damit Neid – auch Anerkennung! –

erzeugen. Diese Art von Statussymbolen funktioniert bei der reiferen Generation besser als bei Jüngeren. Sie sind doch sehr mit finanziellem Erfolg verknüpft und deswegen wenigen vorbehalten. Aus »mein Haus, mein Auto, mein Boot, mein Pferd« wird vielleicht mal »meine Häuser, meine Autos, meine Boote, meine Pferde«. Und dann? Da die Meisten mit den primären Symbolen nicht mithalten können, gibt es noch andere, den Charakter betreffende Statussymbole. Hier kann jeder mitmachen. Und jeder macht mit. Am meisten jene, welche vorgeben, darüberzustehen!

Statussymbole werden durch die soziale Gruppe definiert, welche dann die Anerkennung für die Einhaltung eben dieser Symbole ausspricht. So bekommen wir in einer bestimmten sozialen Gruppe Anerkennung, wenn wir Stoffwindeln selbst waschen und keine Wegwerfwindeln kaufen. Das ist immateriell. »Schau, wie umweltbewusst ich bin!« Oder in bestimmten sozialen Gruppen gibt es Anerkennung für diejenigen, die nicht fernsehen. Oder sich für Kinder in Afrika einsetzen. Oder kein eigenes Auto haben und Carsharing machen.

Diese Symbole sind eher ideell und weniger materiell. Sie werden zu Statussymbolen, wenn der Wunsch nach Anerkennung von außen die treibende Kraft ist. Meine Erfahrung ist: Je mehr jemand beteuert, dass er es nicht aus Gründen der Anerkennung tut, umso sicherer kann man sein, dass dem so ist! Das gilt auch für: »Mir geht es nicht ums Geld.« »Mir geht es nicht um mich, ich tue das nur für dich!« Oder: »Mir geht es nicht um Sex.« »Mir geht es nicht um Macht.« Hier einige Beispiele für die Kraft immaterieller Symbole.

- *Souveränität:* »Das habe ich nicht nötig« ist der Satz der Souveränen. Und sie signalisieren damit: »Ich stehe darüber.« Ein moderner Akt der Dominanz. Was für ein kraftvolles Statussymbol! Sie brechen die

Kleiderordnung, weil sie es nicht nötig haben. Sie bürsten gerne gegen den Strich. Sie beweisen durch ihre beißende Kritik geistige Überlegenheit und markieren damit ihr Revier. Oder sie können sich ein Sabbatical leisten. Sie sind erfolgreich und machen klar, dass sie dennoch Zeit haben. Sie erledigen selbst die anstrengendsten Dinge im Vorübergehen. Anerkennung von anderen? »Nie, ich doch nicht! Ich brauche keine Statussymbole!«

– *Bescheidenheit:* Nach Abitur, Studium, Promotion und schließlich Professur kann betont werden, wie unwichtig das Ganze ist. Hier wird Bescheidenheit zum Symbol. Understatement kommt immer gut an. Auch bei reichen Menschen, welche sich Mühe geben, »ja nicht abgehoben« zu wirken. Bekannte TV-Gesichter lassen nichts unversucht, um klarzumachen, wie zufällig sie in den Mittelpunkt gerückt sind. Topmodels oder sehr attraktive Menschen werden nicht müde zu erwähnen, wie unwichtig ihnen Schönheit ist. Und Jammern trotz Wohlstand und Erfolg kommt immer gut an. Das Muster: Es haben und so tun, als wäre es einem nicht wichtig. Oder: Es nicht haben und andere verurteilen, die zu wenig Bescheidenheit zeigen.

– *Disziplin:* Wer sich im Griff hat, bekommt extrem viel Anerkennung. So ist eine athletische Figur ein enormes Statussymbol. »Ich kann verzichten.« »Ich kann hart trainieren.« Oder »Ich bin Veganer«. Bei Frauen und Männern gleichermaßen. Auch bei Top-Führungskräften gilt Askese als Zeichen von mentaler Stärke. Dafür ist die Anerkennung gewiss!

– *Freiheit:* Flexibilität als Ausdruck von Status. Sich nicht festlegen müssen. Selbst entscheiden zu können, was wann gemacht wird. Immer die Zügel in der

STATUSSTREBEN 69

Hand halten. Die Freiheit sowohl über seine eigenen zeitlichen Ressourcen als auch über die seiner Mitmenschen zu haben. **Zeit ist nicht Geld, Zeit ist Macht.** Sich nur auf die eigenen Stärken konzentrieren können und Lösungen für Schwächen finden.

- *Soziale Verantwortung:* Anderen etwas Gutes tun, Kinder in Afrika retten, Menschenrechte stärken, für Gleichberechtigung kämpfen, das Umweltbewusstsein stärken, sich für den Frieden einsetzen, Behinderten helfen, sich im Tierschutz engagieren.
- *Anders sein:* Zum Beispiel Liegefahrrad fahren, mit der Harley-Davidson cruisen, auffällige Kleidung tragen, eine elaborierte Wortwahl. Kurz: alles, was anders ist als der Mainstream. Die Aussage dahinter: »Ich höre andere Musik, habe eine besondere Allergie oder fahre einen seltenen Oldtimer, also bin ich einzigartig.« Auch eine generationenübergreifende Tradition kann ein sehr einflussreiches Symbol sein, oder die Zughörigkeit zu einem Geheimbund oder einer sozialen Gruppe, welche andere ausschließen.
- *Kontakte:* Sie bekommen etwa Karten für die Wagner-Festspiele in Bayreuth, obwohl diese siebenfach überbucht sind. Sie erhalten Zugang zu Clubs, die niemanden mehr aufnehmen. Oder echte Insidertipps für Geldanlagen, Immobilientipps unter der Hand und Hinweise, wo luftgekühlte 911er gekauft werden können. Wer will nicht dazugehören?
- *Bildung:* »Ich weiß Bescheid, ich bin schlauer«, das ist der Grundtenor. Im Alltag hören wir solche beeindruckenden Beispiele oft genug: »Was ich Tolles lese, wie gut ich mich mit Wein auskenne.« Nur der Kluge kann sich dümmer stellen.
- *Familie:* »Was für einen tollen Ehepartner ich habe.« »Schaut, wie toll ich meine Kinder erziehe. Wie frei

sie sich entfalten dürfen. Wie toll ihre Noten und ihre Ausbildung sind. Und was sie studieren.« Oder: »Schau, wie aufopferungsvoll ich mich um meine kranken Eltern kümmere.«

– *Sprache:* Worte prägen Kulturen. Und es ist interessant, welche Worte in welchen Kulturen verwendet werden und was damit ausgedrückt werden soll. Etwa das Insider-Denglisch in Konzernen: Es klärt Einfluss, Hackordnung, Wissensniveau.

– *Weltbürger:* Und manche Mitmenschen scheinen schon überall gewesen zu sein. »Im Herbst gibt es in einem Festzelt neben dem Holiday Inn in Schanghai ein Oktoberfest.« »Der Umbau am Wiener Flughafen hat wirklich sehr lang gedauert.« »Die Klimaanlagen in Dubai sind weniger aggressiv und genauso effektiv wie jene in Dallas im Hochsommer.«

Wir müssen erkennen, wann und wie wir von außen nach Bestätigung streben. Dann dazu stehen und überlegen, wie wir eine Balance zwischen innen und außen erreichen können. Das macht uns freier. Garantiert! Genießen wir doch einfach das Spiel mit den Symbolen und tun nicht so, als stünden wir darüber. Denn wer um das Spiel nicht weiß, mit dem wird gespielt.

ZU VIEL VON AUSSEN

Kinder können sich in der Schule ohne angesagte Markenkleidung nicht mehr blicken lassen, weil sie es sonst schwerhaben, vor den Mitschülern zu bestehen. Menschen verlieren sich in fremden Ansprüchen, weil sie meinen, nur geliebt zu werden, wenn sie sich vorgegebenen Maßstäben anpassen und auf diese Weise zu Bestätigung und Anerkennung kommen. Oder wir tun Dinge in der Angst, nicht gut genug dafür zu sein, dass wir Zuneigung, Anerkennung oder Respekt verdienen. Oft löst das Anspannung, noch mehr Anstrengung oder Resignation aus. Dann können wir nicht nein sagen und arbeiten in Richtung mentaler Erschöpfung, nur weil wir Angst davor haben, dass ein Nein uns Ablehnung – also negative Bestätigung – einbringen könnte. Im schlimmsten Fall brennen wir aus und werden depressiv.

»Unbedingt dazugehören zu wollen«, diese Erwartung wird stark. Und wenn wir tatsächlich mit Ablehnung konfrontiert werden, weil jemandem nicht gefällt, was wir tun, wer wir sind, für was wir stehen, oder weil wir einen wichtigen Auftrag nicht bekommen, auf den wir hingearbeitet haben, dann kollabiert unser Selbstwertgefühl. Denn es war nicht echt, kam nicht von innen. Denn es war nur auf den Krücken der Bestätigung von außen aufgebaut und hielt sich nur mühsam auf den Beinen. Zweifellos, wir wollen als Menschen wahrgenommen und bestätigt werden. Anerkennung ist ein menschliches Grundbedürfnis wie das nach Essen und Trinken. Ohne sie kann kein Mensch existieren. Die interessante Frage ist nur: Woher beziehen wir diese Anerkennung?

Wenn man sich einmal den Spaß erlaubt und im Wörterbuch nachschlägt, findet man folgende Bedeutungen für »Bestätigung«: Information über die Richtigkeit, Unterstützung für jemanden und amtliches Papier oder amtliche Verlautbarung über einen Sachverhalt. Das heißt, wenn man die Bedeutung auf psychologische Zusammenhänge überträgt: Verhalten wird dadurch richtig, dass es durch eine vermeintlich höhere Instanz bestätigt wird. Diese vermeintlich höhere Instanz besteht aus unserer Umgebung, den Menschen um uns herum – bei der Arbeit und im Privatleben, der gesellschaftlichen Umgebung und und und ... Sie alle sind wichtiger, als wir es uns selbst sind.

Das bedeutet: Die Menschen, die Gesellschaft oder der Chef haben in diesem Fall mehr Autorität für uns, als wir

diese uns selbst geben. Welch eine Selbstentmachtung! Sie
sind unbesehen die besseren Menschen und mehr wert als
wir selbst. Unser Verhalten wird erst dann richtig, wenn es
durch unsere Umwelt bestätigt ist. Aber wer sagt denn, was
richtig und falsch ist? Wer kann das beurteilen? Und ist
unser Verhalten richtiger, wenn es d'accord geht mit den
Maßstäben unserer Umgebung und das Prädikat »RICHTIG!«
bekommt? Vielleicht sogar auf Kosten unseres eigenen Wohl-
ergehens?

Die Ursachen der Suche nach Anerkennung liegen wie
so vieles in unserer Kindheit, unserer Sozialisation. Die Intensität des Bedürfnisses nach Bestätigung hängt stark von
biographischen Prägungen ab. Je weniger Bestätigung des
eigenen Werts jemand als Kind erhalten hat, desto mehr
läuft er Gefahr, auch als Erwachsener sein Leben mit der
Suche nach Bestätigung von außen zu verbringen. **Deswegen
ist die bedingungslose Liebe ein so wichtiger Grundstock
der Erziehung.** Glücklich, wer diese erfahren hat. Glücklich,
wer sie zwar nicht erfahren hat, aber sich selbst als Erwachsener in diese Richtung entwickeln kann. Warum? Weil wir
als Kinder darauf keinen Einfluss haben. Aber wir haben
als Erwachsene darauf Einfluss, wie wir im Lauf unseres
Lebens mit dieser Erkenntnis umgehen.

PRÄGUNG

Wir wissen heute durch die Entwicklungspsychologie, dass
der Mensch seine Identität, seine Eigenschaften und seine
Persönlichkeit im Austausch mit anderen entwickelt.

So wie wir als Neugeborene nicht laufen, sprechen und
mit Messer und Gabel essen können, gibt es auch auf psychischer und seelischer Ebene Dinge, zu denen wir noch
nicht in der Lage sind. Zum Beispiel: »Ich« sagen, geschweige

denn »Ich« empfinden. Unsere geistigen Fähigkeiten sind bei der Geburt genauso wenig ausgeprägt wie unsere körperlichen. Diese Ich-Identität entsteht erst während der ersten Lebensmonate und -jahre unter dem Einfluss der menschlichen Umgebung, in der wir leben. Diese Grenze zwischen uns und unserer Umwelt, die durch den Schnitt durch die Nabelschnur abrupt entstanden ist, muss erst »organisiert« werden. Eine Ich-Identifikation muss entstehen: Ich bin! Dies geschieht in einem Trial-and-Error-Verfahren. Das Kind tut etwas und erntet dafür Anerkennung, oder auch nicht. Es bekommt ein Feedback auf der Verhaltensebene, was allerdings häufig bis auf die existentielle Ebene durchschlägt und manchmal mehr, manchmal weniger seinen Beitrag zur Ich-Bildung leistet.

Dieses Trial-and-Error-Verfahren verläuft allerdings in den wenigsten Fällen so optimal, dass wir uns irgendwann davon verabschieden können, weil wir genügend innere Sicherheit gewonnen haben. Kinder bräuchten in ihrer frühen Lebensphase auf einer ganz unbewussten, intuitiven non-verbalen Ebene, die sie auch in der ersten Lebensphase nach der Geburt bereits verstehen können, eine bedingungslose Akzeptanz, um ihr Ich gut zu entfalten. Die Fähigkeit, verbal zu kommunizieren, entsteht, wie wir alle wissen, erst etwas später, wenn dieser Prozess bereits fortgeschritten ist. Die gemachten positiven oder negativen Erfahrungen wiegen umso schwerer, weil ein Kind mangels vorhandener Erfahrungen keine Vergleichsmöglichkeiten hat. Das macht das Ganze so gravierend.

Schon der erste Schrei des Neugeborenen oder das anfänglich noch reflexartige Lächeln ist eine Aufforderung an die Eltern zu reagieren. Ein Kind nimmt Kontakt auf, es will gesehen und gespiegelt werden. Das Ergebnis dieses lebenslangen Prozesses nennt man landläufig Selbstwertgefühl, was genau betrachtet ja nichts anderes bedeutet, als dass man ein Gefühl für den eigenen Wert entwickelt. Und der kann sehr unterschiedlich groß ausfallen. Sehr unterschiedlich! Und in der Folge dadurch das Bedürfnis nach Bestätigung.

Nicht nur das Maß, auch die Art der Anerkennung, nach der wir suchen, ist unterschiedlich. Viele Kinder, die vor allem für ihre Leistungen geschätzt werden, behalten diese Verknüpfung ihr ganzes Leben: **Sie fühlen sich nur wertvoll, wenn sie Erfolg erfahren.** Andere lernen, dass sie nur gemocht werden, wenn sie schön sind oder sich kümmern. Je nachdem, wofür wir in der Kindheit Anerkennung erfahren haben, lernen wir, wie wir die von uns benötigte Bestätigung bekommen können. In unseren Breitengraden bezieht sich das meist auf einzelne Bereiche wie Karriere, Beziehungen oder Attraktivität.

Diese Prägungen sind, wie sie sind. **Jeder hat »sein Päckchen« aus der Kindheit mitbekommen,** Positives wie Negatives. Der eine mehr, die andere weniger. Doch irgendwann sollte jeder Verantwortung für seine Prägung übernehmen. Das heißt, ich schaue mir meine Prägungen an und überlege, welche ich beibehalten und welche ich ändern will. Und dann mache ich mich auf den Weg der Selbsterkenntnis. Mit der Zeit finde ich heraus, an was ich herankomme und an was nicht. Und dann versuche ich, der Beste zu werden, der ich sein kann. Denn mehr geht nicht. Den Vergleich mit anderen nutze ich als Entwicklungshilfe für mich selbst. Oder wie Clint Eastwood auf die Frage nach seinem Erfolgsrezept einmal antwortete: »Gib einfach jeden Tag alles, was du hast, und schaue, wie weit du kommst.« Und um das zu tun, müssen wir erkennen, wie wir geprägt worden sind und welche Rolle Bestätigung in unserem Leben spielt.

Denn unabhängig davon, zu welcher Strategie wir neigen: Schon bei einem freundlichen Blick oder Lob werden von unseren Nervenzellen Botenstoffe wie Dopamin und

auch körpereigene Opiate und Oxytocin ausgeschüttet, die
für Entspannung und Lebensfreude sorgen. Je stärker ein
Signal der Zuneigung wahrgenommen wird, desto mehr
Botenstoffe werden freigesetzt. Das macht uns einerseits
abhängig von unseren Botenstoff-Dealern – also den Menschen, die uns Zuwendung zeigen –, andererseits sorgt dieses Phänomen dafür, dass wir uns als soziale Wesen entwickeln.

Die Sozialwissenschaft erklärt diese existentielle soziale
Bezogenheit evolutionsbiologisch: Ab einem bestimmten Zeitpunkt musste der Mensch größere Säugetiere jagen, um im
Nahrungswettbewerb gegen andere Primatenarten bestehen
zu können. Weil das alleine nicht ging, wurde es für den
Einzelnen überlebenswichtig, in der Gruppe zu funktionieren
und von dieser angenommen zu werden. Keine Bestätigung
aus der Umgebung zu erhalten, wird daher als unbewusste
existentielle Bedrohung erlebt. Das erklärt auch die enorme
psychische Belastung bei Mobbing, Ausgrenzung oder Ablehnung.

Untersuchungen haben ergeben, dass Menschen, die
von früher Kindheit an dauerhaft keine Anerkennung bekommen, das Interesse am Leben verlieren, keinen Appetit
mehr haben und krank werden – oder als Überlebensstrategie Aggressionen entwickeln. Marc Sageman, ein ehemaliger CIA-Mitarbeiter und Psychiater, stieß auf den zunächst
verwunderlichen Zusammenhang zwischen Aggression und
Anerkennung, als er die Lebensläufe von vierhundert isla-
mistischen Terroristen analysierte: Bevor sich die Betroffenen einer Terrorgruppe anschlossen, waren sie sozial iso-
liert. Bekanntschaften im Internet, in der Nachbarschaft
oder in der Universität führten sie zu der Gemeinschaft,
die sie aufnahm und für die sie dann bereit waren, ihr
Leben zu geben. Ähnliche Phänomene gibt es auch in der
rechtsextremistischen Szene. Die Gruppe verschafft den

äußeren Halt, der im Inneren des Einzelnen nicht vorhanden ist.

Wir und die Generationen vor uns werden und wurden mit einer großen Unsicherheit geboren, die sich viele von uns ein ganzes Leben lang erhalten und die von Generation zu Generation weitergegeben wird. Wir wissen zwar viel über den biologischen Zeugungsprozess von Kindern, wir wissen aber weder, wo wir bei der Geburt herkommen, noch, wo wir nach dem Tod hingehen. Letztlich sind das Glaubensfragen. Mit dieser Unsicherheit müssen wir leben und lernen zu leben.

Diese Unsicherheit produziert Angst und lässt uns Strategien entwickeln, um damit klarzukommen. Das fehlende Gefühl der Sicherheit und Selbstsicherheit wird in vielen Fällen aus der sozialen Gruppe generiert, also aus den Menschen in unserer Umgebung. **Wer selbstbestimmt leben will, muss dies mehr aus sich selbst schöpfen.** Die offene ängstliche Frage, die viele Menschen tief in ihrem Inneren mit sich herumtragen, lautet: Bin ich gut genug? Bin ich richtig? Und die vermeintlich befriedigende Antwort, die sie sich darauf geben: Wenn ich Recht habe, dann bin ich richtig! Und alles ist in Ordnung. Aber wenn ich Unrecht habe oder anderen Recht geben muss, dann stimmt etwas nicht mit mir …

IMAGE: EIN BILD FÜR ANDERE

Wir haben zwei Möglichkeiten: Entweder wir machen uns auf die Suche danach, wer wir wirklich sind, und erkennen und entwickeln unseren eigenen Wert. Oder wir geben ein Bild von uns ab, welches wir gerne von anderen bestätigt haben wollen. Dann suchen wir die Bestätigung des Bilds, das wir irgendwo in unserem Inneren entworfen haben.

Es ist oft ein unscharfes, weil unstimmiges Bild, und wir wollen, dass uns die Menschen, mit denen wir zu tun haben, diesem Bild durch den Blick durch ihre Linse Schärfe geben. Unsere Umwelt soll das leisten, wozu wir selbst nicht in der Lage sind. Die Schärfe der Beschreibung trübt sich allerdings in den meisten Fällen sehr schnell wieder ein. Das bedeutet: Es muss Nachschub her! Und es bedarf weiterer Bestätigung. Wir sitzen in der Falle – der Bestätigungsfalle.

Die sozialen Medien eignen sich perfekt für diesen Zweck und bieten eine erstklassige Leinwand, um ein Bild von uns selbst zu produzieren, mit dem wir die Bestätigung anderer einfangen können. Je mehr »Follower«, desto größer sind die Befriedigung und der durch Bestätigung von außen erzeugte vermeintliche Selbstwert – egal, ob das Bild, das ich von mir entwerfe, der Wahrheit entspricht oder nicht. Wenn mir nichts Besseres einfällt, poste ich den zweiten Gang meines Fünf-Gang-Sterne-Menüs und hoffe, dass es jemanden beeindruckt. Sehr komprimiert zum Ausdruck gebracht habe ich es kürzlich in einem Interview mit einem Vertreter der Generation Y gelesen: **»Im nächsten Leben wünsche ich mir das Leben, welches ich auf Facebook darstelle.«**

Man könnte sich an dieser Stelle ja fragen: Tue ich das, was ich tue, weil ich es will und es für mich Sinn ergibt? Oder dient mir die Dokumentation dessen, was ich tue, nur dazu, ein Bild von mir zu erzeugen, das die maximale Bestätigung und Zustimmung in Form von Likes erhält? Die erste Variante wäre ein Ausdruck meiner selbst, die zweite Ausdruck meines Wunschs nach Bestätigung von außen. Zugegeben: Sich selbst dabei auf die Schliche zu kommen, ist nicht einfach und erfordert Mut: den Mut zur Selbsterkenntnis. Und dazu braucht es nützliche Unterscheidungen in Bezug auf unser Selbst.

VERTRAUEN – WERT – BEWUSSTSEIN DES SELBST

Selbstvertrauen, Selbstwertgefühl und Selbstbewusstsein sind Drillingsgeschwister und werden bei mangelnder Differenzierungsfähigkeit gerne miteinander verwechselt. In unserer Akademie definieren wir Selbstbewusstsein so: Der Dreiklang »Denken – Handeln – Wirkung« wird einem immer bewusster. Also Selbst-Bewusst-Sein. In welchen Gedanken liegt die Ursache einer Handlung und damit einer Wirkung? Wenn ich mich schlecht auf ein Meeting vorbereite, ist die Folge, dass es nicht mit dem gewünschten Tempo weitergeht. Ich trete auf die Bremse mit der entsprechenden Auswirkung je nach Verantwortungslevel. Wenn ich an die Größe der Menschen glaube und dadurch jede Gelegenheit nutze, andere zu fördern, wird mir das durch ein starkes Umfeld gespiegelt. Habe ich Verlustangst bezüglich meines Partners und kralle mich fest, ist die Trennung schon sehr nah. Wenn ich mich nicht weiterbilde und den Anschluss an die technischen Möglichkeiten verpasse, komme ich meiner Auswechslung im Job sicher einen Schritt näher.

SELBSTBEWUSSTSEIN

Selbstbewusstsein – das Level an Bewusstsein über mein Selbst – ist die Voraussetzung, mir meinen eigenen Wert in der Welt bewusst zu machen. Das Wissen um meinen Wert hilft mir bei der Entwicklung meines Selbstvertrauens. Selbstbewusstsein bedeutet, dass ich mein Leben, meine Stärken, meine Schwächen, meine Lebensbedingungen, meine Geschichte, meine Gegenwart und meine Zukunft reflektiere und mir immer mehr bewusstmache. Ich mache mir Gedanken über *das* Leben und finde dadurch Klarheit in *meinem* Leben.

Ich nutze meine geistigen Fähigkeiten, um mein Leben, meine Gedanken und Gefühle aktiv zu gestalten. Ich verlasse jegliche Opferrolle in Richtung der des Gestalters, des Schöpfers.

Doch auch die Grenzen des Gestaltens gilt es zu erkennen. Als Opfer handle ich un-bewusst und werde oft be-handelt, das heißt: von außen gelenkt. Aber alles, was ist, und alles, was passiert, kann hilfreich für mich sein, wenn ich es für mich bewusst sortiere und den bahnenden Sinn dahinter erkenne. Der Paranoiker denkt, die Welt habe sich gegen ihn verschworen. Der verdrehte Paranoiker denkt, die Welt habe sich für seine Weiterentwicklung verschworen. Das Leben wird zum wohlwollenden Lehrer.

SELBSTWERT

Selbstwertgefühl beschreibt für mich, dass ich mir bewusst darüber bin, welchen Wert ich in der Welt und damit auch für andere habe. Was meine Qualitäten und meine Defizite sind. Ich mache immer wieder eine innere Inventur. Das ist ein wenig wie Buchhaltung führen.

Es gibt Menschen, denen ein hoher innerer Wert in die Wiege gelegt wurde – meist durch Eltern mit hohem Selbstwert oder einfach durch das Glück der Gene. Die brauchen sich darum nicht zu kümmern, es funktioniert von alleine. Das kommt aber eher selten vor. Der Selbstwert geht tief, sehr tief. Ein mangelnder Selbstwert ist die Ursache für vielfältige Kompensationen. Deswegen lohnt es sich, sich den eigenen Wert durch tatsächlich erreichte Ergebnisse Tag für Tag vor Augen zu führen. Indem wir unsere Erfolge wie Rabattmarken in ihr virtuelles Selbstwert-Büchlein kleben, entwickeln wir ein Gefühl dafür. Und genau das Gefühl ist dabei der entscheidende Punkt. Es heißt ja auch »Selbstwertgefühl« und nicht »Selbstwertwissen«!

Der Wert, den ich mir selbst beimesse, ist idealerweise stabil und von einer gesunden Einschätzung der eigenen Möglichkeiten und Grenzen getragen. **Wer um seinen tatsächlichen Wert weiß und ihn anerkennt, kann über sich selbst hinausdenken und Größerem dienen.** Ohne Angst, dabei auf der Strecke zu bleiben. Kritik wird nicht mehr persönlich genommen. Sogar beißende Kritik ist dann keine Selbstwertnagelprobe mehr. Deshalb nannte Nathaniel Branden das Selbstwertgefühl das »Immunsystem des Bewusstseins« und beschrieb sechs Säulen, auf denen es fußt: erstens bewusst leben, zweitens sich selbst annehmen, drittens eigenverantwortlich leben, viertens sich selbstsicher behaupten, fünftens zielgerichtet leben und sechstens persönliche Integrität besitzen.

So einleuchtend das ist, so schwer ist es in der Umsetzung. Doch es lohnt sich, sehr sogar. Menschen, die diese Säulen nicht weit genug entwickelt haben, kompensieren dieses innerliche Defizit auf vielfache Weise, beispielsweise durch unnatürliche Dominanz oder durch unnatürliche Unterwürfigkeit. Stimmige Dominanz ist eine Art der Verantwortungsübernahme. Wird Dominanz zum Zwang, spielt sicher Minderwert eine Rolle im Hintergrund. Das gilt auch für übertriebene Aktivität (Aktionismus), übertriebene Passivität (Vermeidungsverhalten) oder überzogenen Ehrgeiz. So war es bei mir der Fall: Die gefühlte Wertlosigkeit nach dem Unfall habe ich mit einem überzogenen Ehrgeiz kompensiert.

SELBSTVERTRAUEN

Das Selbstvertrauen ist das Vertrauen in sich selbst, in seine Fähigkeiten. Deswegen ist es oft an einen bestimmten Kontext gebunden. Bin ich ein guter Schüler, passt das mit dem

Selbstvertrauen im Kontext Schulnoten. Vielleicht endet aber mein Selbstvertrauen am Eingang der Sporthalle, weil ich ein schlechter Sportler bin. Das Selbstvertrauen ist in einem bestimmten Zusammenhang da, in einem anderen nicht. Selbstbewusstsein ist dagegen unabhängig vom Kontext – es durchzieht das ganze Sein.

Selbstvertrauen ist sehr klar und konkret und deswegen auch so wichtig. Es ist das Gefühl der Zuversicht, das es braucht, wenn es darum geht, Neues in einem bestimmten Bereich anzupacken. Vielleicht, ohne ganz genau zu wissen, welche Art von Herausforderung mich erwartet. Aber ich vertraue darauf, dass ich das, was ich (noch) nicht weiß, dazulernen kann: »Das wird schon klappen. Das krieg ich hin!«

Sich selbst zu vertrauen, das wird erleichtert durch die grundsätzliche Fähigkeit, Vertrauen in die Welt zu empfinden. Und dafür ist eine gesunde Einschätzung des eigenen Selbstwerts sehr hilfreich. »Mangelndes Vertrauen ist nichts als das Ergebnis von Schwierigkeiten. Schwierigkeiten haben ihren Ursprung in mangelndem Vertrauen«, sagte bereits der römische Philosoph Seneca der Jüngere vor über zweitausend Jahren. Eine Katze, die sich in den Schwanz beißt!

Je stabiler mein Selbstvertrauen, desto höher kann ich die Latte meiner Ziele in dem Bereich legen, in dem ich es habe. Und: Ich kann mit meinen Zielen wachsen. Das Erreichen eines Ziels stärkt mein Selbstvertrauen und ermöglicht mir beim nächsten (Etappen-)Ziel, die Latte vielleicht etwas höher zu legen und wieder Selbstvertrauen aufzubauen. Und so weiter und so fort.

Die drei Differenzierungen des Selbst helfen in der Persönlichkeitsentwicklung enorm. Sie werden durch eine vierte Differenzierung des Selbst abgerundet: die Selbstverantwortung.

DER LANGE WEG ZU SICH SELBST

Wie weit und in welcher Form die Menschen nach Anerkennung suchen, ist sehr unterschiedlich. Auch was Maß und Art der Anerkennung angeht, gibt es große Unterschiede.

Viele Menschen mit einem schwachen Selbstwertgefühl werden im Lauf ihres Lebens immer unsicherer. Selbst erreichte Erfolge werden kleingeredet – nichts ist genug. Und sie treten somit auf der Stelle. Andere wirken dagegen nach außen selbstsicher, sind es aber in Wahrheit nicht. Sie sind zwar erfolgreich, müssen aber sehr viel Aufwand betreiben, um ihre ständigen Zweifel zu verbergen. Für Letztere hat auch Anerkennung eine kurze Halbwertszeit, wenn sie sie überhaupt annehmen können. Wenn es nicht zum eigenen Selbstbild passt, dass ich gut bin, kann ich auch Bestätigung schlecht annehmen, obwohl ich danach lechze. So war der Freitod von Robin Williams für mich ein Schock. Trotz enormem Erfolg und Anerkennung von außen war sein selbstempfundener Wert, wie wir inzwischen wissen, sehr gering.

Das andere Extrem sind Menschen, die sich gern in den Mittelpunkt stellen, ihre Erfolge lauthals feiern und auf Kritik massiv kämpferisch reagieren. Sie wirken oft nach außen unverwüstlich und leiden dennoch darunter, dass sie im Inneren nichts von sich halten, aber nach außen an den Rest der Welt ein gegenteiliges Bild abgeben. Das ist sehr anstrengend und nimmt die Kraft, sich um sich selber zu kümmern. Manche Künstler passen in diese Beschreibung. Das illustriert ganz gut ein Textauszug aus dem Song »Stark« von Ich + Ich: »Ich zieh nächtelang durch Bars. Immer der, der am lautesten lacht. Niemand sieht mir an, wie verwirrt ich wirklich bin. Ist alles nur Fassade. Schau mal genauer hin ...« Und Robbie Williams singt in »Strong«: »You think that I'm strong, you're wrong. I'll sing my song ...«

AUF ETWAS ZU – VON ETWAS WEG

Verlassen wir jetzt die Seinsebene, und gehen wir auf die Antriebsebene. Hier geht es nicht um die Frage »Woher kommt meine Prägung, und wie sieht diese aus?«, sondern um die Ebene: »Was treibt mich an? Gehe ich auf Dinge zu, oder weiche ich ihnen aus?« Letztlich geht es um den allseits bekannten steinzeitlichen Flucht- und Kampfmodus, der auch in dem Metaprogramm »hin zu – weg von« zum Ausdruck kommt.

In der Selbsterkenntnis steht uns hier wieder die soziale Erwünschtheit im Weg. Auf Dinge zugehen, das ist die sozial erwünschte Antwort. Das heißt, es kommt besser an und wir bekommen mehr Anerkennung, wenn wir unsere Motive für unser Handeln in dieser Art darlegen. Und deswegen ist die meist genannte Antwort klar. Doch ist dem so? Es ist eine große Kunst, hier nicht zu werten. Denn beides ist Energie. Ob ich Sport mache aus Angst, krank zu werden, oder ob ich Sport mache, um mehr Energie für mein Leben zu bekommen – bei beiden Varianten wird die unterschiedliche Energie klug genutzt.

Doch faszinierend ist, wie unterschiedlich die beiden Motive in der Öffentlichkeit bewertet werden. Deswegen ist es den wenigsten bewusst, wie sehr sie durch Schmerzvermeidung und damit durch Ängste gesteuert werden. Denn Ängsten ausweichen ist nichts anderes, als Schmerz zu vermeiden.

Und wer klar bei sich erkennt, wann er ausweicht oder auf etwas zugeht, kommt seiner Selbsterkenntnis einen riesigen Schritt näher. Diese wertfreie Beobachtung dieses Metaprogramms ist eine große Kunst. Nochmals: Beides ist Energie, beides ist nutzbar. Es gibt hier kein gut und schlecht, kein richtig und falsch – sondern nur: mehr oder weniger nutzbar.

Nach zwanzig Jahren im Beruf bin ich der Meinung, dass beim Menschen ungefähr der Antrieb zu 60 Prozent aus Vermeidung kommt und zu 40 Prozent aus Erreichen-Wollen. Ob die Zahlen stimmen, ist nicht so wichtig. Wichtig ist, dass man erkennt, was einen selbst antreibt und wie versteckt die Motive manchmal sind. Boris Becker betonte in seiner aktiven Zeit immer, wie sehr er es hasste zu verlieren. Deswegen musste er öfters an den Rand einer Niederlage. Deutliche Zeichen für Vermeidung (weg von) sind Sätze wie »Vor anderen nicht dumm dastehen und das Gesicht verlieren«. Oder »Ich räume noch schnell auf, bevor der Besuch kommt«. Oder: »Ich möchte nicht, dass andere schlecht von mir denken.« Und wer durch »Deadlines« konzentrierter wird – das ist ein Weg-von-Klassiker.

Hören wir doch einfach auf damit, zu bewerten, dass »hin zu« besser oder »weg von« schlechter ist. Nutzen wir die Antriebsenergien, die damit verbunden sind – zuerst in der Selbstführung für uns und dann in der Führung von anderen für andere. In unserer Gesellschaft werden Schmerzen noch immer als unerwünscht und damit negativ erachtet. **Doch für unsere Entwicklung sind negative Erfahrungen geradezu das Salz in der Suppe.** Schmerzen sind wichtig, auch wenn wir nur auf der Suche nach positiven Gefühlen sind. Durch Schmerzen lernen wir, dass etwas nicht stimmt.

Ich zum Beispiel bin hochgelähmt. So kommt es immer wieder zu Verletzungen, weil ich bestimmte Bereiche des Körpers nicht spüre. Ich verbrenne meine Finger an einem heißen Untersetzer auf dem Tisch, weil ich den Hitzeschmerz erst zu spät bemerke. Ich bekomme eine Druckstelle auf der Haut, weil ich die Stelle zu wenig entlaste. Ich wäre froh, ich hätte mehr Schmerzen und damit verbunden bessere Rückmeldungen, bevor ein größerer Schaden auftritt.

STRATEGIEN DER AUFMERKSAMKEIT

Um an Aufmerksamkeit und Bestätigung zu kommen, entwickeln bereits Kinder sehr unterschiedliche Strategien und bleiben auch als Erwachsene oft ihren Strategien treu.

Als ängstliches Kind neigen wir dazu, alles zu vermeiden, was auf Ablehnung stoßen könnte, und tun alles erdenklich Mögliche, um Lob zu ergattern. Als Erwachsene sind wir dann übermäßig angepasst, vermeiden es aufzufallen und bleiben in der Regel weit unter unseren Möglichkeiten.

Als kleiner Rebell tendieren wir zu Verhalten, das auf Ablehnung stößt. So zwingen wir unsere Umgebung, uns zu beachten, und fühlen uns durch die Heftigkeit der Ablehnung, mit der man uns in unsere Grenzen verweist, wahrgenommen und bestätigt. Im Erwachsenenalter sind das diejenigen, die immer Anlässe finden, um anzuecken – und sich auch nicht scheuen, sich darüber zu beklagen.

Als kleiner Ehrgeizling versuchen wir, durch das Lernen neuer Fähigkeiten die Bestätigung zu bekommen, die man uns sonst nicht schenkt. Der Respekt und die Bewunderung oder der Stolz der Eltern sind unsere Belohnung. Als Erwachsene sind wir dann die Nimmersatten, die immer weiter nach oben streben, um so die Bewunderung »der da unten« einzusacken.

Als eher scheue Kinder gehen wir allem vermeintlich Bedrohlichem aus dem Weg und suchen so wenig wie möglich Berührung mit der Welt. Im Erwachsenenalter werden wir zu den ganz Stillen, den Passiven, die ihren Missmut vor allem durch eine eher generell ablehnende Haltung kundtun. Das sind dann die Menschen, die die Dinge auf sich zukommen lassen. Es entwickelt sich eine Art »passive Aggressivität«. Man muss aus der Reserve gelockt werden und beschwert sich gerne und viel. Man macht nichts falsch, bringt sich aber auch nicht zum Ausdruck. Aber Aufmerksamkeit ist garantiert.

Wenn wir tyrannisch veranlagt sind, fühlen wir uns als Kind durch die Angst bestätigt, die wir bei anderen verursachen können. Als Erwachsener wollen wir nach oben kommen, um unsere Autorität, unsere Macht über andere auszuspielen. Wir sprechen später gerne und viel Schuld aus. Wer sie annimmt, über den haben wir dann Macht.

KOMPENSIERTER MINDERWERT

Wir vergleichen uns mit anderen, was ganz normal ist. Verblendend dabei ist allerdings die trübe Linse, die wir uns selbst gegenüber oft haben. In einem Weltbestseller heißt es sinngemäß: »Es ist leichter den Splitter im Auge des anderen zu erkennen als den Balken im eigenen.«

Die Fehler anderer sehen wir schärfer als ein Adler, bei uns selbst werden wir zum blinden Maulwurf. So entsteht eine gefühlte Überlegenheit: die Überlegenheitsillusion. Sie wird zusätzlich genährt von einem in weiten Kreisen stark ausgeprägten Dominanzstreben. Deshalb braucht auch jeder Meier das Gefühl, besser, schneller, klüger, schöner, gesünder oder reicher zu sein als alle Schulzes dieser Welt. Wenn schon nicht durch die Ergebnisse dominieren, dann wenigstens moralisch überlegen sein.

Weil Menschen so ticken, entscheiden sie sich für den bequemeren von zwei Wegen. Dieser bequemere Weg mündet darin, andere abzuwerten, um sich dadurch größer zu fühlen – die Selbstwertfalle. Ich reduziere andere mental im Wert und fühle mich kurzzeitig besser. Und so fragt man nicht danach, was man tun kann, um seinen Selbstwert zu erhöhen. Das braucht man nicht, weil man sich ohnehin den

Durchschnittlichen dieser Welt überlegen fühlt. Der anstrengendere, nachhaltigere Weg ist es, bei sich zu bleiben, sich zu entwickeln und bessere Ergebnisse zu produzieren.

Die Defizite anderer sehen wir leichter als deren Fähigkeiten. Noch schwerer tun wir uns mit uns selbst: Manche geißeln sich trotz herausragender Leistungen mit Perfektionswahn. Andere verlangen den Oscar, weil sie pünktlich zur Arbeit erscheinen. Die eigenen Fähigkeiten, Potentiale und Limitierungen zu erkennen, ist extrem schwierig. Aus meiner Erfahrung ist das Leben der beste Lehrer dafür.

Wer seine Überlegenheitsillusion auflösen will, muss sich selbst auf die Schliche kommen und zwischen klugen und dummen Vergleichen unterscheiden – und damit zwischen Inspiration und Stagnation. Das dumme Vergleichen sieht und überbetont die Defizite des anderen. Warum besser werden, wenn ich doch schon über den anderen stehe? Das Ergebnis sind Lähmung und Stagnation. Der kluge Vergleich scannt das Gegenüber nach dem, was an ihm stark ist und was wir von ihm lernen können – eine Art »Rosinenpicken«. Das inspiriert und weckt Entwicklungslust.

Eine andere beliebte Art, sich selbst zu bestätigen, ist das, was ich »Schlaumeier-Strategie« nenne. Wenn selbsternannte Rechthaber am Stamm- oder Kantinentisch über die Mächtigen der Welt herziehen, schenkt ihnen das ein Gefühl von Größe, von Überlegenheit. Das Runterputzen reduziert den Abstand zwischen dem gefühlten eigenen Minderwert und der Strahlkraft der anderen. Weil das nicht lange vorhält, muss das Ritual regelmäßig wiederholt werden. Hier ist ein einfacher, leicht zu durchschauender Minderwertigkeitskomplex am Werk. Doch je intelligenter Menschen sind, desto cleverer maskieren sie ihre Überlegenheitsillusion. **Intelligenz verpackt Neid in moralische Vorwürfe.** Leistungen anderer werden aufs Aussehen, Beziehungen, ererbtes Geld oder Skrupellosigkeit reduziert. »Wer die Menschen kennen lernen will, der studiere ihre Entschuldigungsgründe«, erkannte schon der Lyriker Christian Friedrich Hebbel.

Wer also vom Leben mehr verlangt als bisher, sollte nicht einfach seine Forderungen erhöhen, sondern an seiner Wirkung arbeiten. Am klügsten wäre, sich nicht zu vergleichen und ganz bei sich zu bleiben. Leicht gesagt, sehr schwer umgesetzt. Aber wenn vergleichen, dann bitte klug. Wenn wir dafür sorgen, dass unser Vergleich zu Inspiration und Respekt führt, entfernen wir uns automatisch von Stagnation und verstecktem Neid.

Das Bedürfnis nach Bestätigung ist immer eine mächtige Triebkraft. Allerdings ist nicht alles, was zu seiner Befriedigung geschieht, negativ. All diese Verhaltensmuster können auch positive Folgeerscheinungen haben. Sowohl die Anpassungsfähigkeit an andere als auch die Fähigkeit zu widersprechen können je nach Situation hilfreich sein. Ein gesundes Maß an Erwerb von Fähigkeiten kann ein Leben sehr erfüllt machen. Selbst das Streben nach Macht oder der Verzicht auf die Befriedigung der eigenen Bedürfnisse können abhängig vom Kontext nützlich sein.

Je mehr aber unser Verhalten vom Bedürfnis nach Bestätigung gesteuert ist, umso mehr werden wir auch davon beherrscht und in unseren Möglichkeiten eingeschränkt. Die positiven Seiten werden zwangsläufig von den negativen überlagert. Die permanente Suche nach Zustimmung schafft zwar ein harmonisches Umfeld, hat aber auch zwangsläufig Angst, Abhängigkeit und Unterwerfung zur Folge. Der Rebell bringt zwar ständig neue Ideen ein, kann aber auch als nicht ernstgenommener Außenseiter enden. Der Ehrgeizige erwirbt Kompetenzen, die nützlich sind, oder er verschleißt sich selbst, weil er zwanghaft Gas geben muss. Macht kann Entschiedenheit, Führungsqualität und Tatkraft zum Ausdruck bringen oder den Unmut der Leidtragenden provozieren und in Einsamkeit enden.

So oder so, wir sollten – nein, wir müssen – uns bewusstmachen, was uns wirklich antreibt. In der Tiefe.

SICH SELBST ERKENNEN UND ANERKENNEN

Ich stelle immer wieder fest, dass viele Menschen sich selbst
ohne echtes Interesse begegnen. Statt auf innere Forschungs-
reise zu gehen und sich selbst mit allen Fehlern und Qualitäten anzuerkennen, spielen sie eine Rolle, von der sie hoffen,
dass sie ihnen sozialen Erfolg und damit die Beseitigung
ihrer Selbstwertzweifel bringt. Das führt automatisch in
einen Teufelskreis. Je mehr man an sich selbst zweifelt – und
sei es nur unbewusst –, desto abhängiger wird man davon,
dass andere dies durch Bestätigung wieder ausgleichen. Je
mehr Bestätigung man aber von anderen benötigt, umso
mehr versucht man, das zu sein, was einem diese Bestätigung vorgaukelt. Und entfernt sich dabei immer weiter weg
von sich selbst.

Um sich aus der Abhängigkeit von der Bestätigung
durch andere zu lösen, ist der einzig gangbare Weg, sich
selbst in seiner ganzen Person mit allen Stärken und Schwächen anzuerkennen. Dadurch wird man vom Urteil oder
Kommentar anderer unabhängiger. Die Anerkennung und
Bestätigung ist dann schön – nice to have –, aber man ist
nicht abhängig von ihr. Um das zu erreichen, gilt es, die
eigenen Maßstäbe fürs Leben sich selbst bewusstzumachen – ein eigenes Selbstbewusstsein und Selbstwertgefühl
zu entwickeln – und seine Daseinsberechtigung durch urteilsfreie Anerkennung und ohne ständiges, im Zweifelsfall
negatives, Bewerten zu bejahen.

Aber wie geht das? Wir wissen nicht, wo wir herkommen. Wir können nicht wissen, wo es nach unserem Tod

hingeht. Und wir wissen letztlich nicht, wer wir sind. Alles im Bereich der Spekulationen und Glaubensfragen! Aber wir können uns sehr wohl bewusstmachen, was wir tun. Und wofür wir es tun. Ist es nicht so, dass wir das sind, was die Summe unseres Tuns unterm Strich ergibt? Nicht mehr und nicht weniger?

Durch Beobachtung und Selbsterkenntnis bin ich überzeugt: Je mehr ein Mensch sich selbst erkennt, desto mehr bleibt er bei sich und verliert sich nicht in der Außenwelt. Je mehr er sich erkennt, desto genauer weiß er, was ihm guttut, und entsprechend weniger vergleicht er sich mit anderen. Je mehr ein Mensch sich erkennt, desto klarer werden ihm seine Rollen und mentalen Begrenzungen, und desto eher kann er diese Faktoren nach seinen eigenen Vorstellungen formen. Ein solcher Mensch lebt mehr, als dass er gelebt wird, und kann sein Leben freier gestalten. Je freier ein Mensch sein Leben gestalten kann, desto bewusster darf er seine Entscheidungen treffen. **Das ist der Preis der Freiheit: Entscheidungen für das eigene Glück treffen und Verantwortung für getroffene Entscheidungen übernehmen!**

Wir leben in einer schnelllebigen Zeit – das macht es nicht einfacher. Unsere Gesellschaft erlebt seit einigen Jahren immer raschere Veränderungen sowohl im gesellschaftlichen, im wirtschaftlichen als auch im privaten Kontext. Die Automatisierung und Digitalisierung von Produktions- und Kommunikationsprozessen, die Geschwindigkeit, mit der sich Lebensverhältnisse verändern, die Omnipräsenz neuer Medien wie Computer, Smartphone und das damit verbundene immense Informationsangebot im Internet und die daraus resultierenden neuen Kommunikationsformen in sozialen Netzwerken eröffnen vielfältige Möglichkeiten und Handlungsräume, schaffen aber auch neue Herausforderungen an die Menschen und ihre Entwicklung.

Manchmal denke ich, es gibt zu viel von allem. Jedenfalls mehr, als man noch erfassen, verstehen und begreifen kann. Alles wird immer größer, schneller und komplexer. Es gibt zu viele interessante Webseiten, zu viel Unrecht, gegen das man etwas tun sollte, zu viele Zeitschriften am Kiosk, zu viele Angebote, was man in seiner Freizeit alles tun könnte. Zu viele Marmeladensorten im Supermarktregal. Die Einfachheit und Eindeutigkeit früherer Zeiten ist uns verlorengegangen.

Eine Frau, die einen Hut trägt, muss nicht mehr unbedingt verheiratet sein, so wie es noch vor hundert Jahren ganz eindeutig war. Ein junger Mann mit fleckigem T-Shirt muss kein Freak sein, sondern ist vielleicht ein gefragter IT-Experte. Eine Luxuslimousine zeugt nicht unbedingt von Reichtum, vielleicht ist er bloß geleast. Davon gibt es zig Beispiele. All diese äußeren Merkmale gaben irgendwann einmal eine gewisse Orientierung, doch das tun sie heute nicht mehr. Ich habe manchmal den Eindruck, dass manche gar nicht mehr wissen, was für sie selbst passend ist, weil es einfach zu viel ist. Dass manche Menschen irgendwie den Überblick verloren haben. Dass die Welt manchmal zu groß geworden ist, als dass man sie noch wirklich begreifen könnte.

Allein die Tatsache, dass wir sowohl im Wohnzimmer als auch auf unzähligen Internetplattformen im Bedarfsfall parallel anwesend sein und die Realitäten, an denen wir teilhaben, mittels Fernbedienung oder Entertaste blitzschnell wechseln können, schafft nach meinem Empfinden eine gewisse und eher unbewusste Orientierungslosigkeit. Wir sind da und auch gleichzeitig dort oder dort oder dort ... Wir brauchen jedoch Orientierung, um uns sicher zu fühlen. Das fehlende Gefühl für Sicherheit wird dann nur allzu oft über Bestätigung von außen versucht herzustellen. Und dort gibt es aber keine Sicherheit mehr.

Um uns davon zu lösen, ist es notwendig, dass es irgendwann einmal pling macht und wir die Nase voll davon haben, dass wir unser Leben in Abhängigkeit von außen leben – und dass unser Sinn darin besteht, einen Großteil von dem, was wir tun, dafür zu tun, damit wir von anderen Bestätigung erhalten. Und was es noch braucht, ist mehr Zeit – und die muss ich mir auch nehmen. Ich muss mich selber und meine Themen so ernstnehmen, dass sie mir die Zeit wert sind, mich damit zu befassen. Nicht grübeln, nicht nörgeln, nicht beschweren, nicht mich selbst bemitleiden – sondern nachdenken. Dazu sagte Thomas Mann: **»Denken und danken sind verwandte Wörter, wir danken dem Leben, indem wir es bedenken.«**

OPTIMIERUNGSWAHN

Doch statt ums Nachdenken geht es heute eher ums Optimieren. Die meisten wollen die Anzahl der Ruderzüge, die Schlagzahl, erhöhen, nicht aber die Wirkung pro Zug. Mehr Quantität: Mehr Stunden arbeiten, statt die Wirkung pro Stunde erhöhen. Das wäre mehr Qualität der Zeit. Doch das ist ziemlich weit weg von dem Effizienzbegriff, den viele mit sich herumtragen und den uns unsere Epoche vorgibt. Wenn ich irgendwo Zeit verbringe, muss dabei auch etwas Vorweisbares herauskommen: ein abgearbeiteter Stapel von Akten, soundso viel beantwortete Mails oder wenigstens tolle neue Ideen, super Strategien, neue Produkte, innovative Abläufe oder im Zweifelsfall ein paar Fotos, die ich zuhause zeigen oder auf Facebook posten kann.

Aktiv-dynamisch-kreativ sind die Charakterfarben, mit denen oft ein Idealbild entworfen wird, dem wir entsprechen sollen. Besser noch *pro*aktiv-dynamisch-kreativ! »Das musst du proaktiv anpacken!«, lautet die Parole, die wir alle schon

einmal gehört haben. Proaktivität ist angesagt: Den Stier bei
den Hörnern packen, sich allen Veränderungen sofort stellen.
Wer das nicht tut, ist ein Schlappschwanz oder eine Schlaf-
mütze oder beides, also reaktiv. Im vorigen Kapitel habe ich
es ja schon geschrieben: Proaktiv und reaktiv sind in meinen
Augen nicht per se als gut oder schlecht zu bewerten, sie
sind neutral. Proaktives Handeln bedeutet gesunde Initiative,
aber auch das Risiko, vorschnell und oberflächlich zu sein.
Reaktives Handeln bedeutet, Dinge wohlüberlegt und be-
gründet zu tun, birgt aber die Gefahr des unnötigen Zögerns
und Zauderns.

Es ist völlig in Ordnung, wenn einer der aktive und
zupackende Typ ist. Wichtig ist, dass man im richtigen Moment auch in sich gehen und einen Gedanken durchdenken
kann und weiß, wann man zuerst zupacken und wann man
zuerst denken sollte. Es braucht im Leben immer wieder
auch Momente der Reaktivität. Denn Proaktivität ist nicht
immer der beste Weg, ein Problem an der Wurzel abzustellen. Viele Herausforderungen können nur durch eingehendes
Nachdenken und begründetes Handeln gemeistert werden.
Das erkennt man beispielsweise, wenn ähnliche Phänomene
immer wieder auftauchen. Proaktiv können wir einen Brand
schnell löschen. Die Brandursache aber bleibt und kann
jederzeit ein neues Feuer entfachen. Dass Gewinner immer
proaktiv zupacken, während grübelnde Loser reaktiv und
tatenlos herumsitzen, ist jedoch ein Ammenmärchen. Keine
mentale Haltung ist generell besser oder schlechter. Je nach
Situation und Kontext empfiehlt sich das eine oder das andere.

Es kommt also aufs Timing an. Proaktivität ist gefragt,
wo Reflexion keinen Sinn ergibt. **Wenn aber die Gedanken
gedacht sind und eine Entscheidung getroffen ist, geht es
darum, entschlossen zu handeln.** Das zeichnet Gewinner
aus.

MUT ZU REGELMÄSSIGER MUSSE UND REFLEXION

Ich hatte nach meinem Unfall gezwungenermaßen viel reaktive Zeit und Anlässe genug, die mich zum Nachdenken gebracht haben. Es war im Nachhinein gesehen mein Glück, dass ich diese Erfahrung machen musste, »sinnlose« und zweckfreie Zeit zu haben. Und mich keiner gefragt hat: »Und was hast du heute gemacht?«

Diesbezüglich hatten es die Menschen in früheren Zeiten etwas leichter, bei allem, was vielleicht schwerer, ungerechter und komplizierter war. Ich erinnere mich noch, als es üblich war, einmal wöchentlich – wenn nicht gar einmal täglich – in die Kirche zur Messe oder Andacht zu gehen, also zweckfrei Zeit zu verbringen. Dafür musste sich keiner rechtfertigen. Oder man sah Menschen einfach auf Bänken sitzen, die nichts taten außer Nichtstun – weder in einer Zeitschrift blätterten noch mit dem Smartphone im Internet surften oder irgendein spannendes Video-Game spielten. Ein chinesisches Sprichwort meint dazu lakonisch: »Nur in einem ruhigen Teich spiegelt sich das Licht der Sterne.«

Der Philosoph Tobias Keiling, der an der Universität Freiburg in einer Forschungsgruppe über Muße arbeitet, definiert diese als »Freiraum« oder »Spielraum«. Es ist keine konkrete Tätigkeit, sondern die Möglichkeit oder Gelegenheit, etwas zu tun. Muße hat kein unmittelbares Ziel, aber sie zeitigt trotzdem Effekte. In der Gesellschaft, in der wir leben, die von Arbeit und Ergebnissen geprägt ist, genießt sie kein hohes Ansehen. Sie wird eher mit Müßiggang in Verbindung gebracht – und der ist ja bekanntermaßen aller Laster Anfang. Das hindert uns allerdings nicht daran, im Italienurlaub das »dolce far niente« mit großer Bewunderung zur Kenntnis zu nehmen. Der römische Dichter Ovid sagte schon vor über zweitausend Jahren: »Was ohne Ruhepausen geschieht, ist nicht von Dauer.«

Anerkennung und Leistung waren vor meinem Unfall für mich wichtig und stecken auch heute noch in mir. Vor dem Unfall ist gleich nach dem Unfall? Nicht ganz, denn in der ersten Zeit direkt danach ging zunächst gar nichts mehr. Meine Kraft reichte nicht aus. Aber in gewisser Hinsicht war nach dem Unfall nicht vor dem Unfall: Mittel- und langfristig änderte sich mein Leistungsempfinden. Hatte ich bis zum Unfall nur erfahren, wie es war, für äußere Erfolge belohnt zu werden, lernte ich danach, dass nachhaltige Anerkennung auch von innen aus mir herauskommen muss.

Das war neu für mich. Diese Art von Leistung hatte in meinem Elternhaus keine große Rolle gespielt. Damals war ich abhängig von anderen, die mich für meine Leistungen mit Anerkennung oder Liebe belohnten. Ich war nicht frei, und ich lernte erst nach dem Unfall, dass ich meine Freiheit nur finden kann, wenn ich mir meinen eigenen inneren Bezugsrahmen schaffe.

In der Klinik musste ich viel mehr leisten als jemals zuvor, aber es ging nicht mehr in der Hauptsache darum, andere zu beeindrucken. Die nahmen ohnehin gar nicht so sehr wahr, was ich schaffte. Damals habe ich zum ersten Mal versucht, eine extreme Leistung auch aus mir selbst heraus zu erbringen – in diesem Fall, allein aus dem Rollstuhl auf den Boden und wieder in den Rollstuhl zu kommen. Zwar war mir die Anerkennung der Therapeuten sicher (außen), doch ich wollte mir im Notfall selbst helfen können (innen). Meine Therapeuten in der Übungshalle machten große Augen, denn das hatten sie von jemandem mit meiner Lähmungshöhe nicht erwartet. Dass jemand hinschaut, war mir aber nicht mehr so wichtig: **Es ging mir immer mehr um die Meisterschaft über mich selbst.**

Wenn ich heute über meine Leistungen spreche, dann meine ich zuerst diejenigen, die ich aus mir selbst heraus erbringe. Und bei den wichtigen Themen geht es bei mir heute um einen inneren Bezugsrahmen – der äußere kommt natürlich auch noch zur Genüge vor. Allerdings nicht bei den entscheidenden Lebensthemen: Dort regiert mein innerer Kompass. In Summe kommen 50 Prozent von innen und 50 Prozent von außen. Ich bemühe mich ständig um noch klarere Selbsterkenntnis. Denn manches Mal treten aus der Tiefe doch noch andere Motive zu Tage. Je ehrlicher ich zu meinen »Weg-von« bin, umso eher transformiert sich dieses zu einem »Hin-zu«.

Der Leistungsbegriff hat absolut nichts Negatives mehr für mich. Weder setzt er mich zu sehr unter Druck, noch empfinde ich so etwas wie Verrat, wenn mich jemand überholt. Stattdessen versuche ich, mich in seine Lage zu versetzen, oder erinnere mich an mein erstes Rollstuhl-Rugbyturnier. Damals wollte ich beim Rugby besser werden, weil ich in diesem Sport voll aufgehen konnte und dabei eine geistige Unabhängigkeit spürte. Der Erfolg vor dem Publikum war sekundär – auch schön, erstrebenswert, aber sekundär. Das hat mir gefallen und gutgetan. Ich hatte verstanden. In dieser Reihenfolge ist es für die Selbstentwicklung gesünder.

Mein Denken hat sich in Sachen Brennglas und Gießkanne ebenfalls grundlegend verändert – im Gegensatz zu früher und zu meinem Umfeld. Kurz gesagt: Mein früheres, durchschnittliches Denken produzierte durchschnittliche Ergebnisse. Und für bessere Ergebnisse musste ich besser denken lernen. Mir wurde klar: Was ich gestern gedacht habe, erlebe ich heute in meinem Leben als Ergebnisse. Und was ich heute denke, erlebe ich morgen in meinem Leben als Ergebnisse. Oder wie es im Talmud steht: »Achte auf deine Gedanken, denn sie werden zu Worten. Achte auf deine Worte, denn sie werden zu Taten. Achte auf deine Taten, denn sie werden zu Gewohnheiten. Achte auf deine Gewohnheiten, denn sie werden zu deinem Charakter. Achte auf deinen Charakter, denn er wird zu deinem Schicksal.«

Wenn man also etwas in seinem Leben, das zu seinem Schicksal wird, verändern will, muss man zuerst sein Denken verändern. Das ist nicht immer einfach, vor allem weil Anderssein und Andersdenken immer auch die Umwelt irritieren oder gar provozieren können. Wahrscheinlich hat mir geholfen, dass ich immer schon ein bisschen stur war. Wenn mir jemand gesagt hat, dass ich etwas nicht kann, wollte ich nicht einsehen, dass ich es noch nicht einmal ausprobieren sollte.

Ich will nicht handeln, wie man es von mir erwartet. Ich will nicht denken, wie man denkt. Eine größtmögliche Freiheit im Denken und Handeln ist mein Lebensziel. Wenn unsere Gedanken schon unser Schicksal bestimmen, dann will ich ein Wörtchen mitreden. Mein Denken soll weder fremdbestimmt noch durchschnittlich sein, eher herausfordernd und zum Selbstdenken anregend. So wie mein provokativer Leitgedanke: **Lieber Querschnitt als Durchschnitt!**

Es geht nicht darum, von anderen gemocht zu werden oder vor anderen gut dazustehen oder Recht zu haben, sondern es geht darum, sich selber anzuerkennen – ich möchte sagen: zu lieben – sowie maximal mit seinen erkannten Talenten und Fähigkeiten und Eigenschaften zum Ausdruck zu kommen und in die Welt zu wirken. Das nenne ich Berufung. Und immer mehr ein Teil des Ganzen zu werden und sich als Teil des Ganzen zu verstehen und zu fühlen. Dafür muss ich meine Sinne immer weiter schärfen und die Fähigkeit der Differenzierung auf ein nächstes, höheres Niveau bringen.

3

DIFFERENZIERT BEWERTEN

Was bedeutet es, sich selbst anzuerkennen? In meiner Welt heißt dies in erster Linie, sagen zu können: Ich bin – so, wie ich bin. **Bei allem, was ich tue, bin ich der, der ich bin.** Mit allen meinen vielfältigen Aspekten, die ich differenziert wahrnehme und so ganz klar vor mir sehe: Stärken und Schwächen, was toll ist und was nicht, Licht und Schatten. Ganz bei sich sein, ohne Projektionsfläche eigener Defizite auf andere.

Mit ins Drehbett genommen hatte ich meine Unfähigkeit, mich und damit die Welt differenzierter zu sehen, mit der ich mein Leben bis dahin gelebt hatte. Für mich hatte es bis dahin nur die Kategorien »richtig – falsch«, »angenehm – unangenehm«, »mag ich – mag ich nicht« gegeben. Das bedeutete, ich hatte nur zwei Möglichkeiten zu bewerten: gut und schlecht, null oder eins, Daumen hoch oder Daumen runter. Vor dem Unfall: gut. Im Drehbett selbst: schlecht. Sehr schlecht. Es ging nichts mehr. So dachte ich, und so fühlte ich. Kein Sport, kein Studium, keine Mädels, keine Familie, keine Kinder, keine Arbeit ... nada de nada!

Nach dem Unfall war es sogar weiter bergabgegangen: Die Lähmung hatte nach ein paar Tagen auf meine Stimmbänder übergegriffen, und ich hatte in der Folge die Fähigkeit zu sprechen verloren. Also sollte ich dazu noch die Klappe halten. Und meine Hände, die nach dem Unfall in Mexiko noch einigermaßen beweglich gewesen waren, waren nach der zweiten OP in der deutschen Klinik ebenfalls gelähmt. Ich befand mich auf dem Weg nach unten, ein fürchterlicher Tauchgang, bei dem ich erst den Boden erreichen musste, um mich wieder nach oben abzustoßen.

Ich war noch vollkommen in der On-off-Mentalität gefangen. Dementsprechend versank ich mehr und mehr in meinem Off-Zustand. Vor dem Unfall konnte ich alles und nach dem Unfall nichts mehr. War ich vor dem Sprung von der Klippe superaktiv und hatte mein Leben in vollen Zügen genossen, war ich im Drehbett bewegungsunfähig und mental passiv bis zur Lethargie. Wenn die Pfleger mich fütterten oder wuschen, fühlte sich das an, als ob ich neben mir stehen und zuschauen würde, als ob das Ganze nichts mit mir zu tun hätte.

Doch irgendwann kam der Zeitpunkt, an dem ich mich vom Grund, auf den ich gesunken war, abstieß und begann, wieder in Richtung Oberfläche hochzutauchen. Die Niederschläge und Hiobsbotschaften hörten endlich auf, so fühlte es sich in meiner Seele an. Ich war an einer Art Umkehrpunkt angelangt, ein Schwebezustand. Es ging nicht mehr weiter runter, ich hatte den mentalen Tiefpunkt erreicht. Zuerst war ich verwundert, doch dann wurde es mir klar: »Ich kann jetzt umdrehen. Es gibt Hoffnung.«

Im konkreten Fall war das bei mir der Moment, in dem mir klarwurde, dass ich nicht total gelähmt war. Meine Stimmbandlähmung fing irgendwann an, sich zu regenerieren, und das Gefühl und die Beweglichkeit der Hände kehrten zaghaft in meinen rechten Daumen zurück. Obwohl meine Hände heute noch recht stark gelähmt sind – ich schreibe diesen Text mit meinem zu 70 Prozent gelähmten rechten Zeigefinger im Einfingersystem –, begann ich von da an, mein Leben differenzierter zu betrachten. »Ich bin nicht total gelähmt. Da geht noch was!«, lautete jetzt mein Motto. Und ich konzentrierte mich immer mehr auf das, was noch ging.

Das war der Moment in meinem Leben, in dem ich mich von meinem alten »Gut-böse-«, »Schön-hässlich-«, »Richtigfalsch«-Denken verabschiedete. Ich verstand nun besser, dass etwas, was schön ist, auch hässliche Seiten haben kann, und umgekehrt. **Eine Stärke bedeutet immer auch eine Schwäche.** Eine Krise immer auch eine Chance. Es gibt mindestens zwei Seiten einer Medaille, meistens mehr. Ich wachte aus meiner geistigen Lähmung auf, um eine große Aufmerksamkeit darauf zu entwickeln, was das wohl sein könnte.

Ich erkannte, dass ich mit meinen alten Maßstäben, Dinge und mein Leben zu bewerten, nicht mehr weiterkam. Dass sie nicht kraftvoll waren und sie mir in meiner neuen Situation nicht weiterhalfen. Sie hatten mir bis zum Unfall geholfen, ein tolles Leben zu leben, wenngleich eher etwas oberflächlicher. Das war weder gut noch schlecht, weder richtig noch falsch – es war einfach so. Gleichzeitig musste ich mich von meiner Umgebung, von meinen Freunden und meiner Familie, die es gut meinten und für mich ein Bild der Zukunft entwarfen, abgrenzen und meinen eigenen Weg suchen und finden. Das war eine Art zweite Pubertät. Doch diese war sehr viel schwieriger als die erste.

Was bekam ich nicht alles zu hören! Jeder hatte eine Meinung. Meist waren die gut gemeinten Hinweise pessimistisch, manchmal auch hinter trostreichen Worten verschleiert. Jedoch immer voller Mitleid. Nicht voller Mitgefühl, sondern voller Mitleid. Von guten Einrichtungen für Behinderte war die Rede, von betreutem Wohnen, von Pflegemöglichkeiten unterschiedlichster Couleur. Alles nichts, was hätte geeignet sein können, mir Hoffnung zu geben. Im Gegenteil: Je mehr ich von diesen Perspektivvarianten zu hören bekam, die als Trost gedacht waren, umso tiefer versank ich in meinem Loch.

Es ist schon heftig, wie man als Schwerstbehinderter von seinem Umfeld so manches Mal unbewusst diskriminiert und dominiert wird. Ich weiß: Es ist oft gut gemeint. Doch wer selbst keine wirkliche Ahnung hat, sollte einfach mal die Klappe halten und respektvoll Fragen stellen. Und das gilt übrigens nicht nur für eine solch seltene Situation: So manches Gespräch zwischen Menschen wäre wesentlich fruchtbarer. Ernest Miller Hemingway brachte es auf den Punkt: »Zwei Jahre brauchte der Mensch, um das Sprechen, ein Leben lang, um das Schweigen zu lernen.« Übrigens: **Wer schweigt, kann besser hinhören.**

Ich hatte jedenfalls keine Wahl, wenn ich mental überleben wollte und nicht in die Rolle des Opfers hineingleiten wollte. Ich musste mich absetzen und eine klare Grenze zwischen mir und diesen vielen wohlmeinenden Stimmen ziehen, wenn ich mir wieder ein Minimum von geistiger Unabhängigkeit erobern wollte. Und das bedeutete, dass ich mir meine eigene, selbsterarbeitete Meinung bilden und eine klare Haltung zu meiner Lebenssituation finden musste. Wie lang dieser Weg werden sollte, war mir damals alles andere als bewusst.

Das war neu für mich. Vor dem Unfall war ich immer darauf bedacht, mit meinem Umfeld in Einklang zu leben. Meine Harmoniesucht war so groß, dass ich nirgendwo anecken wollte. Sobald irgendwo Anflüge von Dissonanzen auftauchten, war ich ihnen ausgewichen und meinen Weg vielleicht in eine andere Richtung einfach weitergegangen. Ärger mit der Freundin – nichts wie weg. Ärger an der Uni – nichts wie auf den Tennisplatz. Ärger auf dem Tennisplatz – nichts wie ab zur Big-Band-Probe. Ärger mit den Musikern – nichts wie weg zur Freundin. So schematisch lief es natürlich nicht ab, aber im Grunde hatte ich überhaupt keine Lust auf Auseinandersetzungen.

Doch jetzt konnte ich nicht mehr so einfach die Richtung wechseln und ausweichen. Durch die Schwere meiner Behinderung war ich plötzlich gezwungen, mich mit Dingen und Menschen völlig anders auseinanderzusetzen, die ich vorher einfach hatte links liegen lassen. Ich erkannte aber nach und nach, welche Chance für mich und meine Entwicklung darin verborgen lag. Aber es dauerte eine ganze Weile, bis ich mich mit dem Gedanken angefreundet und die Kraft gefunden hatte, ihn tatsächlich umzusetzen.

KONZENTRATIONSHILFE

Der Vorteil, den ich durch den Unfall hatte, war, dass ich keine andere Wahl hatte. Ich konnte nicht mehr so weiterleben wie vor dem Unfall. Das war klar. Und nachdem ich verstanden hatte, welchen Gewinn es mir brachte, eine eigene Haltung und eine eigene Meinung zu erlernen – vielleicht sogar gegen die Widerstände in meiner Umgebung –, wollte ich es auch nicht mehr.

Das klingt heute so einfach, war es natürlich nicht. Solch ein schwerer Unfall – den ich niemandem auf dieser Welt wünsche – hat auch seine hilfreichen Seiten, einen echten Perspektivwechsel durch eine heftige Krise. Ich hatte keine Wahl mehr zwischen unendlich vielen Möglichkeiten, wie sie die meisten Menschen, die ohne Beeinträchtigungen leben, haben. Das machte einige Entscheidungen um einiges einfacher. Zum Vergleich: Wenn jemand im Supermarkt vor einem Regal mit fünfzig verschiedenen Sorten Nudeln steht und nicht genau weiß, was er kochen will, tut er sich schwer, die richtige Wahl zu treffen. Mangels Möglichkeiten bestand bei mir keine Gefahr mehr, dass ich mich verzettelte. Bei mir stand nur noch eine Packung Nudeln in einem sonst leeren Regal. Und das Regal stand in keinem Supermarkt – es stand am Ende eines dunklen Waldwegs vor einem tiefen, schwindelerregenden Abgrund. **Aus dieser erzwungenen Reduktion entstand Konzentration.** Und daraus entstand eine Intensität, die wiederum in Wirkung mündete. Trost und Verständnis für diesen Zustand fand ich später bei den Worten von Wolfgang Joop: »Wahre Kreativität entsteht immer aus dem Mangel.«

Wenn einem etwas genommen wird, geht es vor allem darum, die verbleibenden Chancen zu ergreifen. »Weniger ist mehr«, sagt der Volksmund. Heute sage ich: »Es geht darum, zu lernen, wie aus weniger wirklich mehr werden könnte.« Mein »Vorteil« war, dass ich fast keine Chancen mehr hatte. So auf die Art: Ich hatte keine Chance, und diese musste ich nutzen lernen. In Abwandlung traf jetzt der Aphorismus des amerikanischen Philosophen Ralph Waldo Emerson auf mich zu, »Was wir am nötigsten brauchen, ist ein Mensch, der uns zwingt, das zu tun, was wir können.« Ich würde dazu ergänzen: »Was wir manchmal am nötigsten brauchen, ist ein Ereignis, das uns zwingt, das zu tun, was wir können.«

Also war ich dazu gezwungen, meine alten Strategien, die mir zu Orientierung verholfen hatten, über Bord zu werfen und mir neue zu suchen. Meine Orientierungspunkte aus dem alten Leben funktionierten nicht mehr. Ich brauchte neue in meinem neuen Leben unter meinen neuen Lebensbedingungen. Es fing damit an, dass ich ein paar Wochen nach meinem Unfall, nachdem mir die Fixierungshandschuhe abgenommen wurden, feststellte, dass meine Finger nicht total gelähmt waren. Ich konnte plötzlich minimal den Daumen meiner rechten Hand bewegen. »Da geht noch was!«, schoss es mir durch den Kopf. Das war der Geburtszeitpunkt meiner Neugier, die sich auf die Jagd machte nach dem, was da noch möglich war.

ANDERS DENKEN LERNEN IST ANSTRENGEND

Das Ringen um Klarheit und Erkenntnis ist anstrengend. »Denken ist die schwerste Arbeit, die es gibt. Das ist wahrscheinlich auch der Grund, warum sich so wenige Leute damit beschäftigen«, soll Henry Ford einmal gesagt haben.

Es bedeutet einen harten Kampf gegen unser Gehirn, das es sich am liebsten bequem und vor allem sicher machen will. Wenn man sich vorstellt, dass man jeden kleinen Handgriff und jeden Schritt zunächst intensiv reflektieren müsste, käme man kaum mit heiler Haut über die Straße. So laufen in uns viele Automatismen ab, die uns das Leben vereinfachen. Eine geniale Überlebensstrategie unserer Biologie – vermutlich die wichtigste überhaupt. Diese unbewussten Gehirnprogrammierungen sind eine enorme Leistung der Evolution. Sie vereinfachen so gut wie alles, was wir erleben, damit wir von den äußeren Phänomenen und inneren Reflexionen nicht überrollt werden.

Diese Programme haben aber auch ihre Kehrseiten: Sie wollen auch dann noch automatisch vereinfachen, wenn intensives Nachdenken wichtig wäre. Weil sie dem Gehirn als treue Sekretärin, Türsteherin und Putzkraft dienen, verleiteten sie uns, oberflächliche Entscheidungen zu treffen. Der Wunsch: zumindest nichts verderben! Denn »optimal« für das Gehirn als biologisches Ding sind das Überleben und energetische Sparsamkeit. Das Optimum für unser Leben ist das jedoch nur bei eher banalen Dingen.

MANGELNDE DIFFERENZIERUNG

Deshalb ist intensive Bewusstmachung erst einmal anstrengend. Ähnlich wie wenn ich mit dem Joggen anfange: Es dauert, bis jemandem eine Stunde Ausdauertraining so leichtfällt wie Zähneputzen.

Ein Hindernis des Bewusstwerdens ist mangelnde Differenzierung. Zu große Schubladen erleichtern das Denken zwar, verschlechtern jedoch das Ergebnis der Wahrnehmung. Und schwache Wahrnehmung führt zu schwachen Entscheidungen. Ist der Mensch generell Vegetarier oder Fleischesser –

statt: Welcher Typ Mensch ist zu welchem Anteil eher das eine oder das andere? Ist der Mensch generell monogam oder polygam – statt: Welcher Typ Mensch ist in welcher Lebensphase was? Ist der Mensch generell gut oder böse? Junkie oder Triathlet, Mannweib oder Prinzessin?

Genau weil das Nachdenken darüber zu anstrengend ist, wird imitiert, was gerade so »angesagt« ist. Oder wir schwimmen immer genau gegen den Strom – weil wir Querdenker sein wollen. Wir »erarbeiten« uns keine eigene Meinung, sondern suchen den einfachen Weg der »Änderungen«, wie es die Managementtrainerin Vera F. Birkenbihl ausdrückte. Wir solidarisieren uns mit der Meinung oder genau gegen die Meinung von anderen und geben damit unserem Harmoniebedürfnis oder Rebellionsbedürfnis nach. Mit oder gegen den Strom: Frei ist das nicht, doch wir fühlen uns zugehörig und bestätigt.

Hierin liegt – in extremis – auch die Rezeptur von politischen Extremisten: Sie bieten einfache und oberflächliche Antworten auf tieferliegende Fragen. Selbst im Findungsprozess flüchten wir uns erst ins eine Extrem und später ins andere. Wir werden vom Kuchen-Saulus zum Gemüse-Paulus. Wir finden uns im Durchleben der Extreme: Zu wenig Sport – zu viel Sport. Zu viel Weggehen – zu wenig Weggehen. Zu viel Karriere – zu wenig Karriere. Zu viel Sex – zu wenig Sex. Zu viel dominieren – zu wenig dominieren. Zu viel zuhören – zu wenig zuhören. Zu viel kümmern – zu wenig kümmern. Das Gehirn fällt auf sich selbst herein.

VON EINEM POL ZUM ANDEREN

Wie das praktisch aussieht und wozu es führt, können folgende Beispiele zeigen: Das Jahr 1968 mit seiner Studentenbewegung hat die Welt der Erziehung verändert. Nach Jahren und Jahrzehnten von Zucht und Ordnung (Distanz und Strenge) wurde nun die antiautoritäre Erziehung (Nähe und Milde) propagiert. Doch tat man den Kindern einen Gefallen damit, sie von der Kälte der Lebenswirklichkeit fernzuhalten? Jedes ihrer Bedürfnisse ernstzunehmen und zu erfüllen? Ich habe meine Zweifel! Und wo stehen wir heute? Die Pädagogik befindet sich an einem aufgeklärteren Punkt zwischen diesen beiden extremen Polen, die sich einst so sehr auch bekämpft haben: »Mildvolle« Strenge heißt die Integration der Pole auf einer höheren Ebene. Strenge und Forderung, wo sie angebracht sind, und Milde und Schutz, wo sie erforderlich sind.

Oder die wahnsinnige Liebe, der »Amour fou«, wie die Franzosen sie nennen: Sie pendelt zwischen absoluter Nähe und Hingabe und dem Irrsinn von Hass und Verachtung. Komm her – geh weg! Sie klebt Liebende jenseits jeglicher Vernunft zusammen. Kaum nimmt die Intensität des einen Pols ab, suchen sie den Rausch des anderen. Die kluge Mitte der reifen Beziehung, die Bewegung um einen zentralen Kern auf höherer Ebene wäre die Möglichkeit von distanzierten Momenten, ohne den anderen zu verlieren, und gesammelter Nähe, ohne sich im anderen zu verlieren.

AN UND ZWISCHEN DEN POLEN

Der Wunsch nach einfachen Antworten in einer immer komplexeren Welt nährt den Populismus. Die Menschen sehnen sich nach diesen einfachen Lösungen durch andere. Statt ihren Geist selbst auf die Suche nach der Einfachheit jenseits der Komplexität zu schicken, bleiben sie in der Einfachheit diesseits der Komplexität hängen und wünschen sich von anderen, was sie selbst nicht haben. Entweder finde ich diese Einfachheit in meiner Tiefe, oder ich suche sie außerhalb im Oberflächlichen. Der Zulauf, den extreme Gruppierungen sowohl rechter wie linker Einfärbung haben, zeigt, wie sehr die Menschen ihre Orientierung in äußerlichen Wertesystemen, repräsentiert von Parteien oder Menschen, suchen.

Auch im Wirtschaftsleben kann man beim Thema Führung die Extreme zur Genüge antreffen: Am einen Pol finden wir als Beispiel einen kompromisslosen Zupacker: machen, umsetzen, fordern wie ein hartnäckiger Kampfhund, der niemals nachgibt. Seine Kompetenz überstrahlt meist seine Sympathie. Auf der anderen Seite ist der entspanntere, kooperative Loslasser: Er lässt den Dingen zunächst mal ihren Lauf. Gibt Freiräume und greift selten ein. Seine Sympathie überstrahlt meist seine Kompetenz. Doch wie lautet hier die Integration dieser Gegensätze auf einer höheren Ebene? Richtig: entspannte Hartnäckigkeit. **Aus scheinbaren Gegensätzen entsteht die »goldene Mitte«.**

DIE GOLDENE MITTE

Doch nicht nur im Beruf und in der Führung, auch persönlich stellt sich die Frage, wann es richtig ist zuzupacken und wann loszulassen? Wann kommt es darauf an, entspannt zu bleiben, die Dinge nicht zu eng zu sehen, und wann ist es angezeigt, hartnäckig die eigenen Ziele und manchmal auch die der Mitarbeiter zu verfolgen, bis die geforderten Ergebnisse eintreten? Wie viel Mann oder Frau wollen wir sein in unserem biologischen Wesen? Frauchen oder Domina? Macho oder Weichei? Oder gar Mach-Ei?

Wenn aber die Extreme trügen und uns verführen – was ist dann die goldene Mitte, die unsere beste und klügste Identität bedeutet? Meine Beispiele lassen sich unendlich fortsetzen. Vom Drogenmissbrauch zum Triathlon, von absoluter Kontrolle zum ungebremsten Laisser-faire, von innerer Kündigung zum Burnout, vom Schlagring zum Wattebausch, vom Atheisten zum Missionar.

Hier hilft uns Aristoteles weiter, für den die goldene Mitte von Feigheit und Tollkühnheit die Tapferkeit ist und der die Besonnenheit in der Mitte von Stumpfheit und Zuchtlosigkeit verortet. Zwischen Geiz und Verschwendung findet er die Großzügigkeit. Wenn wir genau hinhören, spüren wir, was er sagen will: Es geht nicht um die Mitte des exakten Durchschnitts. Die ist weder Fisch noch Fleisch – sie ist leblos. Es ging ihm damals und geht mir heute um fruchtbare Integration, um das Beste aus beiden Welten auf einer höheren Ebene, einem höheren Bewusstsein. Es geht bei der goldenen Mitte um eine höhere Erkenntnis, eine Mitte, die durch größere Klarheit bessere Ergebnisse entstehen lässt.

Differenziert betrachten bedeutet für mich, die unterschiedlichen Aspekte eines Sachverhalts zu verstehen. Um sie in ihrer Tiefe zu begreifen, ist es unerlässlich, dass ich mich von dem Anspruch verabschiede, mit allem einverstanden sein zu müssen, was ich verstehe. Es ist durchaus möglich, zu verstehen, auch ohne gleich ja zu sagen.

Aber ich gewinne vielleicht ein Verständnis von Hintergründen auf einer höheren Ebene, das mir erlaubt, besser an meine Ziele zu kommen. Das hat dann vielleicht zur Folge, dass ich meinem Harmoniebedürfnis nicht mehr gerecht werde. Oder mein Sicherheitsstreben relativiere. Oder nicht mehr so gebraucht werden will. Das ist der Preis, den ich dafür zahlen muss, dass sich mein Horizont erweitert und ich in die Lage versetzt werde, nach meinen eigenen Maßstäben zu handeln. Dafür komme ich in meinem Inneren auf eine höhere Ebene der Harmonie: Ich bin im Reinen mit mir selbst und damit weniger abhängig von der Harmonie von außen.

ORIENTIERUNG UND SICHERHEIT

Das Bedürfnis nach Orientierung, die uns die Sicherheit gibt, die wir brauchen, ist uns angeboren. Diese Triebfeder für unser Tun lässt uns Dinge tun, die nicht unbedingt immer förderlich für uns und für unsere Umgebung sind. Vor allem aber führt sie nicht immer zu den Ergebnissen, die wir uns wünschen. Wenn wir durch Unzufriedenheit feststellen, dass unsere Ergebnisse nicht mehr die sind, die wir haben wollen, ist es an der Zeit, darüber nachzudenken, woran wir uns orientieren. Sind es meine eigenen Maßstäbe, die aus meinem tiefsten Inneren kommen? Oder möchte ich nur den Konventionen, Anforderungen und Eitelkeiten, die von außen an mich herangetragen werden, Genüge tun. Zentrale Frage dabei ist: Woher beziehe ich meine Sicherheit? Schöpfe ich sie aus meinem Inneren, oder orientiere ich mich nach außen und gewinne meine Sicherheit durch Bestätigung von außen?

Beim Nachdenken über Differenzierungen fällt mir jedes Mal die Geschichte vom Sündenfall ein. Ob gläubig oder nicht, sie ist in diesem Zusammenhang eine interessante Denksportaufgabe: Adam und Eva sind im Paradies. Alles ist gut. Die Schlange überzeugt Eva, eine Frucht vom Baum der Erkenntnis von Gut und Böse zu essen, und Eva überzeugt Adam. Sie essen die Frucht, obwohl Gott angeordnet hatte, das nicht zu tun. Gott ist darüber sehr erzürnt, und das hat Konsequenzen: Adam und Eva werden aus dem Paradies vertrieben. So weit die Geschichte. Jetzt das Gedankenexperiment: Heißt das im Umkehrschluss, wenn es einem Menschen gelingt, mental von den Schubladen Gut und Böse loszulassen, dass er dann geistig wieder in das Paradies eintritt? Für mich ist das ein sehr lohnenswerter Gedanke, der mich immer wieder inspiriert und fasziniert. Oder kurz: **Je weniger das Urteil »gut und böse« im Raum steht, desto näher ist das mentale Paradies.**

ABLENKUNG SCHAFFT DESORIENTIERUNG

Wir leben in einer Epoche des Übergangs. In früheren Zeiten war es den Menschen noch mehr möglich, ihre Orientierung im Außen zu finden. In unserer heutigen komplexen, temporeichen und transparenten Welt ist dies nicht mehr möglich. Wer also bestehen will, muss sich nach innen wenden. Es liegt mir fern, vergangene Zeiten zu glorifizieren. Aber führen wir uns doch mal klar vor Augen, was sich in den letzten fünfzig Jahren in unserer Welt und in unserer Umwelt verändert hat und welches die Auswirkungen sind. Die Menschen sind es seit Menschengedenken gewohnt, ihre innere Sicherheit aus dem Außen zu beziehen.

Solange wir ein analoges Leben und hauptsächlich in der Umgebung gelebt haben, in der wir auch körperlich präsent waren, hat dies mehr oder weniger gut funktioniert. Seit einigen Jahrzehnten werden aber die Möglichkeiten, unsere Realität zu verlassen, ohne dass wir uns von der Stelle bewegen, immer mehr. Vielleicht hat es damals angefangen, als die Bilder laufen lernten, als die Menschen begannen, sich Filme anzuschauen und sich für die fremden Welten, die ihnen vorgeführt wurden, zu begeistern und sich mit den Filmfiguren zu identifizieren.

Es ist doch so: Ein Film ist dann gut, wenn er mich in seinen Bann schlägt, wenn der Sog mich aus meinem Kinosessel in die künstlich erzeugte Realität hineinzieht. Dann sitze ich nicht mehr im Kinosessel, sondern erlebe mit den Protagonisten deren Geschichte. Vielleicht ist es ein amerikanischer Film oder ein französischer oder vielleicht auch ein deutscher aus einem Milieu, das mir völlig fremd ist und in das ich bei dieser Gelegenheit eintauchen kann. Er zeigt mir Möglichkeiten auf, wie das Leben an anderen Orten zu anderen Zeiten vielleicht völlig anders funktioniert als mein eigenes. Ich genieße es und identifiziere mich damit. Das ist alles schön und gut, keine Frage. Doch die vielen Einflüsse unterschiedlicher Lebensentwürfe stiften auch Verwirrung in unserem System, das Orientierung braucht.

Mit der wachsenden Mobilität, die uns ermöglicht, uns in wenigen Stunden Tausende von Kilometern weit von unserer vertrauten Lebensumgebung zu entfernen, mit der Erfindung des Fernsehens, das eine Vielzahl von erfundenen oder wirklichen Realitäten aus anderen Regionen dieser Welt mit anderen Bräuchen und Gepflogenheiten in unsere Wohnzimmer importiert, wird unser Horizont immer weiter. Der Preis, den wir dafür zahlen müssen: dass die Welt viel diffuser und komplexer geworden ist und nicht mehr so in Ordnung, wie sie es einmal war, als unsere Väter noch ihre Orientierung aus ihrer direkten Umgebung beziehen konnten.

Das Internet mit seinen Möglichkeiten hat dieses Phänomen exponentiell beschleunigt. Dazu kommt, dass das früher von Kirchen und Gesellschaft gespannte Wertenetz heute nicht mehr so engmaschig ist, wie es noch einige Jahrzehnte zuvor war. Viele Tabus, auf Neudeutsch »No-Gos«, sind gefallen. Geschiedene Eheleute müssen sich nicht mehr schämen, Löcher in der Hose bedeuten noch lange nicht, dass einer ein armer Schlucker ist, ein teures Auto auf dem Parkplatz noch lange nicht, dass einer in der Chefetage sitzt, und eine Armbanduhr, die aussieht wie eine Rolex, muss auch nicht aus Genf kommen.

Diese Uneindeutigkeit schafft eine unbewusste Desorientierung. Und natürlich hat das auch seine hilfreichen Seiten: Sie ermöglicht uns ein Mehr an Freiheit. Unser Leben ist nicht mehr in das enge moralische Korsett gezwängt, wie es bis vor wenigen Jahrzehnten noch der Fall war. Wir können uns freier bewegen, wir können reisen, wir können Erfahrungen machen, sind nicht mehr so stark an Kleiderordnungen, strenge Umgangsformen und Konventionen gebunden. Diese Uneindeutigkeit bringt allerdings auch mit sich, dass wir gezwungen sind, unsere Orientierung von anderswo zu beziehen, als es die Generationen vor uns getan haben, weil die Ordnung, in der unsere Vorfahren noch lebten, nicht mehr in ihrer Dichte besteht. **Es ist alles komplizierter und komplexer geworden.**

Unsere Lebensgeschwindigkeit, die in den letzten Jahren stetig gestiegen ist, tut ein Übriges. Hektik überwiegt Präsenz. Reizfrequenz schlägt Reizqualität. Gedankentempo schlägt Gedankentiefe. Die Wortbeiträge im Rundfunk werden immer kürzer, die Fernsehnachrichten immer bunter, der Buchmarkt bricht immer mehr ein. Wenige haben die Geduld, ein Buch intensiv zu lesen. Wesentlich mehr Text als eine durchschnittliche E-Mail ist zu viel. **Wer bis hierhin gelesen hat, ist schon eine Ausnahme.**

DAS ENDE DER EINDEUTIGKEIT

Was hat früher die Menschen geprägt? Noch vor wenigen Jahrzehnten war ein Großteil der Bevölkerung in der Landwirtschaft tätig. Es gab immer wieder von der Natur vorgegebene Auszeiten: Im Winter war auf dem Feld wenig zu tun, und man widmete sich eher »meditativen« Tätigkeiten am Ofen oder in der Scheune. Oder wenn ein Bauer früher mit seinem Pferdegespann einen Acker gepflügt hat, hat er einen ganzen Tag lang nichts anderes gemacht als seinen Pferden auf den Hintern zu schauen. Er hatte nicht die Möglichkeit, immer wieder aus seiner Situation auszusteigen und eine App aufzurufen und vielleicht nachzusehen, wie das Wetter gerade am anderen Ende der Welt ist, oder sich im Internet das neueste Album aus den Charts zu bestellen. Die Menschen brauchten keine Entschleunigung, sie lebten ihren natürlichen analogen Lebensrhythmus.

Abends war der Bauer dann müde von der Arbeit, spazierte vielleicht nach dem Abendbrot, das ihm seine Frau hingestellt hatte, noch zum Stammtisch, um sich mit anderen Männern über die neuesten Ereignisse aus dem Dorf auszutauschen. Dann ging er schlafen, um am nächsten Morgen in aller Herrgottsfrüh aufzustehen, seine Kühe zu melken und vielleicht den nächsten Acker zu pflügen. Die Versuchungen, in eine andere Rolle und damit in eine andere Realität auszuscheren, waren nicht so vielfältig, wie sie es heute sind, und die Menschen hatten weniger Fluchtwege und mehr die Möglichkeit beziehungsweise Gelegenheit, bei sich zu bleiben. Auf die Frage »Wer bin ich?« hatte ein Bauer eine einfache Antwort: »Ich bin Bauer.« Eine klare Identität, eine klare Rolle. Das war eindeutig, so wie die Welt insgesamt eindeutiger war.

Man war auch nicht so reiselustig. Hochzeitsreisen führten nicht auf die Malediven, sondern vielleicht ins nahegelegene Mittelgebirge, Urlaubsreisen gab es für die wenigsten Familien, viele Menschen hatten das Meer noch nie mit eigenen Augen gesehen, und ein Gang auf den Markt der nächsten Kreisstadt war das Pendant zu dem, was heute eine Shopping-Tour nach Dubai ist.

Dazu kam, dass es ganz andere Zwänge, Sitten, Gebräuche, Kleiderordnungen und feste Abläufe gab, die – zumindest zum Teil – auch mit einer zwingenden Logik hinterlegt waren. Wenn etwa eine Frau früher eine Haube trug – wenn sie unter der Haube war –, dann war das ein eindeutiges Zeichen, dass sie verheiratet war und die Männer im Dorf ihre Finger von ihr zu lassen hatten. Nach Trauerfällen gingen die engsten Familienmitglieder und Angehörigen ein Trauerjahr lang in Schwarz. Damit zeigten sie allen, dass man im Umgang mit ihnen Vorsicht walten lassen sollte. So

gibt es unzählige Beispiele von eindeutigen Zeichen im Alltag, die zu einer Orientierung verhalfen.

Heute sitzen die meisten von uns stundenlang an
einem Tisch vor einem Monitor, telefonieren, mailen, halten
Videokonferenzen mit Kollegen, die kilometerweit entfernt
vor ihren Bildschirmen sitzen. Und wechseln dabei die
Rollen schneller, als es unser System verarbeiten kann, weil
vielleicht jedes Mal wieder andere Maßstäbe angelegt werden; die Projektführung in der Konferenz bei der Tochter-
firma, der Geführte in der Qualitätskontrolle vor Ort. Und
Mutter oder Vater bei der nächsten WhatsApp. Was in einer
Situation richtig war, muss in der nächsten noch lange
nicht richtig sein. Eine einfache Orientierung sieht anders
aus.

Und vielleicht gehen wir nach der Arbeit, wenn wir den
Rechner heruntergefahren haben, noch ins Fitness-Studio,
um uns auf dem Monitor über dem Laufband mit den neuesten Nachrichten aus aller Welt zu versorgen, die uns
brühwarm serviert werden. Oder es zieht uns nachhause
aufs Sofa, um via TV als virtuelles Familienmitglied in unsere Lieblingsserie einzutauchen.

War es früher besser? Ich denke nicht. Es war anders – geistig einfacher, das ist klar. **Die mentalen Herausforderungen haben extrem zugenommen.** Die rasante
technische Entwicklung, die wir erleben, hat uns viel Neues
gegeben und einiges genommen. Die Frage ist, sind wir
Herr oder Sklave des Neuen? Ich plädiere für »best of both
worlds«: das Neue klug nutzen und die Substanz des Alten
bewahren. Der Mangel dessen, was die Neuerungen uns an
existentiell Notwendigem genommen haben, schreit regel-
recht danach, dass wir ihn uns bewusstmachen und darauf
reagieren. Wir müssen uns das, was für uns überlebenswichtig ist, wieder selber schaffen, um Orientierung zu
erfahren.

Die Sehnsucht danach ist sehr groß. Nicht umsonst haben Meditationszentren, Kletterparks, Abenteuerreisen, die uns ganz unverstellte eindeutige Erfahrungen bescheren, solch einen großen Zulauf. Wir Menschen sehnen uns nach ganz direkten Erfahrungen, die uns quasi zwingen, in der Gegenwart – im Hier und Jetzt, an dem Ort und in der Zeit, die wir gerade erleben – anwesend zu sein und für ein Weilchen zu bleiben. Das heißt keine Ablenkung, stattdessen Präsenz.

NUR VS. AUCH

Wer sein Abrutschen in die Null-eins-Denkfalle erkennen lernen möchte, für den gibt es ein Beispiel als Übung aus unseren Seminaren. Die Wortwahl eines Menschen kann Rückschlüsse auf seinen Denkprozess geben. Das gilt nicht bei einer Beobachtung. Doch bei wiederholendem Gebrauch lassen sich tiefere Programmierungen leicht erkennen und damit besser verstehen.

So ist es auch beim Gebrauch des Wörtchens »nur« in einem bestimmten Zusammenhang. Hier vier Beispiele: Sie ist doch *nur* so erfolgreich, weil ihre Eltern so gute Kontakte haben. Ihm geht es doch *nur* ums Geld. Das macht sie doch *nur* aus Berechnung. Er setzt sich doch *nur* mit Ellenbogen durch. Und jetzt ein weiteres Gedankenexperiment. Wie ersetzen das Wort »nur« durch »auch«, und schon entsteht ein ganz anderer Tenor. Es ist viel mehr Differenzierung im Raum: Sie ist doch *auch* so erfolgreich, weil ihre Eltern so gute Kontakte haben. Ihm geht es doch *auch* ums Geld. Das macht sie doch *auch* aus Berechnung. Er setzt sich doch *auch* mit Ellenbogen durch.

Wie immer gilt: erst sich selbst beobachten, dann andere.

DIE KRAFT DER PAUSE

Wir leben in einer Zeit großer Veränderungen. Und diese Zeit birgt in meinen Augen eine große Entwicklungschance für uns Menschen und für die ganze Menschheit. **Jede Veränderung bringt Gewinner und Verlierer zum Vorschein.** Wer zu den Gewinnern gehören will, ist gezwungen, sich mehr nach innen zu orientieren, sich seiner eigenen Werte bewusst zu werden. Im Idealfall sogar seine eigene Berufung oder Mission zu finden. Sich wegzuentwickeln vom scheinbar sicheren und eindeutigen Eins-null-Denken und -Handeln, hin zu einer höheren geistigen Flexibilität und Anpassungsfähigkeit. In Lauf der Evolution haben nicht die Stärksten überlebt, sondern die Flexibelsten. Und was früher die körperliche Ebene war, ist heute die geistige.

Voraussetzung dafür ist, dass wir immer mal wieder die Pause-Taste drücken und das tun, was unseren Vorfahren durch die Natur und die Langsamkeit des Lebens vorgegeben wurde: nichts! Vielleicht ein wenig auf innere Distanz gehen und sich das Ganze einmal aus etwas Entfernung ansehen. Über *das* Leben nachdenken, um dann Rückschlüsse auf *mein* Leben zu bekommen.

Früher standen in einer Ecke vieler guter Stuben so genannte Ohrensessel. Mein Großvater hatte noch ein solches Exemplar, in das er sich mit der Zeitung oder mit einem Buch zurückzog. Oder er hörte sich eine Sendung im Radio an, und zwar vom Anfang bis zum Ende. Wenn er dort saß, war das für uns Kinder das Zeichen: Ich will meine Ruhe haben, ich will nicht gestört werden! Wenn er nach einer Weile aufstand, hatte er nicht unbedingt Ergebnisse vorzuweisen von seiner Zeit, die er darin zugebracht hatte. Aber er hatte sich für eine Weile selbst »aus dem Verkehr gezogen«, und das hatte Auswirkungen auf seine Ruhe und Gelassenheit, mit denen er seine Entscheidungen ein paar Tage später vielleicht fällte.

Wir müssen uns das fragen: Wo steht denn unser Ohrensessel? Im Auto, wenn wir auf der Autobahn im Stau stehen?
Im Wartezimmer beim Arzt, wenn wir darauf warten, ins
Sprechzimmer gerufen zu werden? Auf dem Bahnsteig oder
in der U-Bahn-Station, wenn der Zug wieder einmal Verspä-
tung hat? Wohl eher nicht. Für die Meisten von uns sind das
eher Anlässe, sich zu ärgern über die Zeit, die man uns stiehlt
und die wir als vergeudet erleben, oder? Vielleicht einmal im
Jahr im Urlaub am Strand oder einmal in der Woche am Wochenende gönnen wir uns solche Auszeiten, die aber auch
schnell zusammenschrumpfen, weil wieder etwas auf dem
Plan steht. Das ist vielleicht in Summe ein bisschen wenig.
Sogar Kinder müssen heute Terminkalender führen, weil sie
vor lauter Freizeitaktivitäten keine Freizeit mehr haben.

Mein Ohrensessel stand in der Klinik und hatte die
Form eines Drehbetts. Es war ein Riesen-Ohrensessel! Unterm Strich und mit dem Abstand von einigen Jahren muss
ich sagen, dass mir diese Zwangspause gutgetan hat. Sie war
der Beginn meiner Transformation. Ich kann nicht sagen,
wo ich ohne Unfall in meinem Leben gelandet wäre, aber
ich kann sagen, dass ich heute sehr dankbar bin, dass ich
mich geistig, wirtschaftlich und persönlich so weiterentwickeln durfte und hoffentlich noch weiterentwickle. Es gibt
noch so viel zu lernen und zu verstehen.

Wenn wir uns übrigens in der Natur beziehungsweise
im Tierreich umsehen und uns den natürlichen Rhythmus
von Pflanzen und Tieren anschauen, werden wir feststellen,
dass es in jeder Gattung Ruhezeiten gibt. Die Bäume werfen
ihre Blätter im Herbst ab und begeben sich in die Winter-
pause, um im Frühling wieder auszutreiben. Viele Wildtiere
halten einen Winterschlaf, um sich dann im Frühjahr in der
Brunftzeit um das Weiterleben ihrer Gattung zu kümmern.

Ich habe diesbezüglich auch von unseren Katzen gelernt.
Wenn sie wach sind, sind sie sehr präsent und aufmerksam.

Wenn sie da sind, sind sie da. Wenn sie etwas wollen, wollen sie es. Wenn nicht, dann nicht. Und sie können so unglaublich abschalten und regenerieren. Bei Hunden ist es vorbildlich, wie zugänglich sie auf uns Menschen eingehen können und wie gut sie meistens drauf sind. Zwei Gegenpole? So scheint es. Doch für mich gilt: Sei Katze, wenn du beruflich Dinge voranbringst, und Hund in deinem sozialen Umfeld! Für mich ist das hier die goldene Mitte. Oder einfach nur Work-Life-Balance?

Um wieder mehr in die innere Ruhe zu kommen, ist es vielleicht notwendig, dass wir unseren Effizienzbegriff überdenken und neu definieren. Nicht jeder Moment im Leben muss vorzeigbare Resultate produzieren. Wir leben nun einmal nicht in einem Film, der aus vielen schönen Szenen zusammengeschnitten ist und in dem die Akteure immer topfit sind und sich lächelnd küssen, wie wir sie auf der Leinwand sehen. Wir leben unser Leben mit seinen und unseren Licht- und Schattenseiten. Wir können nicht immer lächeln, wir sind nicht immer fit, wir sind nicht immer stark, wir sind nicht immer gesund, wir sind nicht immer gut drauf. **Wir sind nicht perfekt.**

So, wie wissenschaftlich erwiesen ist, dass Schlafzeiten zur Verarbeitung des am Tag Erlebten dienen, sind Ruhezeiten im Sinne von Muße notwendig, damit wir zu uns selbst finden oder bei uns bleiben können. Das war früher einmal der tägliche oder später wöchentliche Kirchgang oder die stupide Hausarbeit im Winter oder bei schlechtem Wetter. Heute scheint alles immer und überall machbar, und die Zeiten der Ruhe werden uns nicht mehr vorgegeben. Deshalb müssen wir sie uns selbst schaffen. Im Film wäre das langweilig, im richtigen Leben ist es notwendig. Es wendet die Not, welche uns auch durch die vielen mentalen Erkrankungen vor Augen geführt wird. Zu viele verirren sich.

Das gilt nicht nur zur Abwendung der Extreme, sondern auch, wenn es einmal nicht so rund läuft, wenn wir mit unseren Ergebnissen nicht so zufrieden sind. Üblicherweise stellt man sich dann oft die Frage: Wer ist schuld daran? Wer hat den schwarzen Peter? Die Antwort auf diese Frage verschafft uns zwar oft momentane Erleichterung – wenn wir nicht selber schuld sind – oder Orientierung – wenn wir jemand anderem die Schuld zuweisen können –, aber letztlich bringt sie uns in keine Richtung weiter. Sie ist eine Sackgasse zwischen gut und böse.

SCHULD VS. VERANTWORTUNG

Schuld ist wie ein Etikett, das man sich selbst oder anderen anklebt und das dem Schuldigen nichts anderes als schlechte und nicht inspirierende Gefühle verschafft. Wenn ich mir selber die Schuld gebe, fange ich an, auf mir herumzuhacken. Meistens ist es so, dass ich nicht nur denke, einen Fehler gemacht zu haben, sondern viele von uns neigen dazu, gleich zu denken (und schlimmer noch: zu fühlen), dass sie nicht nur falsch gehandelt haben, sondern falsch sind. Robbie Williams hat das Thema in seinem Song »I Love My Life« aufgegriffen. Er singt darin: »I am not my mistakes, but God knows, I've made a few.« Wir dürfen Fehler machen, aber deshalb sind wir noch lange kein Fehler! »Ich bin ein Fehler« ist keine adäquate Antwort auf die Frage »Wer bin ich?«, auch wenn die Aussage oft verlockend erscheint und passend wie ein Paar maßgefertigte Schuhe ist.

Wenn ich die Schuld von mir weise und sie anderen gebe, spreche ich mich scheinbar davon frei. Das fühlt sich fast wie eine Generalabsolution an. Und dann? Wie geht es weiter? Ich fühle mich gut, und der andere soll bleiben, wo der Pfeffer wächst? Probleme werden dadurch nicht gelöst.

Und eine kraftvolle Perspektive entsteht dadurch ebenso wenig.

So oder so scheint mir Schuld ein Etikett zu sein, das Menschen auf Menschen kleben, damit eine Ordnung hergestellt wird, weil sie ein gemeinsames Wertesystem impliziert und somit auch Gemeinschaft und gemeinschaftliche Werte vorgaukelt. Sie teilt die Menschheit in nur zwei Kategorien: schuldig und unschuldig. Was ist gut? Was ist schlecht oder böse? Aber handlungsfähiger macht dieses Etikett letztlich nicht.

Deswegen können auch so wenige mit Kritik und Lob umgehen. Aufgrund mangelnder Differenzierung wird das Kritisierte oder Gelobte gleich zu einem Teil des ganzen Seins. Nicht »dieses Verhalten aufgrund einer bestimmten Strategie« führte in diesem Zusammenhang zu einem Fehler, sondern »ich bin« ein Fehler. Nicht »als Vater« habe ich hier ungeschickt gehandelt, sondern »ich bin« ein schlechter Vater. Genauso umgekehrt: Wenn ich etwas gut gemacht habe, heißt das noch lange nicht, dass ich in allem toll bin. Doch auf Grund der weit verbreiteten Schwächen im Selbst ist es zunächst einmal passend, jeden Erfolg auf die Selbstebene zu bringen (als eine Art Heilung), aufzusaugen, bevor differenziert vorgegangen werden kann. Wer schon wirklich stark im Selbst ist, differenziert auch dort präziser, um nicht dem Höhenflug zu verfallen.

Die unterschiedlichen Ebenen des Seins lassen sich – nach Michael Grinder – durch die Unterscheidungen Selbst, Werte, Strategien, Verhalten und Äußeres klug differenzieren. Die Übergänge sind fließend. Entscheidend bei einer wirkungsvollen Kommunikation ist, auf welcher Ebene wir mit uns selbst und mit anderen kommunizieren. Wichtig, das Selbst sollte bei sich und anderen eine Art Heiligtum beziehungsweise gesicherte Burg sein. »Du bist immer zu spät« geht direkt in das Selbst. »Der Abholer war heute er-

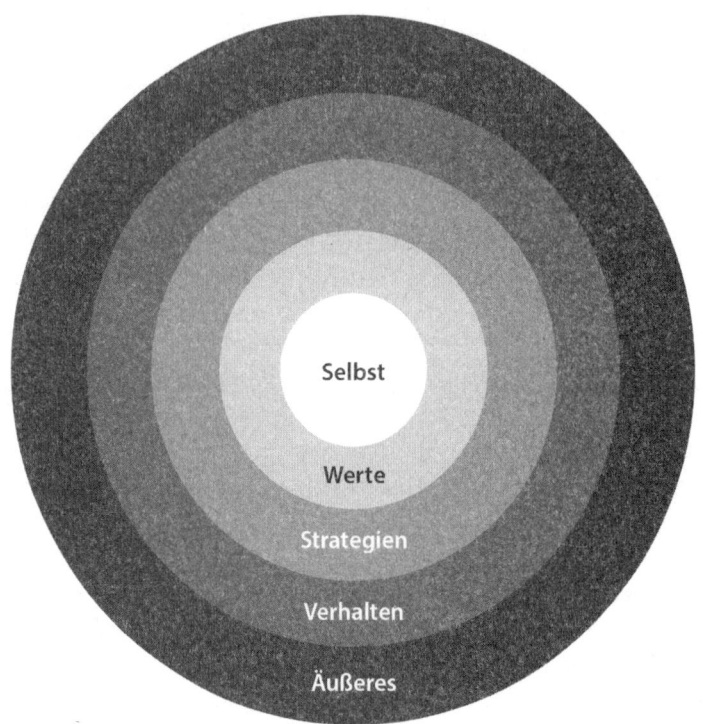

Ebenen des Seins

neut spät« geht auf die Ebene der Strategien und Verhalten. So ist ohne größere Verletzungen umsetzbar, an sich zu arbeiten und an anderen.

Ich ziehe es vor, von Verantwortung statt Schuld zu sprechen. Das scheint mir zielführender zu sein und eröffnet Perspektiven. Man eröffnet sich und anderen die Möglichkeit, sich das Vorgefallene in aller Ruhe anzuschauen, zu sehen, was schiefgelaufen ist, und aus den gemachten Fehlern zu lernen, um in Zukunft besser, im Sinne von sinnvoller, handeln zu können. Schuld bezieht sich in meinem Verständnis darauf, wie ein Mensch ist – Verantwortung darauf, was er tut.

Als Individuen geht es uns darum, ein gesundes Maß an Selbstverantwortung zu entwickeln – nicht zu viel und nicht zu wenig. Wer zu viel Verantwortung übernimmt, wird durch sein Umfeld erdrückt. Wer zu wenig übernimmt und keinen eigenen Befehlen folgt, wird irgendwann den Befehlen anderer folgen müssen. In dieser Phase muss man erkennen, welche Prägungen der Vergangenheit übernommen oder verändert werden sollen. Die begonnene Charakterschule der Kindheit wird selbst zu Ende geführt, am besten bewusst. Das ist das geistige Erwachsenwerden und ein großer Unterschied zum biologischen Erwachsensein.

In den wenigsten Fällen ist es ja so, dass nur einer schuld daran ist, wenn etwas misslingt, und der andere nicht. So verlockend dieser Wunsch auch ist. Wir können dies jeden Tag in der Hetzjagd der Medien auf der Suche nach dem Schuldigen sehen. Oft laufen ja Dinge schief, weil unterschiedliche Kräfte, die sich vielleicht sogar gegenseitig bedingen, am Wirken sind und gemeinsam in der Interaktion schwache Ergebnisse produzieren.

DIE QUALITÄT VON SCHUBLADEN

Wir alle haben als Ordnungssystem so etwas wie eine innere Kommode mit mehreren Schubladen. Das Design dieses Möbelstücks ist im Lauf unseres Lebens entstanden: durch unsere Sozialisation, durch einschneidende Erlebnisse, durch all das, was wir an Erfahrungen im Lauf unseres Lebens gemacht haben. Familie, Freunde, Lehrer, die direkte Umgebung und die Gesellschaft – sie haben alle ihren Beitrag geleistet. All das ist entscheidend dafür, wie viele Schubladen unsere Kommode hat und wie die Qualität unserer Schubladen ist. **Wer sich selbst beim Denken beobachten kann, dem wird dies bewusst** – und er kann anerkennen, dass es so ist.

Dass die Schubladen meiner Kommode vielleicht nicht so gut funktionieren, dass meine Bewertungsmaßstäbe vielleicht nicht hilfreich sind, kann ich an der Qualität meiner Ergebnisse erkennen, die ich produziere. Entsprechen sie dem, was ich will? Führen sie mich dahin, wo ich hin-möchte? Generell gilt: Je mehr ich für meine ungewünschten Ergebnisse andere verantwortlich mache, desto schwächer ist mein Schubladensystem. Eigene Vorurteile und feste Mei-nungen, die mein Denken und Handeln einschränken und mich nicht inspirieren, sind ein deutlicher Hinweis darauf, dass meine Schubladen, meine Ordnungskategorien zu groß sind, die Qualität zu schwach und ihre Anzahl zu gering ist.

Wenn ich mit meiner Kommode unzufrieden bin, weil sie mir nicht die Ergebnisse bringt, die ich gerne haben möchte, bringt es mich keinen Schritt weiter, wenn meine Reaktion darin besteht, dass ich mich dafür selber oder andere beschimpfe. Damit bediene ich nur meine unbewuss-ten Anteile der Kommode, die vielleicht nur zwei Schubladen hat – und stecke mich selbst in eine der beiden Schubladen, nämlich in die, auf der das Etikett »schlecht« klebt. Ich re-produziere also nur mein altes Denken, wenn auch vielleicht unter neuen Vorzeichen. Oder wie der amerikanische Philo-soph und Psychologe William James es auf den Punkt brachte: »Denken ist, was viele Leute zu tun glauben, wenn sie ihre Vorurteile ordnen.«

Die Art, wie wir denken, fühlen und handeln, haben wir uns im Lauf unseres Lebens angeeignet. Das ist unsere Prägung. Auch die gilt es anzuerkennen, mit klarem Geist. Sie ist nämlich der Sockel aus der Vergangenheit, auf dem unsere Entwicklung, die in die Zukunft führt, aufbaut. Ich kann sie mögen, und ich kann es bleiben lassen – aber sie bleibt meine Prägung. Das muss ich anerkennen, um einen Boden unter den Füßen zu bekommen, von dem ich mich abstoßen kann.

Mein Elternhaus ist mein Elternhaus, und meine Vergangenheit ist meine Vergangenheit. Meine Eltern und Lehrer haben mit dem Möglichen, was ihnen damals zur Verfügung stand, das getan, wozu sie in der Lage waren. Manches davon war gut (besser gesagt: hilfreich), manches vielleicht schlecht (besser gesagt: ungünstig). Wie ich das sehe und interpretiere, kann ich zu einem großen Teil selbst bestimmen. Auch im Nachhinein. Dann ist es nie zu spät, um eine glückliche Kindheit zu haben. Oder eine klasse letzte Ehe. Oder einen tollen früheren Arbeitsplatz. Es kommt immer auf die Sichtweise an, die ich einnehme.

Das heißt: Wenn es uns gelingt, unsere Lebensgeschichte und die daraus entstandenen Prägungen anzuerkennen und differenziert zu sehen, werden wir feststellen, dass es nicht nur schreckliche oder nicht nur wunderbare Ereignisse gab, die uns geprägt haben. Es ist immer eine Mischung von beidem. Und es ist immer eine Frage der Deutung. **Das ist dann im Vergleich zum biologischen Erwachsenwerden das mentale Erwachsenwerden.** Dass ich für die Sichtweisen meiner Erlebnisse meinen Teil der Verantwortung übernehme – das ist Freiheit pur. Wenn ich vielleicht geizige Eltern hatte, die mir als Kind nie meine Wünsche erfüllt haben, kann es sein, dass ich mich heute schwertue, mir und meiner Familie Wünsche zu erfüllen. Aber gleichzeitig könnte es auch sein, dass ich durch sie gelernt habe, mit meinen Finanzen gut zu wirtschaften. Zwei Seiten der gleichen Medaille. Und das ist nur ein Beispiel von tausenden.

Es ist unsere Aufgabe, unsere Prägung als Erwachsene aufzuarbeiten. Dass wir von unseren Eltern, Geschwistern und unserer Familiensituation, von unseren Lehrern geprägt wurden, ist eine unumstößliche Tatsache, mit der wir leben müssen. Jeder hat seine Geschichte. Die Hauptsache ist, dass man irgendwann anfängt, zu reflektieren, was einen geprägt hat und wie. Darum geht es! Dass Eltern einen immer nur so weit fördern, wie sie selbst sehen und denken können, ist doch klar und völlig normal. Und es ist auch immer leichter, ein Kind in dem zu unterstützen, was man selbst schon transformiert hat, was man selbst sieht. Deshalb bleibt uns keine Wahl, als anzuerkennen, was uns unsere Eltern mit auf den Weg gegeben haben – egal, wie viel oder wie wenig es war. Daran können wir nichts ändern – wie wir damit umgehen, allerdings schon.

Wenn wir unsere Prägung angenommen und für uns sortiert haben, was wir beibehalten und was wir ändern wollen, können wir darauf aufbauen. Durch dieses Fundament wird unser Leben nach einem bestimmten Kurs ausgerichtet, was wiederum nicht heißt, dass wir ihn nie mehr verlassen können. Es ist immer möglich, an sich zu arbeiten. Nur austauschen lässt sich der Sockel nicht. Annehmen, was für uns hilfreich ist, und an übernommenen Mustern, die uns blockieren, arbeiten, lautet die Devise. Wichtig ist, zu verstehen, woher wir kommen und wie wir ticken. Erst dann können wir entscheiden, was hilfreich ist und was uns auf unserem Weg aufhält. Letzten Endes ist unser Fundament primär die erste Treppenstufe des Treppenhauses unseres Wachstums – und der Ausgangspunkt für unsere innere Größe.

Sicher, wenn wir uns davon verabschieden, einfach zu urteilen, werden wir uns auch weniger beschweren und beklagen. Denn wer sich beklagt, ist auf der Suche nach einem Schuldigen. Seien es der Ehepartner, die Kollegen, die bösen Nachbarn oder die schlechte Welt. Und das Beste dabei ist: **Das Ende des Be-schwerens ist der Anfang der Er-leichterung**.

Für mich war es immer wichtig, mir meine Geschichte möglichst urteilsfrei anzusehen. Ja, ich weiß, das ist eine heftige, fast nicht zu stemmende Schule. Zu lernen, zunächst einfach zur Kenntnis nehmen, um darauf aufbauen zu können. Was ist passiert? Und welche Bedeutung(en) hat es? Tatsachen zunächst möglichst wertfrei zu registrieren, zur Kenntnis zu nehmen, dass es so ist, und einen Fokus darauf werfen und immer mal wieder registrieren, wann ich wieder in mein Zwei-Schubladen-Denken verfallen bin, das mir vorgibt, dass etwas entweder gut oder böse ist.

Das ist der erste Schritt in Richtung Veränderung und bringt uns nach und nach weg von Idealismus und Perfektionismus, weil alles seine guten und schlechten Seiten hat. Und wer annimmt, ich würde nicht mehr in Null und Eins denken, den muss ich leider enttäuschen: Es ist einfach unglaublich, wie hartnäckig dieses Muster in meinem Unterbewussten immer wieder um sich greift. Und ich es dann erst an der Wirkung bemerke. Doch ich bin ein gelehriger Schüler, gebe nicht auf und übe aus Überzeugung einfach immer weiter.

Große Schubladen in unseren Kommoden verhindern, dass kleine differenzierte Schubladen entstehen können. Ich muss mir darüber klarwerden, dass mir nur eine Kommode zur Verfügung steht. Wenn der Platz darin durch zwei große Schubladen besetzt ist, gibt es keinen für weitere Schubladen. Also nutzen wir die Vereinfachung ruhig da, wo es oberflächlich sein darf. Auch das muss sein! Und wir entwickeln qualitativ hochdifferenzierte Schubladen, wo es für uns wirklich wichtig ist. Der Weg dahin führt über differenziertes Denken und Wahrnehmen. Das lässt uns geistig flexibler werden. Und wir gehören dadurch zu den Gewinnern von morgen.

Mein Vorschlag dazu: **Arbeiten Sie härter an sich, als Sie andere verurteilen.** Und Ihre Ergebnisse werden lauter sprechen als Ihre Worte. Garantiert!

WENIGER URTEIL – MEHR WERT

Je größer und einfacher unsere Schubladen geworden sind, desto mehr neigen wir dazu zu be- und verurteilen. Die Eindeutigkeit und die gelöste Schuldfrage, die damit verbunden ist, sind sehr verlockend. Und Schuld impliziert immer, dass ich damit an ein gültiges Wertesystem, das ich mit anderen teile, angebunden bin. Der Satz, welchen ich in diesem Kontext oft höre: »Es kann doch nicht angehen, dass ...« Oder: »Der kann doch nicht einfach ...« Hier sucht jemand Verbindung durch Schuldverteilung. Das lässt in mir das trügerische Gefühl aufkommen, Teil eines Ganzen zu sein.

Ich halte es für extrem hochgegriffen, ein komplett urteilsfreies Leben zu führen, auch wenn uns das bestimmte Philosophien als erreichbares Ziel schmackhaft machen wollen. Mir persönlich reichen schon größer werdende urteilsfreie mentale Inseln im Leben. Vielleicht wachsen diese Inseln mal zu einem Kontinent zusammen? Mal sehen. Es bleibt die Einladung, erst einmal darüber nachzudenken, welchen Unterschied es macht, zu be- oder verurteilen, und mit welcher Qualität ich den Wert der Dinge feststelle, bewerte.

In urteilen steckt das Wort »Urteil«, in bewerten das Wort »Wert«, so weit, so logisch. Thomas Zwenger definiert in seinem *Philosophischen Wörterbuch* Urteil folgendermaßen: »Urteile sind ... Behauptungssätze, d. h. sprachliche Gebilde, in denen zu Recht (wahr) oder zu Unrecht (falsch) das Bestehen (Affirmation, *compositio*) oder Nichtbestehen (Negation, *divisio*) eines Sachverhalts behauptet wird.« Wir haben also wieder zwei Schubladen. Der Wert sagt dagegen aus, dass ich einen Gedanken, einen Menschen oder eine Sache dafür schätze, dass sie mich in die Richtung weiterbringen, in die ich gehen möchte.

Zurück zu unserer Kommode: Hier haben wir einige Gestaltungsmöglichkeiten. Wollen wir lieber ein einfaches Ordnungssystem mit zwei Schubladen? Oder wollen wir ein differenziertes Ordnungssystem mit mehreren Schubladen höherer Qualität, die wir vielleicht immer noch einen Spaltbreit offenstehen lassen? Wollen wir urteilen oder bewerten? Was ist förderlich? Was ist hinderlich auf dem Weg zu unseren Zielen? Je mehr Schubladen uns zur Verfügung stehen, desto differenzierter wird unsere Wahrnehmung. Ich bewerte differenzierter, aber ich be- oder verurteile weniger.

INTERESSANT!

Bei den Inhouse-Führungsseminaren unserer Akademie machen wir mit den Teilnehmern zu Beginn eine Übung im Rahmen eines »symbolischen« Kaminabends. Wir sitzen in der Runde, und ein Teilnehmer nach dem anderen beantwortet Fragen zum Thema Führung – mit dem Ziel, seinen Standpunkt zu dem Thema darzustellen. Die anderen hören aufmerksam zu. Alle Teilnehmer wurden zuvor in Sachen Hinhör-Kompetenz geschult. Die Aufgabe ist, sich selbst beim Hinhören zuzuhören. »Was und wie denke ich, wenn ich anderen zuhöre?« Das ist für viele sehr fordernd und jedes Mal faszinierend erhellend.

Der Kern der Übung: Jedes Mal, wenn die Teilnehmer mit ihren Gedanken beim Zuhören abschweifen und vielleicht – nach dem Motto »kenne ich« – ins Urteilen kommen, haben sie die Einladung, einfach **»Interessant!«** zu denken. So holen sie sich zurück in die konkrete Situation – in die Präsenz – und erfahren nebenbei, wie oft sie ins Urteilen geraten.

Meine Vorstellung vom Menschenleben ist, dass wir wie sehr grob geschnitzte Holzstatuen auf die Welt kommen:

unterschiedlich groß, unterschiedliches Holz, unterschiedliche Bearbeitungsstadien. Doch mit der Zeit wird sichtbar, was einmal daraus werden könnte. Diese Skulpturen werden im Lauf ihrer ersten Lebensphase von allen möglichen Menschen und Geschehnissen von außen weiterbearbeitet und bekommen so etwas schärfere Konturen – das wäre unsere Sozialisation.

Darauf aufbauend nehmen wir die Werkzeuge zur weiteren Bearbeitung immer mehr selbst in die Hand. Auch hier gibt es Unterschiede: in der Qualität der Werkzeuge, in der Anzahl der Werkzeuge und im Talent, die Werkzeuge zu benutzen.

Doch nun übernehmen wir die Verantwortung für alles Weitere. Wir sind uns unserer Prägungen bewusst – egal ob positiv oder negativ. Wir nehmen Hammer und Stecheisen selber in die Hand und somit die Möglichkeit zu entscheiden, welchen Teil wir betonen und welchen wir vernachlässigen wollen. Wichtig dabei ist, dass wir anerkennen, worauf wir aufbauen. Wir verstehen und müssen dabei überhaupt nicht einverstanden sein. Wir differenzieren und sehen immer klarer. Wir versöhnen uns, vergeben anderen und uns. Wir werden immer freier – und konzentrieren uns auf das, was möglich ist.

Wir verzichten ab jetzt auch auf geistige Selbstdegradierungen wie: »Wenn ich andere Eltern gehabt hätte, dann …« »Wenn ich das nicht falsch gemacht hätte, dann …« »Wenn ich die Chance nicht verpasst hätte, dann …« Und bei mir selbst: »Wenn ich nicht von der Klippe gesprungen wäre, dann …« Diese Wenn-dann-Logik hindert uns daran, die Ärmel hochzukrempeln, nach vorne zu schauen und frei von inneren mentalen Blockierungen in eine selbstbestimmte Zukunft zu gehen. Wir müssen den Hammer und das Stecheisen schon selber in die Hand nehmen, damit etwas passiert!

UNTERSCHEIDUNGEN

Die Qualität einer Reflexion erkennen wir an der Stärke der Inspiration und der Qualität der Orientierung, welche daraus entspringt. Und diese hängt im Kern von der Qualität der mentalen Unterscheidungen ab, welche uns geistig zur Verfügung stehen. Verstehen, ohne einverstanden zu sein, ist solch eine hochwertige Unterscheidung. Wann ich und andere Bestätigung von innen oder von außen erfahren, ist ebenfalls eine Unterscheidung mit hoher Qualität. Oder wie sich emotionale Nähe und Distanz auf mich und andere auswirken.

Triviale Unterscheidungen inspirieren und orientieren im Ergebnis nicht hochwertig, sie beruhigen nur. Sie beruhigen und stellen damit Ruhe im Gehirn her. Auch das ist wichtig! Wir brauchen diese einfachen Beruhigungspillen – die sind besser als irgendwelche Drogen! Jedoch bitte nicht, wenn es um tieferes Verstehen und weichenstellende Momente im Leben geht. Dann gilt es, weise zu differenzieren.

Wann geht es um tiefere Inspiration und wann um triviale Ruhe? Dazu soll dieses Buch einen Beitrag leisten: hochwertige Unterscheidungen bewusstmachen. Das umzusetzen und zu üben bis zur unbewussten Kompetenz, ist nur mit Lesen kaum möglich – dafür gibt es unsere Inhouse-Akademie mit unterstützender Online-Akademie. Erkennen, anerkennen, umsetzen, so lautet der Dreiklang.

Wirkungsvolle Überlegungen erklären hochwertige genaue Differenzierungen zuerst intellektuell, bevor sie jene emotional verständlich machen und schließlich in der Anwendung durch erlebte Erfolge umsetzen. Dieser Dreischritt über Intellekt, Emotion und praktische Anwendung hört sich leicht an, ihn tatsächlich umzusetzen, ist enorm schwierig. Wird er nicht permanent ins Gedächtnis gerufen und durch

Erfolgserlebnisse befeuert, erlischt die Umsetzungsenergie und damit die Nachhaltigkeit der Wirkung. Deswegen tun sich so viele Menschen und damit auch Organisationen bei der Umsetzung von Lerninhalten schwer: Es wird gerade mal das intellektuelle Erkennen erreicht – das emotionale Anerkennen und damit die Tankfüllung zur Umsetzung bei weitem nicht.

Erst wenn ich Prozesse und Strukturen genauer zu differenzieren gelernt habe, kann ich sie tiefer und damit mit Substanz wahrnehmen und benennen. Ein Beispiel: Wenn wir das Wort »rot« hören, verknüpfen wir es mit unserer Wahrnehmung einer bestimmten Farbe. Unterscheidungen wie rot und gelb, Mann und Frau, jung und alt erscheinen einfach. Mental gesehen ist das eher eine oberflächliche Ebene. Andere Unterscheidungen dagegen gestalten sich schon deutlich schwieriger, etwa detail- und überblicksorientiert. Das ist die Antwort auf die Frage: Wann gibt die Betrachtung einer Situation im mentalen Aggregatzustand »Detail« oder im Zustand »Überblick« die bessere Orientierung? Oder bei Nähe und Distanz: Wann hat der Einsatz von Nähe und Distanz in der Entwicklung eines Menschen mehr Sinn? Entscheidend ist, solche tiefgreifenden Differenzierungen nicht nur zu kennen, sondern auch bei sich selbst und anderen anwenden zu können.

Wie viele Unterscheidungen kennt ein Sherpa im Himalaja zum Thema Wetter, Wind und Schnee am Berg? Sicherlich viel mehr als wir Mitteleuropäer. Und warum? Richtig! Weil sein Leben und die seiner anvertrauten Bergsteiger davon abhängen. Seine Fähigkeit zur Differenzierung auf genau diesem Gebiet macht ihn zum Experten. Schließlich hängen sein Leben und seine Zukunft davon ab! Ein Sherpa wird nicht aus reinem Wissensdurst tausende von Unterscheidungen zum Thema Wetter lernen und sie anderen um die Ohren hauen. Er wird jede Einzelne sorgfältig auswählen und prüfen, um dann die wirklich wichtigen Differenzierungen ganz oben auf seine Liste zu setzen.

Was können wir von Sherpas lernen? Unser Himalaja ist kein Berg da draußen, kein Achttausender in der Kälte von Schnee und Eis. Bei uns und unserer Zukunft geht es um die Besteigung der inneren Achttausender, auf mentaler Ebene. Die Zunahme von Tempo, Transparenz und Komplexität zwingt uns zu einem enormen Wachstum, weniger körperlich denn geistig, und zwar jeden von uns. Daraus ergeben sich zwei Gewissheiten: Zum einen muss uns klarwerden, wo unsere wirklichen Talente sind und unsere Zukunft liegt – ganz einfach, weil wir nur dort überleben werden. Denn alles andere wird auf Grund des hohen Wettbewerbsdrucks zu anstrengend. Und zum anderen liegt unsere Zukunft auf der Bewahrung eines geistigen Vorsprungs. Nur wenn wir den halten, werden wir in der Weltwirtschaft unsere Position behaupten.

Unterscheidungen

verstehen	einverstanden sein	mein Leben	das Leben
bewerten	verurteilen	pro-aktiv	re-aktiv
Bote	Botschaft	innerer Bezugsrahmen	äußerer Bezugsrahmen
Brennglas	Gießkanne	Stellung	Person
auf etwas zu	von etwas weg	erkennen	anerkennen
Wunsch	Wille	materieller Status	immaterieller Status
beeinflussen	manipulieren	Trennendes	Verbindendes
soziale Norm	Marktnorm	kennen	können
Beziehung	Ergebnisse	Nähe	Distanz
kurzfristiger Schmerz	mittelfristig Freude	Dienen	Selbstbestätigung

Wenn wir also in unserem ganz persönlichen Himalaja überleben wollen, müssen wir wirkungsvolle Unterscheidungen intensiv auswählen, tief durchdenken und anwenden. Diese Arbeit ist für uns manchmal sehr zeitaufwändig, aber sie lohnt sich! Das habe ich schon bei vielen Klienten und schließlich auch bei mir selbst erlebt. Das Auswählen, Erkennen und Anwenden qualitativ hochwertiger Differenzierungen ist somit der wichtigste Schritt zu optimaler Wirkung, eine notwendige Grundlage. Deshalb: Schauen wir uns unsere kraftvollsten Unterscheidungen an und differenzieren weise!

Durch Beobachtung und Selbsterkenntnis bin ich überzeugt: Je differenzierter ein Mensch sich selbst und seine Lebensumgebung erkennt, desto mehr bleibt er bei sich und verliert sich nicht in der Außenwelt. Je mehr er sich erkennt, desto genauer weiß er, was ihm guttut, und entsprechend weniger vergleicht er sich mit anderen. Je mehr ein Mensch sich erkennt, desto klarer werden ihm seine Rollen und mentalen Begrenzungen, und desto eher kann er diese Faktoren nach seinen eigenen Vorstellungen formen. Ein solcher Mensch lebt mehr, als dass er gelebt wird, und kann sein Leben freier gestalten. **Je freier ein Mensch sein Leben gestalten kann, desto bewusster darf er seine Entscheidungen treffen.**

Ich habe lange gebraucht, bis ich verstanden hatte, warum meine Lebensqualität und damit mein Glück gemeinsam mit meiner Selbstverantwortung gewachsen sind. Vielleicht erklären das auch die Worte des Philosophen Wilhelm Schmid: »Meine Eltern kannten das Wort ›Glück‹ gar nicht, und das waren die glücklichsten Menschen, die ich bisher kennen gelernt habe.«

4

PERSPEKTIVE WECHSELN

Ich hatte im Drehbett die Wahl: Eine Möglichkeit – die nahe-
liegendste – war, dass ich die Meinung und Sichtweise meiner Familie und Freunde übernahm, die sich einig waren:
Für sie war mein Unfall ein tragischer Unglücksfall mit
schrecklichen Folgen. Und Möglichkeiten für meine Zukunft
erkannten sie nur begrenzt. Sehr begrenzt. Sie sahen mich,
wie ich regungslos wie eine Schildkröte auf dem Rücken in
meinem Bett lag, und erinnerten sich an den durchtrainier-
ten Boris, der ich vorher gewesen war.

Ich bekam in dieser Zeit viel Mitleid und gutgemeinte
Ratschläge, wie ich denn nun mein reduziertes Leben meistern könnte, nein, sollte. Die Vorschläge beinhalteten, dass
ich von Köln zurück zu meinen Eltern nach Trossingen ziehen sollte und diese sich erst einmal um mich kümmern
würden. Oder dass es doch wunderbare Pflegeeinrichtungen
da oder dort gäbe, welche mich medizinisch versorgen könnten. Berufe und Tätigkeiten wurden mir vorgeschlagen, die
ich doch wunderbar vom Rollstuhl aus ausüben könnte. Berufe, welche sich unter dem Tenor »versorgt sein« zusammenfassen ließen.

Ich wurde geflutet von einem Tsunami von Vorschlägen.
Aus allen Ecken erreichten mich Einladungen, die Opferrolle
anzunehmen. Sogar Mädels standen plötzlich bei mir auf
der Matte, die gerne jemanden gehabt hätten, um den sie
sich hätten kümmern können. Ein Mann als Kindersatz. Für
alle war ich das bemitleidenswerte Unfallopfer – unschuldig
unter die Räder gekommen. Und wie auf Knopfdruck schau-

ten sie auf mich herab. Ich war unten, sie oben. Jeder wusste, was für mich gut war. Allein: Ich fühlte mich nicht gut dabei! Ich fühlte mich nicht nur gelähmt, ich fühlte mich vor allem entmündigt. Die Reaktionen aus meiner Umgebung lassen sich mit einem Satz, den ich irgendwann mit halbem Ohr hörte, auf den Punkt bringen: »Der wird schon noch kapieren, was mit ihm los ist!«

Dieser Satz hallt mir manchmal heute noch in den Ohren nach. Denn er tat weh, sehr weh sogar. Es schmerzt, wenn andere nicht an einen glauben. Es tut weh, wenn andere einem unverhohlen wegen ihrer körperlichen Überlegenheit mit Dominanz begegnen. Es tut weh, wenn andere einem einen Platz zuweisen. Es tut weh, wenn man Angst davor hat, dass sie vielleicht Recht behalten könnten. Deswegen erfüllt es mich mit Stolz und Genugtuung, wenn ich – wie jetzt gerade – in meinem zweiten Wohnsitz in Spanien auf meiner Terrasse sitze, auf das Meer schaue und mir beim Schreiben wieder bewusst wird, wohin einen bestimmte mentale Fähigkeiten führen können.

ICH WILL KEIN OPFER SEIN!

Ein sehr erhellendes Erlebnis war für mich ein Familienfest bei meiner Tante. Drei Monate nach dem Unfall holte man mich von der Klinik ab. Als ich im Haus meiner Tante ankam, sah ich eine lange Tafel aufgebaut, an der die ganze erweiterte Familie versammelt war: Großeltern, Tanten, Onkel, Kousinen und Kousins, Eltern und Geschwister. Alle mit betretenen Gesichtern. An der Längsseite des Tischs, geschützt in einer Ecke, gab es einen freien Platz. Dahinter ein Heizstrahler und griffbereit eine Decke. Es war klar, dieser Platz war offensichtlich für mich vorbereitet. Ich kochte innerlich und dachte: »Da werde ich mich nicht hinsetzen!« Ohne Worte rollte ich über die Terrasse ins Haus und zog mich erst einmal zurück.

Meine heftige Reaktion wurde mit meiner schwierigen Situation erklärt. Keiner stellte die eigene Perspektive in Frage und versuchte, sie durch meine Brille zu betrachten. Oder fragte mich, was in mir vorging. Alle wussten Bescheid. Dass meine Reaktion die Anwesenden erst einmal brüskierte, war mir egal. Was mich innerlich zerriss, konnte ich noch nicht in Worte fassen, leider. Doch ich konnte es nicht mehr ertragen, wie mir meine Familie einen Platz zuwies und mich in die Rolle des Behinderten drängte. Ich wollte keinen Sonderstatus als Bedürftiger. Ich fühlte mich ein wenig wie die Oma mit ihrem Rollator, die am Straßenrand steht. Ein Passant sieht sie und hilft ihr ungefragt und gutgemeint über die Straße. Auf der anderen Seite angekommen, sagt sie zu ihm: »Ich wollte die Straßenseite doch gar nicht wechseln!«

Das war zu der Zeit, als ich schon begonnen hatte, meine Situation differenzierter zu sehen und immer besser zu begreifen, was möglich war und was nicht. Meine Ergebnisse wurden besser. Mein Selbstvertrauen stieg vom Nullpunkt langsam auf. Ich verstand, dass niemand Recht hatte – weder sie noch ich – und dass ich daran arbeiten musste, meine eigene Sichtweise zu entwickeln: nachdenken, handeln, Wirkung beobachten. Es war ja schließlich auch mein Leben, das ich wieder begann zu leben.

Meine Familie und Freunde maßen meine Situation mit ihren Vorstellungen von einem Leben im Rollstuhl. Und mit den Maßstäben, mit denen sie mich vor dem Unfall gesehen hatten. Ich dagegen war bereits dabei, den Maßstab an meiner derzeitigen Lähmungssituation und den aktuellen Ergebnissen anzulegen. Ich war in der Realität angekommen.

Jeden Tag hatte ich kleine Fortschritte gemacht. Es hatte mir neue Hoffnung gegeben, als ich zum ersten Mal den

Daumen meiner rechten Hand bewegen konnte und sich meine Stimmbandlähmung, die sich erst in der Klinik eingestellt hatte, wieder löste. Meine Freude über den Daumen war das erste Zeichen dafür, dass ich mich nicht nur schonungslos mit meiner Situation konfrontiert, sondern sie auch angenommen hatte. Nur durch das Akzeptieren der Realität war ein solcher Perspektivenwechsel möglich, und folgerichtig ergaben sich aus einer Krise ganz neue Chancen.

HOFFNUNG

Ein weiterer großer Schritt war für mich der Umzug vom Drehbett in ein normales Krankenbett, an dem ich per Knopfdruck das Rückenteil aufrichten konnte. Ein neues Leben. Eine erweiterte Perspektive. Ein größerer Ausschnitt. Ich konnte endlich wieder lesen und fernsehen. Als Nächstes kam, dass ich lerne, mich selber im Bett umzudrehen und meinen Körper aufzurichten. Das war fast ein symbolischer Akt: Ich richtete mich selbst auf! Und nach einiger Zeit konnte ich wieder selbständig essen und meine Inkontinenz managen. So bekam ich nach und nach einen Teil meiner Unabhängigkeit und meiner Würde zurück. Ich fand langsam wieder eine Richtung, in die ich gehen wollte und konnte.

Ich erinnere mich noch genau an den besonderen Moment, als mir das klarwurde: Ich wachte in Seitenlage auf. Stille. Es war noch dunkel. Ich sah auf die Uhr: 04:13. Ich wusste, die Nacht war vorbei. Schlafen würde ich nicht mehr. Seitlich an meinem Bett sah ich meinen Leihrollstuhl. Ich fasste ihn an. Ein tiefes Gefühl der Dankbarkeit durchströmte mich. »Ich darf ihn benutzen«, war mein Gedanke. Nicht: »Ich muss ihn benutzen.« Und dieses Gefühl ist mir bis heute erhalten geblieben.

In einem Kraftakt zog ich mich selbst an, hob mich in
den Rollstuhl und verließ zum ersten Mal aus eigener Kraft
mein Krankenzimmer. Tränen der Freude schossen mir in
die Augen. Das Gefühl der Freiheit war unbeschreiblich. Und
in diesem Moment war ich bereit. Ich war bereit, den Preis
zu zahlen – egal, was es kosten sollte. **Ich gebe einfach jeden
Tag alles und schaue, wie weit ich komme.** Wie weit es
gehen sollte, konnte ich damals nicht einmal ansatzweise
ermessen. Und wie hoch der Preis sein sollte, ebenfalls nicht.

Ich hatte dank Differenzierung meinen Bezugsrahmen
völlig verändert. Ich orientierte mich nicht mehr an meinem
alten Vorleben, meinen alten mentalen Programmen, sondern an meinem neuen jetzigen Leben mit den zur Verfügung
stehenden Möglichkeiten.

Dieser beginnende Prozess sollte alles in Frage stellen,
was vorher mein Leben bestimmt hatte. Ich ließ mein Denken zurück, zog auf dem Boden eine Nullpunktlinie, schritt
darüber – besser fuhr darüber – und gewährte der Vergangenheit keinen Einlass. Und genau dieses Ritual wiederhole
ich seitdem immer wieder mal. Ich lernte, dass mein Tun
und Lassen nicht immer einig sein musste mit dem meiner
Umgebung. Ich dachte nach, traf Entscheidungen und folgte
diesen. Und bildete mir auf Grund der neuen Ergebnisse
meine eigene Meinung. Es war für mich wie eine zweite
Pubertät, in der ich meine neue, nächste Identität fand. Was
war geschehen? Wie hatte ich das angestellt?

Alles, was ich von meiner Umgebung zu hören bekommen hatte, hatte mir den Glauben an eine lohnenswerte
Zukunft genommen. Meine Selbstvorwürfe taten ihr Übriges.
Getragen hatte mich damals eine Idee, welche ich schon
direkt nach dem Unfall, als ich im Sand lag, in mein Gehirn
schob. Es war wohl eine Art Eingebung. Es war ein Impuls,
welcher schnell wieder aus meinem Bewusstsein ver-
schwand. Eine Idee, die jedoch im Lauf der Jahre immer

wieder präsent wurde: Ich könnte ein Beispiel für andere sein! Ein Beispiel dafür, was im Leben alles möglich ist. Das hat mich vielleicht am Leben erhalten.

ANDERE SICHTWEISE

Allein der Schock über meine neue Lebenslage und das fest-gefügte Meinungsbild, das mich umgab, waren so stark, dass ich erst einmal außer Gefecht gesetzt war. Komplett über-fordert. Genauer: mental überfordert. Mir war völlig unklar, wie es mit mir weitergehen könnte. Ich hörte mir zunächst alles an, was mir meine Familie, Freunde, Ärzte, Therapeu-ten und Mitpatienten zu sagen hatten.

Nach ein paar Monaten erfuhr ich, dass am nächsten Abend drei ehemalige Patienten nach ihrer Arbeit in die Klinik kommen würden, um den Patienten von sich, ihren Familien und ihrem Leben zu erzählen. Nach ihrer Arbeit? Familien? Ich horchte auf. War das nicht genau das, was ich erreichen wollte – selbständig leben, Familie, Arbeit? Mein Traum schien machbar, allen Unkenrufen zum Trotz. Es gab andere, erfahrene Querschnittsgelähmte, die so lebten, wie ich es mir erträumte.

Am nächsten Tag war ich weit vor der Zeit in der Sport- und Therapiehalle, in der ich bei meinem täglichen Aufbau-training schon viel Mühe und Tränen vergossen hatte. Die anderen Rollis aus der Klinik kamen nach und nach hinzu, auch fast alle Trainer und Krankengymnasten waren da. Und dann kamen unsere Besucher hereingerollt ...

An diesem Abend sollte ich lernen, wie wichtig es ist, Vorbilder zu haben. Menschen kennen zu lernen, welche da sind, wo du hinwillst. Menschen, die ihren Weg gegangen sind. Die sich nicht haben aufhalten lassen. Die alles andere als Durchschnitt sind. Ich saugte alles nur so in mich auf, erst einmal ohne jede Bewertung. Das wollte ich später durch Nachdenken machen, ganz differenziert. Ich beobachtete alles genau, jede Bewegung, ihre Gestik, Mimik, Sprache, Haltung. Und ich lernte an diesem Abend vor allem, wie sehr andere kompetente Perspektiven helfen können.

Gleich zu Anfang blieb mein Blick an einem Rollstuhlfahrer hängen, der genau meine Lähmungshöhe hatte. Er stellte sich als Heinz vor. Was für ein merkwürdiger Typ. Würdig zu merken! Er war ungefähr 45 Jahre alt, hatte lange Haare, einen Vollbart und trug eine Jeansjacke. Ein Alternativer im Rollstuhl, ein echter Freak! Er lachte und grinste die ganze Zeit. Nach meinem Empfinden machte er uns nichts vor, sondern schien völlig mit sich im Reinen. Das zeigten auch seine harmonischen Bewegungen, die einfach zu ihm gehörten. Während er erzählte, rollte er völlig selbstverständlich durch den Raum, bezog dabei seine Umgebung ganz beiläufig ein, hangelte sich vom Massagetisch zum Hocker, vom Hocker zur Bank und wieder zurück. Er bewegte sich wie ein Fisch im Wasser.

»Mann, hat der sein Leben im Griff!«, dachte ich und starrte ihn an wie ein Teenie seinen Lieblingspopstar. Heinz lebte sein Leben. Nach genau so jemandem hatte ich die ganze Zeit gesucht. Denn die meisten Rollstuhlfahrer hatten mir bisher mehr signalisiert, was alles nicht mehr ging. Heinz aber zeigte mir mit seiner Person, dass noch viel möglich war. Natürlich gab es neben den vielen Zweiflern auch einige Menschen, die mir Mut gemacht hatten. Doch es war ein großer Unterschied, ob ein Fußgänger einem »Rolli« Hoffnung machte oder jemand, der wusste, wie es ist, im Rollstuhl zu sitzen. Das ist das Prinzip von »Peer-Councelling«: Am besten kann ein geschulter, trockener Alkoholiker einen Alkoholiker beraten.

An diesem Abend beschloss ich: Heinz sollte mein Vorbild werden. Ich wollte wissen, wie er denkt. Für mich wirkte er einfach unglaublich souverän – doch nicht unerreichbar. Was er konnte, das wollte und konnte ich auch schaffen! Ich musste nur von ihm lernen.

HORIZONTERWEITERUNG

In der damaligen Situation war Heinz für mich unglaublich wichtig – wie der ganze Abend. Da saßen Menschen, die verstanden. Ein Blick in die Augen reichte: Sie wussten Bescheid. Sie hatten die gleichen Sehnsüchte, Träume und Probleme wie ich. Sie hatten Lösungen gesucht und manche auch gefunden. Und jetzt gaben sie ihre Erfahrungen mit Lebensfreude an uns weiter. Das machte mich ganz schwindelig. **Sie hatten Ergebnisse erzielt, die ich erst noch erreichen wollte,** und sie sprachen ganz offen über Erfolge und Niederlagen. Das tat einfach gut.

Einer erzählte von seiner Familie, ein anderer demonstrierte praktische Handgriffe, etwa wie man sich mit halbgelähmten Händen und vollkommen gelähmten Beinen die Hose runter- und wieder hochziehen konnte. Er hatte da eine ganz ausgefeilte Technik drauf! Ein Dritter zeigte, wie er alleine vom Rollstuhl auf den Boden und wieder in den Rollstuhl kam. Das ist ein richtiges Kunststück, von dem manche Trainer behaupten, es sei für Querschnittsgelähmte mit meiner Lähmungshöhe völlig unmöglich. Aber siehe da, hier wurden wir alle eines Besseren belehrt! Unser Horizont wurde erweitert, der Kopf aufgemacht.

Noch etwas begriff ich an jenem Abend: Dort saßen völlig unterschiedliche Typen. Jeder hatte eine andere Methode für sich entwickelt – es gab weder richtig noch falsch. Es galt nur, herauszufinden, was das Beste für mich war. Mehr brauchte ich nicht zu wissen.

Ich kontaktierte Heinz, und ein paar Tage später klingelte ich mit meinem Rolli-Freund Christof an seiner Tür. »Hey Alter, grüß dich! Komm rein, schön, dass ihr da seid. Wollt ihr ein Bier?« Heinz rollerte vom Flur direkt in die Küche, um Bier zu holen. Christof und ich bewegten uns in Richtung Wohnzimmer. Ich schaute mich um: Alles ganz normal – die Wohnung war weder umgebaut noch irgendwie rollstuhlgerechter gestaltet, jedenfalls fiel mir nichts auf. Draußen stand sein umgebautes Auto mit Handgas, ohne Rolli-Zeichen darauf. Das Prädikat »ganz normal« sollte mir bei diesem Besuch noch öfter durch den Kopf gehen: Heinz hatte einen ganz normalen Job, zwei ganz normale Kinder, auch die Partnerschaft mit seiner Frau war ganz normal – nicht rosarot, aber auch keine Krankenschwester-Patienten-Beziehung: Seine Frau war weder eine, die unter einem Helfersyndrom litt und sich deshalb einen Rollstuhlfahrer gesucht hatte, noch schien sie aus Mitleid bei ihm zu sein.

Ich konnte es nicht fassen. Heinz' Leben war nicht nur normal, es war stinknormal – jedenfalls mit den Augen eines Fußgängers betrachtet. Eigentlich war es natürlich outstanding! Zum Beispiel arbeitete Heinz als technischer Zeichner, und er war schnell, obwohl seine Finger zum Teil gelähmt waren. Und das war noch nicht alles: Neben Beruf und Familie gab es auch noch den Leistungssport. Überall standen Pokale von deutschen Meisterschaften, Weltmeisterschaften und den Paralympics herum. Heinz war Spitzensportler im Schwimmen und Tischtennis und hatte die Welt bereist. Das fixte den ehemaligen Sportler in mir natürlich voll an. Ich war begeistert!

Ich wünschte mir damals auch nichts anderes als Normalität, aber noch war mir nicht klar, dass es eigentlich der Wunsch nach einem selbstbestimmten Leben war. Bei Heinz erkannte ich genau das – und erlebte jeden Moment mit ihm als äußerst emotional. Ich analysierte nicht, sondern ließ

alles auf mich wirken. Die Hoffnung, welche dadurch entstand, fühlte sich saugut an. Nichts schien mehr unmöglich!
Ich wollte alles von ihm wissen: Wie ist es hiermit, wie
damit? Wie machte er das mit seiner Verdauung? Wie viel
verdiente er mit seiner Arbeit? Wie sah es mit Sex aus? Was
mit Reisen? Wie oft war er im Urlaub? Ungläubig lauschte
ich ihm. An seinem ironischen Unterton merkte ich, dass er
Schwierigkeiten hatte, meine Perspektive einzunehmen. Für
ihn war das alles Routine – als würde man jemand fragen,
wie er sich die Zähne putzt oder die Schuhe zubindet.

Es ging! Es war wirklich möglich, als Querschnittge-
lähmter ein selbstbestimmtes Leben zu führen. Vielleicht
für mich jetzt noch nicht oder nicht so wie er, aber nach
diesem Besuch würde ich nicht mehr behaupten können,
etwas nicht zu können. Das war eine faule Ausrede, da
würde mich auch niemand anderes jemals wieder vom Gegenteil überzeugen! Ich musste an eine Anzeige für Sport-
rollstühle denken, auf die ich im Krankenhaus gestoßen war:
Diese Werbung zeigte einen Mann, der im Rollstuhl unterwegs war, neben ihm fuhr seine Familie: er im Sportrolli,
Frau und Kinder auf dem Fahrrad. Das ging mir damals
durch und durch. Was für ein Bild! Es zeigte mir meinen
sehnlichsten Wunsch: eine Familie, einen Job, Normalität.
Nur, wie dort hinkommen? Der Weg war mir bisher unmöglich erschienen. Heinz hatte ihn zurückgelegt und seinen
Traum verwirklicht. Für sich – und an besagtem Tag auch
für mich.

Wie hatte Heinz das geschafft? Seine Erzählungen zeigten mir, dass er einerseits die Dinge nicht unnötig verkom-
pliziert hatte, andererseits hatte er sich durch Kompliziert-
es nicht abschrecken lassen. Aber was wie immer das
Wichtigste war: Er hatte sich auf das konzentriert, was da
war. Von Heinz habe ich gelernt: Wenn du weißt, dass ein
Achttausender schon einmal bestiegen worden ist, musst

du nicht mehr überprüfen, ob es geht, sondern nur noch herausfinden, dass du es auch willst und kannst. Heinz hatte alles ausprobiert und mir gezeigt, dass sich eine Sehnsucht erfüllen ließ. Im Gegensatz zu vielen anderen Stimmen in dieser Zeit hatte er mich ermutigt, es tatsächlich zu versuchen.

Doch nach dem Abend in der Klinik mit den erfolgreichen Vorbildern gab es auch andere Rückmeldungen von Patienten. Nicht alle waren so inspiriert wie ich, manche waren sogar etwas angepisst. »Wie die sich aufgespielt und in Szene gesetzt haben! Was glauben die wohl, wer sie sind. Und überhaupt, bei mir selbst ist das ganz anders – viel schwieriger. Das kann man nun wirklich nicht vergleichen.« Ich war geschockt. Wir waren auf der gleichen Schulung, zur selben Zeit am selben Ort. Und solch unterschiedliche Interpretationen? Warum war das so? Nach etwas Nachdenken war es schnell klar: **Ich suchte nach Gründen, warum etwas gehen könnte – und fand Antworten.** Sie suchten nach Gründen, warum es nicht gehen könne. Uns sie wollten nicht, dass ihre Ausreden aufgelöst wurden. Im Gegenteil: Griff etwas nach ihren Ausreden, waren sie sogar beleidigt. Mir sollte dieses Prinzip in Zukunft noch sehr häufig begegnen.

DIE WAHRHEIT HAT VIELE FACETTEN

Ich stand plötzlich vor unterschiedlichen Sichtweisen: der gutgemeinten, jedoch wenig inspirierenden meiner Familie und Freunde; der fachlichen Sichtweise der Mediziner, welche für jede Art von Beschwerde ein Medikament bereithielten. Sie waren professionell distanziert, um keinem Patienten zu viel Hoffnung zu machen und ihn anschließend vielleicht zu enttäuschen. Und den Sichtweisen von Heinz und den anderen Rollifahrern, die uns in der Klinik besucht hatten und die mir zeigten, dass es Alternativen gab. Für mich war die wichtige Frage: Welche Sichtweise muss ich einnehmen, damit mein Unfall zur Inspiration wird und ich meinem Ziel, irgendwann einmal ein Beispiel geben zu können, näherkam?

Es ging dabei nicht darum, welche Perspektive die richtige war. Es war völlig unwichtig, ob jemand Recht hatte oder nicht. Meine Eltern, meine Freunde, das Pflegepersonal oder Heinz – jeder hatte seine eigene Sicht der Dinge. Das wurde mir immer klarer. In solchen Fällen geht es nicht um richtig oder falsch oder gut oder schlecht. Für mich war einzig und allein wichtig, was mich blockierte und was mich weiterbrachte. Was mich blockierte, war für mich nutzlos, was mich weiterbrachte, hilfreich.

Jeder Blickwinkel hat zunächst einmal seine Berechtigung. Jeder Mensch hat durch seine Prägung oder vielleicht durch seine Lebensumstände eine eigene Sicht auf die Dinge. Und er hat auch ein Recht darauf. Und er hat ein Recht, darauf aufmerksam gemacht zu werden, dass es noch andere Sichtweisen außer seiner gibt.

Wichtig dabei ist, dass wir begreifen, dass das, was wir sehen, selten die ganze Wahrheit darstellt, sondern meist nur einen Ausschnitt daraus. Meine Familie hat meine Situation vor dem Hintergrund ihrer Einschätzung gesehen, die der für sie tragische Verlust ihres nichtbehinderten Sohnes, Bruders oder Enkels ausgelöst hat, die Ärzte und Therapeuten vielleicht vor dem Hintergrund ihrer Routine, die sie mit Schwerstbehinderten hatten. Manch einer hat sich vielleicht in mir als die Personifizierung seines größten Alptraums gespiegelt. Jeder vor seinem Hintergrund.

Es geht nicht darum, dass einer Recht hat und der andere nicht. **Es geht darum, dass jeder vor seinem Hinter-**

grund Recht hat. Untrainiert sieht jeder nur einen Ausschnitt (*sein* Leben), den er aber gerne einmal mit dem Ganzen verwechselt (*das* Leben). Ob das Gesagte dann Gültigkeit für mich persönlich hat, muss ich immer vor meinem Hintergrund und im Hinblick auf meine Ziele selbst entscheiden. Recht haben wollen bedeutet nichts anderes, als dass ich mir Bestätigung von außen suche. Das heißt, ich erkläre meinen Ausschnitt für das Ganze und versuche andere, die vielleicht eine andere Sichtweise vor ihrem Hintergrund haben, davon zu überzeugen, dass meine Sichtweise die richtige ist.

Wenn jedem bewusst wäre, dass das, was er wahrnimmt, zunächst nur ein Teil des Ganzen ist, würde es vermutlich weniger Konflikte auf dieser Welt geben. Denn um klarer zu sehen, braucht es weitere Ausschnitte. Wenn es mir also gelingt, mich von meinem Ausschnittsdenken als Rechtfertigungsfalle zu verabschieden, öffnet sich mein Horizont, und es entstehen neue Möglichkeiten und Chancen. Ich begreife mich dann als einen Bestandteil des Ganzen in dem Bewusstsein, dass es noch andere gibt, die wiederum ihren Teil zum Ganzen beitragen. Ich verschaffe mir einen Überblick, indem ich mir auch die Sichtweisen anderer unvoreingenommen anschaue.

WELCHE SICHTWEISE IST DIE STÄRKSTE?

In unseren Seminaren wird dieses Prinzip mit der »Glas-Flasche-Übung« verdeutlicht. Die Gruppe der Teilnehmer sitzt im Kreis. In der Mitte auf dem Boden stehen ein Glas und eine Flasche, etwa einen Meter voneinander entfernt. Nun beschreiben vier Personen, wie sie die Situation sehen. Je nach Perspektive gibt es große Unterschiede. Einer sagt:

»Die Flasche steht vor dem Glas.« Ein anderer: »Die Flasche steht hinter dem Glas.« Der Nächste: »Die Flasche steht links vom Glas.« Und der letzte Teilnehmer: »Die Flasche steht rechts vom Glas.«

Und wer hat Recht? Richtig, jeder! **Entscheidend ist nicht, was jemand sieht, sondern von wo er auf etwas blickt.** Jeder hat seine individuelle Sichtweise, die von der eigenen Position geprägt ist. Das ist der Punkt: Viele tauschen sich nur darüber aus, was sie sehen – und kämpfen dann hartnäckig um ihre Sicht der Dinge. Das ist nicht nur engstirnig, sondern auch noch dumm. Weil man sich dadurch selbst einschränkt und begrenzt, sich selbst einsperrt. Mit diesem Beispiel wird das schnell klar. Wessen Wahrnehmung wenig geübt ist, weiß nicht, wie sehr wir in jeder Lebenssituation nur einen Ausschnitt des Ganzen sehen. Was wir für das Ganze halten, ist nur ein Teil, der von uns und unserer geprägten Wahrnehmung gestaltet ist. Das ist mir wichtig, dass das klar wird.

Es gibt ein anschauliches Bild, das dieses Phänomen beschreibt: Wir Menschen laufen alle durch die gleiche Landschaft (*das* Leben). Aber jeder hat seine eigene Landkarte in der Hand, die im Lauf seines Lebens entstanden ist (*mein* Leben). Auf diesem Plan sind die Punkte markiert, die uns am meisten beeindruckt haben und mit denen wir versuchen, uns in der Landschaft des Lebens zu orientieren – wir schließen von *unserem* Leben auf *das* Leben. Wir können allerdings nie davon ausgehen, dass Partnerin, Kollege oder Chef dieselbe Landkarte benutzen – obwohl sich wohl jeder sehnlichst wünscht, dass jemand seine Landkarte versteht. Doch keine Landkarte ist identisch mit der anderen. Die Landschaft ist immer die gleiche (*das* Leben), nur die Orientierungspunkte sind unterschiedlich. Die Gesamtheit aller Orientierungspunkte auf allen Landkarten ergibt im Idealfall die Landschaft (*das* Leben). Und je genauer wir unsere Karte

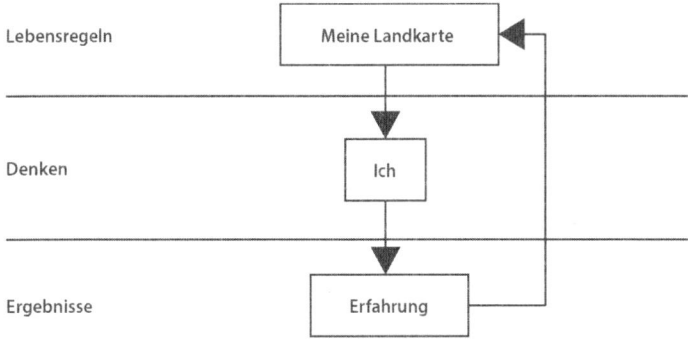

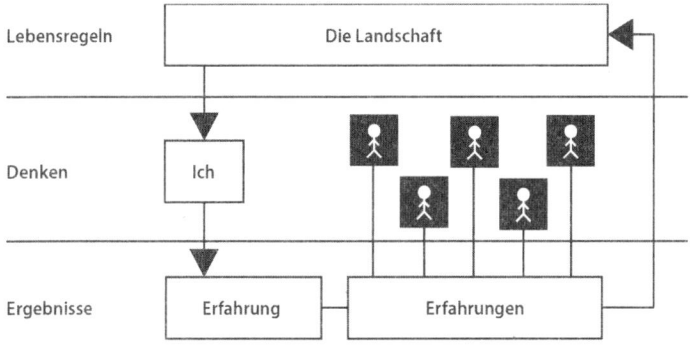

mit der von anderen Menschen abgleichen, umso größer wird der Überblick über die gesamte Landschaft. Und umso genauer wird unsere Landkarte.

Bleibe ich offen und lerne ich permanent weiter, indem ich verstehe, ohne einverstanden sein zu müssen, werden mir die tieferen Lebensprinzipien immer klarer. Ich lerne von anderen und mir selbst. Ich bewerte meine Erfahrungen nicht über, sondern kann sie im Rahmen der allgemeinen Lebensprinzipien sehr gut einordnen. Ich nehme mich nicht zu wichtig, aber auch nicht zu unwichtig. Ich sehe mich als Welle in einem Ozean: Diese Welle ist besonders, weil einzigartig. Doch sie ist auch im Rahmen des gesamten Ozeans ein Nichts: bedeutend und unbedeutend, beides gleichzeitig. Nicht Entweder-oder, sondern Sowohl-als-auch. Je klarer ich die gesamte Landschaft sehe, desto schärfer ist mein Blick. Ich habe den Durchblick, dringe geistig vor zum Wesentlichen, zum Kern. Ich sehe die Einfachheit jenseits der Komplexität. Sehe, worum es in der Tiefe geht. Meine Entscheidungen werden besser und damit auch meine Ergebnisse – und zwar um vieles besser, als ich je gedacht habe.

Wer sich im Lauf des Lebens zu viel mit seiner eigenen Landkarte beschäftigt und sie zu ernst nimmt, kreist immer mehr um sich und seine Sicht auf die Welt. Bei solch ungeübten Perspektivwechslern schlägt die Egozentrik zu: Wissenschaftler halten Spiritualität für geistiges Opium. Chirurgen operieren zu oft. Psychologen erkennen in allem Therapiebedarf. Esoteriker wollen Krebszellen nur mit Auspendeln gesunden lassen. Pfarrer finden nur das Falsche an anderen Religionen. Singles sehen, wie viele Ehen vor die Hunde gehen. Arme erfahren, wie sehr Geld den Charakter verdirbt. Verlierer freuen sich, wenn ein Gewinner eins vor den Latz kriegt. Erfolgssüchtige schauen überheblich auf Menschen, welche nur in Ruhe ein einfaches Leben leben wollen. **Die Sicht auf die Welt wird zur Selbstbestätigungs-**

falle. Oder kurz: Wenn einer nur einen Hammer hat, sieht alles nach einem Nagel aus.

Zurück zur Übung mit der Flasche und dem Glas: Wenn die Teilnehmer die Erfahrung gemacht haben, dass es unterschiedliche Sichtweisen gibt, die den gleichen Sachverhalt beschreiben, geht es darum, welches die richtige und damit beste Perspektive ist. Da aber jeder Recht hat, gibt es diese nicht – kann es sie gar nicht geben! Wir stecken fest, in einer geistigen Sackgasse. So kommen wir nicht weiter.

Deshalb bedarf es einer Fragestellung, die zur Erkenntnis der besten Perspektive führt. Zum Beispiel: Welches ist die beste Sichtweise für einen Linkshänder, damit er mit möglichst wenig Aufwand Wasser aus der Flasche in das Glas gießen kann? Anhand dieser Frage werden die Sichtweisen durchgegangen – und schnell ist die Antwort klar: Wenn die Flasche links vom Glas steht. Also nehme ich bei dieser Fragestellung diese Sichtweise ein. Resultat ist: Alle genannten Sichtweisen haben ihre Richtigkeit, aber nur eine ist im Kontext der Frage sinnvoll.

Das bedeutet: Erstens ist nicht entscheidend, was ich sehe, sondern von wo ich auf eine bestimmte Sache schaue. Zweitens ist die Qualität der Fragestellung entscheidend für die kraftvollste (nicht richtige) Sichtweise in den jeweiligen Zusammenhang! Das ist die Kraft des Perspektivwechsels, Power pur! Und deswegen hat Oscar Wilde gesagt: »Fragen sind immer der Mühe wert. Antworten nicht immer.« Und dann wird klar: **Die Qualität unserer Fragen ist die Qualität, uns selbst und andere zu führen.**

In meiner Kliniksituation hieß das für mich, die Sicht meiner Freunde, der Familie und der Ärzte zur Kenntnis zu nehmen. Ich musste lernen, so wenig wie möglich persönlich zu nehmen. Denn jeder hatte seine Gründe, meine Situation auf seine Weise zu sehen. Keine der Sichtweisen beschrieb damals die absolute Wahrheit. Wenn Menschen mit wenig

Übung im Perspektivwechsel etwas sagten, beschrieben sie vor allem mehr sich selbst als die Situation.

Daraus folgte: Ich musste meine eigene Sichtweise aus meiner Perspektive entwickeln, mich abgrenzen, diese Uneinigkeit mit meiner Familie aushalten und meinen eigenen Weg gehen. Ich musste verstehen – Verständnis entwickeln –, dass jeder, der eine Meinung zu meiner Situation hatte, seine eigene Perspektive aus seiner eigenen Geschichte heraus hatte. Aber diese Geschichte war nicht meine Geschichte, und die Perspektive konnte, ja, durfte nicht meine sein. Denn sonst würde sie vielleicht für mich wahr werden. Und deshalb denke ich oft daran, wie viele Menschen wohl ein Leben leben, welches sich andere für sie ausgedacht haben. Dafür braucht es keine Behinderung!

TRENNENDES UND VERBINDENDES

In jeder menschlichen Verbindung, in jeder Beziehung, in jeder Partnerschaft gibt es Trennendes und Verbindendes. Wenn ich in der Hotellobby jemand neu kennen lerne, dann gibt es Dinge, die meine neue Bekanntschaft mir sagt und die ich teile, und andere Dinge, die mit meiner Meinung vielleicht nicht übereinstimmen. Das meine ich mit »differenziertem Wahrnehmen«. Undifferenziert wäre, wenn ich jemand generell »ganz toll« oder »fürchterlich« finde. All die anderen Seiten dieser Person könnte ich dann gar nicht mehr wahrnehmen. Doch wir haben alle mehrere Seiten, die nicht immer ohne Widersprüche sind und trotzdem ihre Daseinsberechtigung haben. Es ist sehr hilfreich, diese differenziert zu betrachten.

Steve Jobs beispielsweise war ein Visionär, der die Welt mit seinen Produkten verändert hat, sicher ein Genie. Doch er galt als cholerischer Mensch, der seine Mitarbeiter zur

Erreichung seiner Ziele stark unter Druck setzte. Helmut Kohl war ein exzellenter Politiker mit der Vision der Deutschen Einheit und der Europäischen Union. Und was über sein Familienleben bekannt wurde, ist alles andere als vorbildlich.

Diese Reihe könnte man unendlich weiterführen. Keine dieser Figuren ist nur schrecklich und schwierig oder toll und angenehm. Sie alle haben auch noch andere Aspekte; Ein Choleriker ist nie *immer* cholerisch – er ist *auch* cholerisch. Ein Lügner lügt nicht immer – er ist auch ein Lügner. Stille Wasser sind nicht immer tief – sie sind manchmal einfach nur flach. Der schlimmste Krieg hat, zeitversetzt, vielleicht positive Folgen. Was heute so aussieht, kann morgen schon ganz anders aussehen: **Heute wird jemandem ein Denkmal gesetzt, und morgen wird es wieder eingerissen.** Heute wird jemand verteufelt, und morgen hat sein Wirken uns weitergeholfen. Wer seine Wahrnehmung im Perspektivwechsel schult, wird von solchen kollektiven Wahrnehmungsschwankungen nicht so sehr überrascht werden.

Jedes Mal, wenn in unseren Gedanken auftaucht: »Das ist so und nicht anders! Die ist schlau! Der ist dumm! Jener ist arrogant!«, wenn wir also Personen oder Situationen ein allumfassendes Etikett aufkleben, sollten wir uns fragen: Was haben wir genau wann gesehen oder gehört, welches ist der Zusammenhang, in dem wir die betreffende Person erlebt haben, was hat uns zu diesem Urteil veranlasst? Es ist nämlich ein Urteil! Dahinter steckt immer: Was eine bestimmte Person getan hat, gefällt mir oder gefällt mir eben nicht. Heraus kommt dabei allerdings: Diejenige gefällt mir, oder der gefällt mir nicht. Das ist dann Eins-null-Denken in seiner reinsten Form.

Menschen und Situationen sind aber viel komplexer, als uns diese Vereinfachung vorgaukelt. Ein Autofahrer, der mir auf der Autobahn von hinten mit seinem 500-PS-Boliden den Blinker setzt, weil er mich überholen möchte, muss nicht der rücksichtslose Idiot sein, der mir durch mein Stammhirn suggeriert wird. Vielleicht isst er ja gar keine kleinen Kinder zum Frühstück, sondern ist ein sehr einfühlsamer Familienvater. Er mag rücksichtslos erscheinen, ist vielleicht aber ein sehr kreativer Mensch, der sein Team hervorragend führt, es aber gerade furchtbar eilig hat und deshalb etwas tut, was mir nicht gefällt. Es nützt weder ihm, noch ändert es die Situation, noch verbessert es meine Gefühlslage, wenn ich ihn pauschal als rücksichtslosen Idioten bezeichne – und sei es auch nur in Gedanken. Die Frage, die ich mir in solchen Situationen stellen muss, lautet: Ist meine Aufregung hilfreich, oder behindert sie mich?

Was ich beobachtet habe: Manchmal scheint es Menschen einfach gutzutun, sich aufzuregen. Es scheint ihnen Energie zu geben, weil vielleicht Adrenalin ausgeschüttet wird. Es geht dabei gar nicht um die anderen, sondern um einen energiereicheren Zustand. **Ärger als Wachmacher.**

Was passiert etwa, wenn wir einen angetrunkenen Fußballfan im Stadion erleben, der neben uns völlig ausflippt, weil seine Mannschaft nicht die gewünschte Leistung zeigt. In seinem durchgeschwitzten Trikot mit dem Schal mit den Farben seiner Mannschaft brüllt er abfällige Kommentare in Richtung Spielfeld, er pöbelt den Schiedsrichter an, vielleicht die Fans der gegnerischen Mannschaft und und und. Wir bilden uns eine Meinung: Der Mann ist ein Prolet. Vielleicht begegnen wir der gleichen Person ein paar Wochen später im Theaterfoyer vor einer Opernpremiere frisch frisiert im dunklen Anzug mit einem Sektglas in der Hand. Und dann? Kommen wir mit der Meinung, die wir uns gebildet haben, weiter, oder hemmt sie uns, mit dem Mann ein Gespräch anzufangen?

STRESS MACHT UNSERE LINSE ENG

Hans Seyle, ein ungarisch-kanadischer, Mediziner, Bioche-
miker und Hormonforscher, hat das Wort »Stress« erfunden.
Er benannte Stress als »Würze des Lebens«. Somit ist der
Begriff erst einmal neutral. Und mit »Eustress« wird Stress
bezeichnet, welcher uns guttut: Unsere Zellen reagieren auf
diese Belastung positiv. Mit »Disstress« werden Belastungen
bezeichnet, die krankmachen. Der Volksmund meint mit
Stress im Allgemeinen Disstress. Stressoren bezeichnen
dabei die äußeren oder inneren Faktoren, welche Stress
auslösen. So gibt es bestimmte Reize oder Gifte, welche
grundsätzlich Disstress auslösen. Und körperliche Belastung
ist unter gewissen Aspekten mal Eustress und unter anderen
mal Disstress. Das gilt natürlich ebenso für mentale Belastungen. Stressempfinden ist natürlich eine sehr subjektive
Sache.

Mit ziemlicher Sicherheit kommt in solchen Situationen
der Steinzeitmensch in uns mit seinem Steinzeitgehirn ins
Spiel. Er musste in Gefahrensituationen rasch entscheiden,
ob er es mit einem Freund oder einem Feind zu tun hatte,
um die entsprechenden Maßnahmen zu ergreifen. Deshalb
sollten wir beobachten, wie wir heute in Disstress-Situatio-
nen geraten: Wann erleben wir Momente subjektiv als Gefahrensituationen? Wie kommt es dazu? Was bedroht uns
genau? Und möchten wir das in Zukunft ändern?

Denn das Erleben von Stress kann »wach« machen –
auch eine Strategie. Das kann sogar eine Art Sucht sein, eine
Gewohnheit. Bei kurzfristigem Stress geschieht das durch
die Hormone Adrenalin und Noradrenalin, bei längerfristi-
gem durch Cortisol. So kann uns psychischer Druck zunächst
wach und einsatzbereit für Flucht oder Kampf machen, und
im Lauf der Zeit macht er uns krank. Deswegen wäre Energie ohne Stresshormone vielleicht eine klügere, weil gesün-

dere Strategie. Dazu gehört unter anderem, dass wir möglichst nah bei uns bleiben und möglichst wenig Bestätigung von außen erwarten. Denn **nicht erfüllte Erwartungen sind einer der größten Stressoren schlechthin.**

Die Möglichkeiten, die das Steinzeitgehirn in Gefahrensituationen hatte, waren Flucht, Angriff und Totstellen. Damals waren diese Situationen sehr klar und direkt. Heute sind diese Reaktionsmuster tiefer in uns versteckt und überlagert. Deswegen lohnt es sich, sie zu beobachten und kennen zu lernen. Sie kommen öfter vor als gedacht, bei uns und anderen. Doch keine der drei Varianten, übersetzt in die Neuzeit, sind geeignet, wirklich schwierige Situationen gut zu meistern. In unwichtigen Momenten – wenn uns jemand den Parkplatz vor der Nase wegschnappt – ist das vielleicht egal. Beim Abschlussgespräch für ein Großprojekt vermutlich nicht. Deshalb sollten wir immer wieder schauen, dass wir unser Steinzeitgehirn in den Griff kriegen.

Unser Gehirn liebt es einfach und macht es sich auch einfach – selbst wenn die Welt viel komplexer ist. Doch so praktisch diese Neuro-Sparmaßnahme sein mag, so gefährlich ist sie. Sie führt entweder zur Überidealisierung von Menschen oder zur Pauschalverurteilung – gut oder schlecht, nichts dazwischen. Konrad Adenauer forderte, die Realität – das Dazwischen – zu akzeptieren: »Nehmen Sie die Menschen, wie sie sind. Es gibt keine anderen.« Wohlgemerkt: »wie sie sind«, nicht wie wir sie gerne hätten.

Die Frage ist: Wie können wir unseren Horizont erweitern, um dieser Vereinfachungsfalle zu entgehen? Die Antwort: Indem wir mindestens zwei Blickwinkel einnehmen. Wir müssen uns nicht nur fragen »Was sehe ich?«, sondern ebenfalls »Von wo schaue ich und andere gerade auf die Situation?«. Diese Übung ist sehr erhellend und hilft, Argumente und Blickwinkel von Menschen verstehen zu lernen. Dass wir etwa, wenn wir einen Konflikt austragen, nicht nur den Vorwurf des anderen hören, sondern auch, von wo aus er etwas beurteilt. Das schafft Klarheit – und die sorgt in der Regel für bessere Entscheidungen.

Jack Welch war lange Jahre Chef von General Electric. Sehr erfolgreich, sehr umstritten. Er wurde 1999 vom Wirtschaftsmagazin *Fortune* zum »Manager des Jahrhunderts« gekürt. Er bezeichnet die wichtigste Eigenschaft einer Führungspersönlichkeit als »Realitätsprinzip« – die Fähigkeit, die Welt so zu sehen, wie sie wirklich ist, und nicht so, wie man sie gerne hätte. Peter Drucker nannte das »intellektuelle Ehrlichkeit«. Beiden geht es um den Kampf, die Realität zu erkennen. Erfolgreich bestanden, führt er meist zum stärksten Blickwinkel für griffige Entscheidungen.

Also: Ist der Mensch von Natur aus stark oder schwach, gut oder schlecht, lieb oder böse? Meine Antwort: Er ist beides. Natürlich hat jeder Mensch unterschiedliche Anlagen. In jedem stecken Wahrheit und Lüge, Stärke und Schwäche, Gutes und Schlechtes. Doch so wahr das ist, so schwierig ist es auch, dieses »Viele im Menschen« bei sich und anderen auszuhalten. Je mehr wir diese Stärken in uns entdecken, umso besser können wir sie anderen weitergeben. Eine riesige, lebenslange Aufgabe. Eine mit so viel Sinn, dass schon von Lebenssinn gesprochen werden kann. So geht es mir auf jedenfall.

Dazu passt eine Geschichte, die ich kürzlich gelesen habe: Ein Indianerjunge geht zum Ältesten im Dorf und bittet ihn um ein Gespräch. »Ältester, ich bin verwirrt, bitte hilf mir. Beim Spielen im Wald mit den anderen ist mir Folgendes aufgefallen: Manches Mal möchte ich meine Mitspieler vor lauter Freude umarmen und nicht mehr loslassen. Und manches Mal würde ich ihnen am liebsten den Kopf abreißen.« Der Älteste antwortete ihm: »Mein Sohn, deine Beobachtung ist klug, deine Bitte um Unterrichtung ist weise. In jedem von uns tobt ein Kampf zwischen zwei Wölfen: Der eine Wolf ist böse. Er kämpft mit Ärger, Neid, Eifersucht, Angst, Sorgen, Gier, Arroganz, Selbstmitleid, Lügen, Überheblichkeit, Egoismus und Missgunst. Der andere Wolf ist gut. Er kämpft mit Liebe, Freude, Frieden, Hoffnung, Gelassenheit, Güte, Mitgefühl, Großzügigkeit, Dankbarkeit, Vertrauen und Wahrheit.« Der Sohn fragt: »Und welcher der beiden Wölfe gewinnt den Kampf?« Der Älteste antwortet ihm: »Der, den du fütterst.«

ANGST VOR PERSPEKTIVWECHSEL

Manchen macht es vielleicht Angst, eine andere Perspektive einzunehmen. Eine andere Sichtweise einnehmen und mich vielleicht darin verlieren? Nein, danke!

Es geht ja nicht darum, eine andere Perspektive einfach so zu übernehmen. Darin sind zwei Denkfallen verborgen. Die erste Falle: »Ich bin das, was ich sehe.« Unsere Sicht macht uns als Menschen aus – und wenn wir die verändern, würden wir ja unsere Identität aufgeben. Doch diese Sicht beruht genau genommen ja nur auf dem, was wir bisher wissen – eine echte Wachstumsbremse, die weit verbreitet ist. Die zweite Denkfalle heißt »auswechseln statt erweitern«. Hierbei würden wir nur unseren Ausschnitt durch einen anderen ersetzen und ihn erneut für das Ganze halten. Das würde uns zu Opportunisten machen.

Vielmehr geht es darum, zu verstehen, dass es andere Sichtweisen als unsere eigenen geben kann und gibt. Es geht darum, die anderen Perspektiven kennen zu lernen und sich somit einen Überblick mit mehreren Blickwinkeln zu verschaffen. **So wird der eigene Horizont erweitert, und es zeigen sich Möglichkeiten.** Die gäbe es nicht, wenn wir nur unseren eigenen kleinen Ausschnitt betrachten und ihn womöglich für die absolute Wahrheit halten. Wenn wir uns andere Perspektiven anschauen und versuchen, die Hintergründe zu verstehen, heißt das noch lange nicht, dass wir damit einverstanden sind. Es kann sein, dass wir uns eines Besseren belehren lassen – aber es ist nicht die zwangsläufige Konsequenz, wenn wir uns den Blickwinkel eines anderen anschauen und uns davon inspirieren lassen.

Wer mit dem Wunsch nach Dominanz auf den Perspektivwechsel blickt, empfindet das Einnehmen anderer Sichtweisen als Schwäche. Das Gegenteil ist der Fall: Wir sind nicht schwach, wenn wir das tun, sondern wir machen uns immer stärker. Vielleicht ist das in diesem Moment nicht gleich sichtbar. Doch Schritt für Schritt wird unser Geist klarer und stärker, und zwar mit der Verbesserung der Ergebnisse. Verstehen und einverstanden sein mit anderen Perspektiven sind nicht zwangsläufig miteinander verknüpft. Doch in vielen Köpfen ist das der Fall und vermindert unsere Bereitschaft erheblich, andere Menschen mit ihren Blickwinkeln zu verstehen. Dadurch entgehen uns große Chancen, zu uns selbst zu finden und uns selbst zu verwirklichen.

ANGST VOR MANIPULATION

Manche Menschen haben vielleicht die Furcht, manipuliert zu werden, wenn sie sich andere Sichtweisen anschauen – vor allem, wenn sie den Wechsel der Perspektiven nicht freiwillig vornehmen, sondern dazu genötigt werden. Das kommt gar nicht so selten vor. An dieser Stelle ist es mir ganz wichtig, zwischen Manipulation und Beeinflussung zu unterscheiden.

»Manipulation« bedeutet sinngemäß »Handhabung«. Das Wort beinhaltet im Wortstamm das lateinische Wort

»manus« für »Hände«, und »manipulieren« heißt »hand-
haben, mit den Händen etwas bewegen, bewerkstelligen«.
Wenn jemand manipuliert wird, dann fällt mir das Bild vom
Puppenspieler ein, der seine Marionette, die kein Eigenleben
hat, an den Fäden bewegt: Er hält im wahrsten Sinn des
Wortes die Fäden in der Hand. Manipulation bedeutet in
meinem Verständnis, jemanden dazu zu bringen, das zu tun,
was ein anderer will, ohne dass dieser die Karten auf den
Tisch legt. Das heißt, ich werde bewusst dazu gebracht,
etwas zu tun, was dem Manipulator Vorteile und mir eventuell Nachteile bringt, die ich nicht kenne, weil sie mir ver-
heimlicht werden. Manipulation verschleiert die wahren
Motive und fördert Abhängigkeit.

Jemanden beeinflussen bedeutet dagegen, das ich jemandem nachvollziehbare Impulse gebe. Die Motive sind
offen und transparent. Das Ziel ist gegenseitige Beeinflussung, damit jeder der Beste wird, der er sein kann. Wir
profitieren gegenseitig und inspirieren uns zum Erreichen
großer Ziele. **Beeinflussung legt die wahren Motive offen
und fördert Unabhängigkeit.**

Beeinflussung findet im Übrigen überall statt. Nach
Paul Watzlawick lässt sich wohl behaupten: Man kann nicht
nicht beeinflusst werden. Und man kann nicht nicht beeinflussen, wenn man sich selbst zum Ausdruck bringt.
Beeinflussung von Menschen – das Einwirken auf Denken,
Fühlen oder Verhalten anderer – ist etwas sehr Alltägliches,
Normales, was an jeder Ecke unseres Lebens stattfindet.
Was wir tun können, ist, dass wir bewusst entscheiden,
von wem oder was wir uns beeinflussen lassen oder nicht –
indem wir ganz bewusst entscheiden, mit welchen Menschen, Büchern, Filmen et cetera wir uns umgeben, die uns
voranbringen können.

Leichtgläubige Menschen, die Unterlegenheitsgefühle
und mangelndes Selbstvertrauen haben oder die ängstlich

sind, neigen dazu, manipulierbar zu sein, weil sie die Meinung und die Perspektive von anderen schneller übernehmen. Sie füllen ihr inneres Vakuum mit den Ansichten und Sichtweisen anderer. Doch die gefühlte Stärke durch den Perspektivwechsel ist äußerst kurzlebig. Deswegen muss regelmäßig eine warme Glaubensdusche her. So mancher Seminarjunkie und Besucher von großen Motivationsveranstaltungen gehört zu diesem Kreis von Menschen.

Deshalb ist es wichtig, sich die unterschiedlichen individuellen Perspektiven anzuschauen und zu prüfen, bevor man sich eine eigene Meinung bildet. Alles andere wäre fremdbestimmt. Wenn ich mir bewusst bin, dass es unterschiedliche Perspektiven gibt, von denen keine wahr oder falsch ist, die alle ihre Berechtigung haben, einschließlich meiner Sichtweise, dann brauche ich keine Angst zu haben, manipuliert zu werden. Die nützlichen Einflüsse habe ich aus meiner Umgebung aufgenommen und wende sie für mich an – ein toller Filter gegen Manipulatoren! Denn diese leben davon, dass man ihre Sichtweisen annimmt. Dafür kämpfen sie, das machen sie zur Bedingung nach dem Motto: »Wer nicht für mich ist, ist gegen mich.« Und daran erkennen wir sie.

Der amerikanische Psychiater Milton H. Erickson, ein Experte der Kommunikation und Begründer der modernen Hypnotherapie, hat dazu einmal in einem Interview gesagt: »Man hat mir vorgeworfen, Menschen zu manipulieren, worauf ich antworte: Jede Mutter manipuliert ihr Baby, wenn sie möchte, dass es überlebt. Und jedes Mal, wenn du einkaufen gehst, manipulierst du den Angestellten, deinen Anweisungen zu folgen. Und wenn du ins Restaurant gehst, manipulierst du den Kellner. Und der Lehrer in der Schule manipulierte dich, damit du lesen und schreiben lerntest. Das Leben ist eine einzige große Manipulation.«

UNSER DENKEN PRÄGT DEN EIGENEN AUSSCHNITT

Was uns innerlich beschäftigt, nehmen wir außerhalb von uns wahr, das ist inzwischen weitläufig bekannt: Fühlen wir uns alleine, fällt uns das knutschende Pärchen auf der Parkbank besonders ins Auge. Wenn wir ausgehungert einkaufen, sieht der Einkaufswagen danach anders aus, als wenn wir gesättigt in den Supermarkt gehen. Wenn wir mit der Neuanschaffung eines Autos liebäugeln und die Modelle, die in Frage kommen, bereits eingegrenzt haben, sehen wir auf der Straße besonders oft genau diesen Autotyp. Was ist passiert? Wir haben uns unbewusst fokussiert. Und da unsere Wahrnehmung begrenzt ist, nehmen wir die anderen Marken weniger wahr. Doch objektiv betrachtet hat sich die Mischung von Autos im Straßenverkehr nicht verändert – allein unsere Sichtweise ist eine andere geworden. Schön, wer diese Anfängerübung des Bewusstseins schon kann. Nicht kennt, sondern kann.

Eine Gleichstellungsbeauftragte sieht die gleichen Sachverhalte meistens anders als ein Controller oder als ein Vertriebsexperte – jeder aus seinem Blickwinkel, mit seiner Optik. Das können völlig wertneutrale Sichtweisen sein, die sich ergänzen. Tierschützer sehen die gleichen Mastbetriebe mit anderen Augen (und Gefühlen), als dies Investoren tun. Das Wirtschaftsministerium hat andere Sichtweisen als das Umweltministerium. Wichtig ist, den Hintergrund und den Kontext zu erkennen, um eine andere Perspektive einordnen zu können. Aber wir müssen sie zuerst kennen lernen, bevor wir sie in unser System einsortieren können – auch wenn sie vielleicht unangenehm ist.

Wenn mein Chef der Geschäftsleitung meine Ideen als seine präsentiert, werde ich mich wohl über diese Ungerechtigkeit ärgern. Und jeder würde das verstehen. Die

Frage ist: Was bringt es mir? Soll ich den Vorfall runter-schlucken oder ihn deswegen angehen? Flucht oder An-griff? Ich könnte mir das Ganze auch von einer anderen Warte aus anschauen und mir sagen: Ich bin wertvoll für meinen Chef. Bis zur nächsten Gehaltsverhandlung werde ich dafür sorgen, dass dies möglichst smart und ohne Vor-würfe in sein Bewusstsein dringt. Und dann werde ich das in der Verhandlung nutzen. Oder ich sorge bei passender Gelegenheit dafür, dass die Geschäftsleitung erkennt, woher die Ideen kommen – und das tue ich souverän und vor-wurfsfrei. In diesem Fall ziehe ich Inspiration für eigenes Handeln aus dem ärgerlichen Vorfall und nutze ihn für meine Ziele. Und nebenbei kann ich sogar überlegen, wann ich es bin, der Dinge von anderen übernimmt und als die eigenen darstellt.

VORBILDER HELFEN WEITER

Jemand, der eine kraftvolle Perspektive für eine bestimmte Fragestellung hat, kann ein Vorbild für uns sein – wie Heinz es zu meiner Klinikzeit war. Vorbilder sind wichtig für uns, auch wenn sie in vielen Kreisen verpönt sind, weil sich der-jenige, der sie sich sucht, als vermeintlich bedürftig und schwach zeigt.

Das habe ich oft bei mir selbst erlebt. Ich habe mich zurückgenommen und gelernt – und andere fühlten sich mir deswegen überlegen. Sie glaubten, mich dominieren und für ihre Zwecke einspannen zu können. Hinzu kam, dass ich im Rollstuhl sitze, was bei manchen wohl das Überlegenheits-gefühl verstärkte. Doch kleinmachen heißt nicht klein sein. Im Lauf der Zeit habe ich viele überholt und weit hinter mir gelassen. **Mein Motto »Klappe halten, leiden, wachsen« hat bestens funktioniert.**

Erniedrigungen wegzustecken, das ist nicht spurlos an mir vorbeigegangen, das muss ich an dieser Stelle ebenfalls klar sagen. Mitunter tat es sehr weh. Zwar sind die Wunden verheilt, doch die Narben sind noch da. So manches Mal wollte ich früher die Krallen ausfahren und zuschlagen – das Potential hätte ich gehabt –, aber ich habe es nicht getan. Ich weiß, das liest sich jetzt alles andere als souverän. Doch im Leben ist nicht alles Zuckerschlecken. Mit der Zeit heilten meine besser werdenden Ergebnisse die Wunden meiner gefühlten Erniedrigungen, und ich versöhnte mich mit meinem Weg.

Ist es nicht immer wieder erstaunlich, wie Kinder ihre Eltern imitieren? Beim Sprechen den Dialekt und die Redensarten und beim Spielen das wiederholen, was sie bei Erwachsenen gesehen haben? Sie nehmen sich Vorbilder, um von ihnen zu lernen und sich zu entwickeln. Nachahmen ist die natürlichste und schnellste Art zu lernen. Und was machen wir als Erwachsene, wenn wir einmal begriffen haben, dass das Leben ein ständiger Lern- und Veränderungsprozess ist und wir ein Leben lang Lernende sind? Wir lernen durch Beobachtung, Reflexion und unsere Klugheit. Und auch wir nehmen uns Vorbilder – bewusst oder unbewusst – durch einfaches Nachmachen. Vielleicht imitieren wir die kreativen Ideen in Nachbars Garten? Oder den sauberen Schreibtisch eines Kollegen, der besonders gut strukturiert arbeitet? Oder die unterhaltsame Art, Witze zu erzählen, von einem Bekannten? Oder wir übernehmen ein Amt wie ein Freund, der sich sozial im Verein engagiert?

Wir ahmen – ob wir es wollen oder nicht – Menschen in unserer Umgebung häufiger nach, als uns lieb ist. Das ist ein unbewusster Prozess, den wir als Mitglieder einer sozialen Gruppe automatisch vollziehen. Cleverer ist es natürlich, bewusst damit umzugehen. Seit ich zum Beispiel mit meiner zweiten Frau zusammen bin, gehe ich klüger mit Zeit um.

Ich habe ihr Verhalten kopiert: Sie bereitet sich extrem früh auf Dinge vor – so auf die Art, schon kurz nach Ostern über die Weihnachtsgeschenke nachzudenken. So wollte und konnte ich es nicht halten. Aber ich merkte, wie sehr das Thema Zeit an mir riss und zerrte. Ich erinnerte mich an den Satz von Moshé Feldenkrais und wollte herausfinden, wie ich es mache. Mir wurde klar, dass ich mir durch Deadlines unbewusst Druck aufbaute und die Hormonausschüttung zur besseren Konzentration nutzte. Es war Zeit für eine Inventur. Und siehe da, es ging erneut um eine Reduktion der Dinge, die ich tat. Noch einmal mehr Brennglas und weniger Gießkanne. Ich hörte auf mit »schneller, höher, weiter« – und wechselte zu »flexibler, klarer, tiefer«. Das gab mir mehr Raum für rechtzeitige Planung. **Und siehe da, mein Umgang mit Zeit hat sich deutlich entspannt** – wozu auch viele talentierte und engagierte Menschen in meinem Umfeld beitragen, wofür ich sehr dankbar bin.

Unsere Umgebung beeinflusst uns. Wir übernehmen Verhalten und Gewohnheiten von den Menschen in unserem Umfeld. Teilweise übertragen sich Denken und Verhalten wie ein Virus von einem zum anderen – positiv wie negativ. Auch wir machen Blaupausen von dem, was wir in unserer Familie, in unserem Freundeskreis oder am Arbeitsplatz sehen und erleben, auch wenn wir vielleicht »darüberstehen« und es uns kindisch erscheint, Vorbilder zu haben. Wir wollen uns nicht eingestehen, dass wir so etwas nötig hätten. Die Gründe haben wir schon erläutert.

In der Pädagogik ist die Vorbildfunktion unumstritten ein ganz entscheidender Faktor für den Entwicklungsprozess von Kindern. Aber nicht nur in der Kindheit spielen Vorbilder eine entscheidende Rolle. Sie sind wichtig für unser gesamtes Leben. Und wir entwickeln uns stetig weiter und finden dank der Inspiration, die wir bei ihnen tanken, neue Motivation und Energie. Es gibt unterschiedliche Formate von Vorbildern. Mahatma Gandhi, John F. Kennedy, Martin Luther King wirken unerreichbar. Es gibt und gab in der Geschichte Menschen, die wahre Wunder vollbrachten und Massen bewegten. Ob Staatschef, Friedenskämpfer, Sportler, Popstar oder Genie – wir nehmen diese Idole, um uns an ihnen zu orientieren und unsere Wertvorstellungen zu prüfen, bewusst oder unbewusst. Die Frage ist: Inwiefern können diese Idole auch unsere Vorbilder sein?

Idole können uns etwas wie eine Leitplanke oder ein Geländer bieten. Sie zeigen uns, was möglich ist. Um ihnen direkt nachzueifern, sind ihre Ergebnisse jedoch zu weit weg von unseren Ergebnissen. Was kann ein Hobbyradfahrer vom vierfachen Tour-de-France-Sieger Chris Froome lernen? Er fuhr 2016 die 3 519 Kilometer mit einer Durchschnittsgeschwindigkeit von 39,6 Stundenkilometern, und das trotz der ganzen Bergetappen. Richard Branson nahm mit zweiundzwanzig Lebensjahren als Musikproduzent 1972 den unbekannten Mike Oldfield unter Vertrag. Dessen erste Platte *Tubular Bells* wurde fünf Millionen Mal verkauft – und das war der Grundstein für Bransons Erfolg als Unternehmer. Heute wird sein Vermögen auf 5 Milliarden Dollar geschätzt. Gegenüber solchen Überfliegern hat eher eine generelle Bewunderung als konkretes Vorbildlernen Sinn – die Ergebnisse dieser Menschen sind zu weit weg von uns.

Für die Umsetzung im Alltag empfehle ich die Orientierung an greifbareren Vorbildern, die uns vormachen, wie etwas gehen könnte. Vorbilder, welche die Ergebnisse produzieren, die wir gerne in unserem Leben hätten. Ich spreche bewusst von Vorbildern im Plural: Nur ein Vorbild zu haben und dieses blind zu imitieren, wäre tatsächlich naiv. Menschen können für uns Eigenschaften – beispielsweise Stärke, Optimismus, Warmherzigkeit – oder eine Fähigkeit – etwa mutiges Firmengründen, effizientes Arbeiten, konsequentes Entscheiden, zugewandtes Hinhören, immense

Konzentrationsfähigkeit – verkörpern, die auch wir gerne besäßen. Aber Vorbilder müssen nicht bekannt oder berühmt sein. Und vor allem müssen sie nicht perfekt sein! Denn kein Mensch ist makellos, und jedes Vorbild lebt in einem anderen Kontext und unter anderen Bedingungen, als wir selbst es tun. Und wenn jemand eine besondere Eigenschaft oder Fähigkeit verkörpert, heißt das noch lange nicht, dass er deswegen rundum alles richtig macht.

Übrigens müssen Vorbilder nicht unbedingt Menschen sein, die man mag. Manchmal können es auch Leute sein, auf die wir neidisch sind – Neid wäre hier eine Art Respekt vor besonderen Ergebnissen. Oder Menschen, von denen wir etwas lernen können – auch wenn wir manchmal als erste Reaktion genau diejenigen Eigenschaften verabscheuen, die sie so erfolgreich gemacht haben. Mir fällt etwa Dieter Bohlen ein, der nicht immer wie ein enormer Sympathieträger wirkt, aber aus sich eine Supermarke gemacht hat und gewiss auch ein exzellenter Musikproduzent ist. An ihm könnte man sich – trotz Antipathie – orientieren, wenn man lernen möchte, wie Positionierung einer Marke als Person funktioniert. Oder wie man durch Polarisierung Aufmerksamkeit erzeugt, denn das kann er.

Vorbilder zeigen: Was wir in unserem Leben noch für unmöglich halten, ist im wahren Leben längst Wirklichkeit. Wenn wir eine bestimmte Sache erreichen wollen, gibt es sicher jemanden, der genau das oder etwas Ähnliches schon einmal erlebt hat. Wir finden sie auch in unserer direkten Umgebung, bei Vorträgen, im Sportverein, im Schachklub – überall, wo man mit anderen Menschen in Kontakt kommt. Ob es sich um historische Personen oder Menschen der Gegenwart handelt, ist vollkommen egal. Hauptsache, sie faszinieren uns durch ihre Ergebnisse!

Manchmal muss man sich auch ein anderes Umfeld suchen, das besser zu den eigenen Lebenszielen passt, wenn man merkt, dass das eigene nicht inspirierend ist. Vieles von dem, was wir tagtäglich denken und tun und was wir zu sehen und zu hören bekommen, hält uns da fest, wo wir sind. Wenn man etwa gesünder leben will, ist es hilfreich, sich mit gesundheitsbewussten Menschen zu umgeben. Wenn man reicher werden möchte, sollte man in wohlhabenden Kreisen verkehren. Wer in einer Sportart etwas erreichen will, sollte sich in einem Verein anmelden, wo sein Sport höherklassig gespielt wird – und sollte mit Sportlern trainieren, die besser sind als man selbst. Das alles zieht einen hoch. Man könnte sich auch gezielt einen Mentor suchen, der bereits da ist, wo man hinwill, um ihm dann auf die Finger zu schauen. Und sich dessen Ausschnitt aus der Realität betrachten und dessen Denken und Handeln zu seinem eigenen machen.

Wichtig ist die Frage, wofür jemand Vorbild sein kann und wofür nicht? Heinz war für mich ein großes Vorbild und wirkte damals, als sei er mit sich und der Welt vollkommen im Reinen. Also machte ich ihn zu meinem Idol in allen Lebensbereichen. Aber: Nobody is perfect! Auch das sollte ich bald lernen. Heinz erzählte mir einmal davon, wie er auf einem Parkplatz, als er gerade dabei war, sich aus dem Rollstuhl in sein Auto zu hieven, von zwei attraktiven Frauen angesprochen wurde. Sie fragten ihn besorgt, ob sie ihm helfen könnten. »Ja klar, könnt ihr mir einen blasen?«, war seine brüske Antwort. Er lachte schallend, als er mir diese Episode erzählte. **In dem Moment lernte ich, dass es keine perfekten Vorbilder gibt.** Aber vor allem verstand ich, dass man sich immer nur eine Leitfigur für einen bestimmten Bereich suchen sollte. Was diesen Umgang mit den hilfsbereiten Frauen anging, war Heinz kein Vorbild für mich. Definitiv nicht!

Ein Vorbild zählt immer nur auf den Gebieten, wo es mir wichtig ist. Andere Bereiche müssen mich nicht unbedingt interessieren, oder ich nehme sie einfach in Kauf, wenn sie mir nicht gefallen. Und je weniger ich mein Vorbild in den Himmel hebe und mir differenziert einen Ausschnitt vornehme, desto besser wird es mir gelingen, mich an ihm zu orientieren und inspirieren zu lassen. Aber wenn ich mein Vorbild idealisiere, muss ich mich zwangsläufig von ihm abwenden – und zwar genauso total, wie ich mich ihm zugewandt hatte –, wenn mir irgendwann etwas an ihm missfällt. Deswegen suche und wünsche ich mir keine perfekten Vorbilder. Natürlich weiß ich, wie sehr wir uns perfekte Vorbilder wünschen, die genau das verkörpern, was im eigenen Leben nicht möglich ist. Ich halte das nicht für klug.

Denn was macht der Wahn nach Perfektion mit unseren Vorbildern? Auch sie können scheitern, so viel ist klar. Die Folge: Sie heucheln uns Perfektion vor, weil wir es gerne so haben wollen. Sie versuchen, unseren Ansprüchen gerecht zu werden, damit wir sie verehren. Obwohl sie selbst keine Heiligen sind, spielen sie das Theater des Ideals. Das ist der Deal: Stille meine Sehnsucht, und ich himmle dich an! Wenn sich plötzlich die Schattenseiten dieser Supermenschen offenbaren, sind wir enttäuscht und voller Anklage. So errang Superradler Lance Armstrong seine Siege mit Hilfe von Doping. Obersaubermann Karl-Theodor zu Guttenberg hatte seine Doktorarbeit frisiert. Fußballchef Uli Hoeneß wurde zum Chefangeklagten. An diesem Druck zur Perfektion zerbrechen Prominente ebenso wie weniger bekannte Menschen. Das Tragische daran: Wir steinigen unsere gefallenen Helden und bemerken nicht, dass wir sie für unseren eigenen Mangel strafen.

Ich kann beispielsweise bei Uli Hoeneß die Qualitäten als Sportmanager immer noch ausgezeichnet finden, obwohl ich seine Steuerhinterziehung nicht billige. Und ich kann sie mir als Best Practice anschauen und bin nicht gezwungen, ebenfalls Steuern zu hinterziehen. Das eine bedingt das andere nicht. Natürlich erschrak auch ich erst einmal, als ich davon hörte – denn die Medien hatten die Geschichte entsprechend aufgebauscht und waren vom jahrelangen Bewunderungsmodus unmittelbar in den Verabscheuungsmodus umgeschwenkt. Sich dem zu entziehen, war nicht einfach. Hier schlug also wieder einmal das Eins-null-Denken zu, von dem wir uns distanzieren müssen, wenn wir weiterkommen wollen. Auch da gilt es, sich seine eigene, differenzierte Perspektive zu erlauben und dadurch sich seine eigene Meinung zu bilden. Und diese Meinung sagt dann vielleicht mehr über uns selbst aus als über Uli Hoeneß oder Karl-Theodor zu Guttenberg oder Lance Armstrong.

REIZ – PAUSE – REAKTION

Hilfreich ist, wenn man nicht den Anspruch an sich selbst hat, dass man jede Information und jeden Reiz sofort verarbeiten oder darauf reagieren muss. Das ist leider bei viel zu vielen Menschen der Fall. **Manchmal ist es eher sinnvoll, zwischen Reiz und Reaktion eine gewisse Zeit verstreichen zu lassen.** Die Information quasi auf den Parkplatz stellen, auch wenn sie wehtut und vielleicht nach einer sofortigen Reaktion ruft. Je weniger ich immer und sofort reagieren muss, weil ich mich gezwungen sehe, mich zu rechtfertigen oder Stellung zu beziehen oder gleich zu handeln, desto größer wird das Maß an Freiheit, mit dem ich lebe. Viele Menschen sind aber fast dazu gezwungen, immer und sofort zu reagieren – sie sind nicht frei.

Ein Gedankenexperiment: Eine Person wacht morgens auf und greift zur Flasche und trinkt erst mal einen Schluck Schnaps. Ist diese Person süchtig? Ist sie Sklave oder Herr des Alkohols? Andere Szene: Eine Person wacht auf und greift sofort zum Smartphone und checkt erst mal die Nachrichten. Ist diese Person süchtig? Ist sie Sklave oder Herr des Smartphones?

Voraussetzung dafür, dass ich nicht immer sofort auf jeden Reiz reagieren muss, ist, dass ich immer mehr mit mir selbst ins Reine komme, dass ich immer weniger von der Zustimmung oder Ablehnung meines Umfelds emotional abhängig bin. Dass ich immer mehr bei mir bin. Und mich so auch zeige und lebe.

Dazu gehört auch, dass es mir gelingt, zu akzeptieren, dass es unterschiedliche Perspektiven gibt und die Menschen unterschiedliche Facetten haben können, die nicht unbedingt miteinander im Einklang sind – so wie bei Uli Hoeneß, Karl-Theodor zu Guttenberg und Lance Armstrong. Und wenn ich in der Lage bin, unterschiedliche Blickwinkel einzunehmen, hat dies fast zwangsläufig zur Folge, dass ich mich als Teil eines Kontexts erlebe und in mir das Gefühl entsteht, Teil eines Ganzen zu sein. Ich erlebe meine Sicht als Ausschnitt und nehme gleichberechtigt andere Ausschnitte wahr, die zusammen ein Ganzes ergeben, von dem jeder ein Teil ist.

WAS IST GLÜCK?

Für mich ist es das größte Glück, eins zu sein mit der Welt. Sei es im intensiven Austausch mit Menschen, mit denen ich mich verbunden fühle, sei es mit Ideen, für die ich mich begeistern kann, sei es bei einer Fahrt mit meinem Handbike, sei es, wenn ich wie jetzt gerade schreibe, wenn ich mich als Teil der Schöpfung fühle. Das jeweilige Gefühl findet dann immer in mir statt. Es ist unabhängig von den äußeren Umständen. Ich kann dafür sorgen, dass ich dafür offen bin. Es zulassen, geschehen lassen.

Unser Bewusstsein wird von zwei sehr starken Zustän-
den bestimmt. Es sind zwei gegensätzliche Pole. Mal bilden
wir eine Einheit mit der Welt und empfinden das als unend-
liches Glück. Und ein anderes Mal ist unser Bewusstsein von
der Welt getrennt, dann fühlen wir uns uneins mit uns selbst
und sind vom Glücksgefühl weit entfernt. Schließlich gibt es
noch die Mischzustände dazwischen.

Ein schönes Bild für diesen zweiten Zustand ist für mich
die Geschichte von Adam und Eva, nachdem sie das Paradies
verlassen müssen, weil sie die Früchte vom Baum der Erkenntnis von gut und böse gegessen haben. Ich stelle mir
vor, dass es seit jenem Augenblick Phasen gibt, in denen die
Menschen eine Trennung von Gott und der Welt als Abwe-
senheit von Glück erfahren. Wenn wir glücklich sind, sagen
wir ja auch: Das ist das Paradies auf Erden! Das sind genau
die Momente, in denen es uns gelingt, die Welt als paradie-
sischen Ort wahrzunehmen. Wir fühlen uns eins mit der
Welt. Befinden wir uns im Zustand der Trennung, können
wir das Paradies nicht sehen und sind uneins mit der Welt.

Ich habe für mich herausgefunden, dass diese beiden
Zustände sich abwechseln, mit allen Mischformen dazwi-
schen, und dass es wahrscheinlich nie gelingen wird, das
Gefühl der Verbundenheit mit allem auf Dauer festzuhalten.
Mit der Zeit werden wir es vielleicht schaffen, das Volumen
des Glückszustands zu vergrößern, so dass die Augenblicke,
in denen wir glücklich sind, immer länger werden. Eine tolle
Übung dabei ist das Weniger-Urteilen. Weniger in Gut und
Böse denken. Vielleicht gelingt so der Weg zurück ins Para-
dies? Manchmal kommt es mir so vor. Doch der Zustand der
Trennung wird immer wieder an die Tür klopfen.

Die moderne Glücksforschung liefert interessante Erkenntnisse: »Glücklich ist, wer zufrieden ist und mehr an-
genehme als unangenehme Gefühle hat.« Demnach machen
Freunde, Gesundheit, Beziehungen, Geld, Liebe, Sex, Urlaub

oder Karriere selbst gar nicht glücklich, sondern unsere subjektiven Empfindungen dazu – wie wir also etwas interpretieren. In diesem Fall wäre Glück eine Entscheidung, ein Ausdruck des freien Willens.

Ich selbst bin schwerstbehindert. 90 Prozent meiner Muskulatur gehorchen mir nicht mehr. Wenn ich Menschen sage: »Na und? Das hat keine Bedeutung für mein Glücksempfinden«, ernte ich ungläubige Blicke. Dass ich mich nicht weiter erkläre, verunsichert die Leute, weil es mir einfach egal ist, ob sie mir glauben oder nicht. Dabei würde jede Rechtfertigung nach außen meine eigene Unsicherheit nähren. Was halten Sie von folgender Idee: Seien Sie doch einfach glücklich, weil Sie leben! Und weil Sie es einfach sein wollen. Basta! Diese Einstellung können Ihnen weder Ihr Chef nehmen noch ein Kollege oder Mitarbeiter, Ihr Partner, Kinder oder Freunde, niemand. Das nenne ich Freiheit!

Vielleicht brauchen wir Menschen ja auch immer mal wieder Unglücksmomente, um Glücksmomente erkennen zu können. Manchmal braucht es eine Autopanne, dass wir wieder wertschätzen können, dass unser Wagen sofort anspringt. Und manchmal braucht es eine Reise nach Afrika oder auf eine Berghütte, wo es kein fließendes Wasser gibt, um uns zuhause wieder daran zu erfreuen, dass, wenn wir den Wasserhahn aufdrehen, auch sauberes Wasser herauskommt. **Durch das Erleben von Mangel wird einem die Fülle wieder bewusst.** So muss einem manchmal etwas genommen werden, um es richtig zu würdigen. So habe ich das Leben in Summe vor meinem Unfall zu wenig wertgeschätzt.

»You don't know what you got until it's gone«, heißt es in einem Songtext von Cinderella. Das geht sehr vielen Menschen so. Das einzige Medikament dagegen ist ein beständig tiefes inneres Gefühl von Dankbarkeit. Dies lässt uns auch im Überfluss den Wert der Dinge erkennen.

FEEDBACK ALS ANLASS ZUM PERSPEKTIVWECHSEL

Feedback ist übrigens ebenfalls eine hervorragende Gelegenheit für einen Perspektivwechsel: Ich hole mir eine andere Meinung zu meinem Verhalten oder einem Ergebnis meines Tuns ein, die vielleicht im Kontrast steht zu dem Bild, das ich selber habe. Dadurch kann ich mein Selbstbild mit einem Fremdbild abgleichen und mein Verhalten oder meine Ergebnisse im Zweifelsfall modifizieren. Eine Zweitmeinung ist fast immer hilfreich, um an bessere Ergebnisse zu kommen. Nicht nur beim Arzt!

In Unternehmen landet Feedback oft »im falschen Hals«, das heißt, es wird übelgenommen und nicht als Entwicklungschance gesehen. Das hat meist zwei Gründe: Zum einen leiden viele Menschen unter einem mangelnden Selbstwert. Und damit schlagen negative Rückmeldungen oft durch bis zum Kern und verletzen das Sein. Das tut überhaupt nicht gut. Daran können und müssen die Betroffenen arbeiten. Denn 50 Prozent der Verantwortung liegen bei der Person selbst, also innerhalb, und 50 Prozent an der Art der Vermittlung, also außerhalb.

Eine wertschätzende Feedback-Kultur kann nur dann entstehen, wenn die entsprechenden Voraussetzungen geschaffen sind. Dazu gehört beispielsweise die Einführung von klaren Regeln. Die wichtigste besagt, dass ein Feedback dann gut angenommen werden kann, wenn es in einer Ich-Botschaft formuliert wird. Das bedeutet, dass derjenige, der das Feedback gibt, das, was er sagt, als seinen Ausschnitt kennzeichnet, indem er formuliert: »Ich finde, dass ...« Oder: »Meiner Meinung nach ist das so und so ...« Er macht dadurch deutlich, dass er seine subjektive Sicht wiedergibt und es durchaus noch andere Meinungen zum Thema geben kann.

Schwaches Feedback zeichnet sich dagegen durch einen direkten Angriff auf das Sein aus: »Sie sind so und so!« Oder: »Warum passiert das immer nur Ihnen?« Oder »Nie sind Sie so und so!« Das wirkt auch schon vom Wortlaut her wie ein Zementbrocken, der uns auf den Kopf fällt und uns keine Chance lässt, damit konstruktiv umzugehen. Manche verwechseln diese Form von Feedback mit Stärke. Es ist aber wieder einmal nichts anderes als Ausdruck von Recht-und-Unrecht-Bewusstsein und von Eins-null-Denken: »Ich habe Recht und du nicht.« Oder: »Du bist schuld und ich nicht.« Und das lässt beim Empfänger schnell das Gefühl entstehen, dass er mit dem Rücken zur Wand steht und sich gezwungen sieht, sich zu rechtfertigen.

Wir halten fest: Die Meinung anderer ist nicht richtiger als meine eigene. Vielleicht ist sie wirkungsvoller, zielgerichteter, durchdachter, sinnvoller. Doch es geht nicht um richtig und falsch. Es ist einfach eine andere Sichtweise, eine weitere Perspektive, die mich in die Lage versetzt, meinen Horizont zu erweitern und vielleicht meine Sicht der Dinge zu überdenken.

In meiner Situation nach dem Unfall in der Klinik hat das bedeutet, dass Heinz meinen eingeschränkten Horizont erweitert hat. Durch mein Offensein hat er mich mit einer Sichtweise konfrontiert, die ich noch nicht kannte. Sie brachte mir Inspiration, führte mich zu einem neuen Denken und motiviert mich, meinen eigenen Weg zu gehen – so wie Heinz seinen gegangen war. Vorher hatte ich mein Leben als sehr eingeschränkt erlebt, weil ich in meinem Ausschnitt gefangen war. Heinz hat mich aus diesem, meinem eigenen Gefängnis befreit. Übrigens, ich habe Heinz nach diesem Abend nie wiedergesehen.

5

STANDPUNKT PRÜFEN

Das Wesen der Veränderung ist überall präsent: Mitarbeiter kommen und gehen. Unternehmen werden aufgekauft und verkauft. Neue Produkte werden entwickelt. Von unprofitablen Geschäftsfeldern wird losgelassen. Vorgestern Schallplatte, gestern CD und heute Streamingdienste. Partnersuche, Eheschließung, Kinder großziehen und wieder aus dem Haus ziehen lassen. Wir wissen: Nichts ist beständiger als der Wandel. Und ebenso wichtig ist, dass wir dabei Klarheit über uns und unsere innere Orientierung haben. Denn **jede Veränderung kann Auswirkungen auf unseren inneren Kompass, unsere Werte haben.** Geradlinigkeit und Anpassungsfähigkeit müssen dabei in keinem Widerspruch zueinander stehen, sondern können sich auf wunderbare Weise ergänzen.

Nach den Paralympics 2000 in Sydney galt ich als einer der besten Rollstuhlrugby-Spieler der Welt in meiner Klasse. Ich wurde zuvor zum besten Zwei-Punkte-Spieler Europas gewählt und bekam ein attraktives Angebot von einer Mannschaft in Florida. Diese Anerkennung tat mir gut, ich liebte diesen Sport. Im Rollstuhlrugby gibt es je nach Behinderungsgrad eine Klassifizierung zwischen 0,5 und 3,5 Punkten; beim Spiel müssen sich immer vier Spieler mit maximal 8 Punkten auf dem Spielfeld befinden.

Im Vorfeld der Olympischen Spiele 2004 in Athen kam ein weiterer 2-Punkte-Spieler in unsere Mannschaft. Dieser Spieler verfügte über viel bessere körperliche Voraussetzungen als alle anderen. Da die Klassifizierung im Behindertensport äußerst komplex ist, kommt es mitunter zu etwas merkwürdigen Einteilungen bei der Punkteverteilung. Beim Rollstuhlrugby liegt die Überprüfung der Arme und Hände im Fokus der Klassifizierung, weil hauptsächlich nur hochgelähmte Halsquerschnittgelähmte diesen Sport ausüben. So hatte der Neuzugang ähnliche Kontrolle über seine Hände und Arme wie ich, konnte jedoch noch laufen mit voll funktionierendem Kreislauf. Zum Vergleich: Er hatte ungefähr noch 70 Prozent und ich noch 10 Prozent der Restmuskulatur zur Verfügung.

Er war ein toller Zugewinn mit hervorragenden Optionen für die Mannschaft: schnell, wendig und ausdauernd. Nur taktisch lag er noch weit zurück – und Taktik ist in diesem Spiel wichtiger als Athletik. Eines war schnell klar: Wenn er taktisch aufholte, würde er mich von meiner Position verdrängen – und ich in die zweite Linie abrutschen. Also war die Frage: Sollte ich ihn taktisch fördern? Oder sollte ich ihn lieber bis zu den Wettkämpfen in Athen ausbremsen? Danach wollte ich ohnehin aufhören. Sollte ich mir selbst dienen oder der Mannschaft? Kein einfaches Thema!

Ich erinnere mich gut, wie ich »einerseits« und »andererseits« wie Mensch-ärgere-dich-nicht-Männchen auf dem inneren Spielbrett hin und her schob. Ich hatte drei Möglichkeiten: bekämpfen, neutral verhalten oder fördern. Auch wenn ich ein Kämpfer bin und es eigentlich ganz gerne mal auf ein Kräftemessen ankommen lasse, entschied ich mich für das Team und damit dazu, ihn und seine taktischen Fähigkeiten zu fördern. Und das entsprach genau genommen meiner prinzipiellen Grundhaltung: **Ich diene lieber einer übergeordneten Sache als nur mir selbst.** Warum? Ganz einfach. Weil ich gemerkt habe, dass es meiner Seele guttut. Und ich bin deswegen noch nie zu kurz gekommen, auch wenn es vielleicht so aussehen mag. Ganz im Gegenteil: Im Nachhinein habe ich immer von dieser Haltung profitiert. Immer!

ABSTELLGLEIS ODER NEUE WEICHENSTELLUNG?

Das Ergebnis war wie erwartet. Der Spieler wurde stärker als ich und verdrängte mich. Ich würde für Athen nicht mehr in der Startlinie aufgestellt werden. Nach sieben Jahren als Führungsspieler war das ein harter Schlag für mich. Ich wollte mit einem Höhepunkt als Führungsspieler bei den Paralympics meine aktive Karriere beenden. Das war mein Traum, und der sollte sich nun nicht mehr erfüllen. Die Entscheidung für den Spieler und für das Team sah aus einem bestimmten Blinkwinkel wie eine Entscheidung gegen mich aus, zunächst. Und natürlich war ich in diesem Moment nicht mit den möglichen positiven Aussichten beschäftigt, sondern mit der Enttäuschung, mein Karriereende möglicherweise als Reservespieler zu erleben. Ich befand mich in der Phase des Selbstmitleids und der Trauer. Ich dachte nach: Die Zeit als Nationalspieler war toll. Vancouver, Tampa, London, Sydney. Doch Zeit verschwenden in der zweiten Reihe? Das war nichts für mich. Ich trat aus der National-mannschaft aus. Auch das tat weh.

Trotzdem habe ich für mich dabei gewonnen. Mein Ge-winn ließ sich nicht in sportlichen Punkten oder dem Sieg eines Spiels messen. Er lag darin, dass ich meinen Stand-punkt in meinem Leben überdachte und damit die Situation von einer anderen Warte aus betrachtete. Ich fuhr nicht mit nach Athen. Doch ich prüfte mehrere Standpunkte und Handlungsmöglichkeiten anhand meiner Werte und Prinzi-pien. Wie nach dem Unfall fragte ich mich erneut: »Wofür war es gut?« Mir war klar: **Wenn eine Tür zugeht, geht eine andere auf.** Doch bevor ich in diese neue Tür eintrat, musste ich mir richtig bewusstmachen, was passiert war – mal wieder. Was sagte es über mich und meine Persönlichkeit aus, dass ich gehandelt hatte, wie ich es getan hatte? Ganz

klar: Ich hatte nicht nur auf meine eigenen Bedürfnisse gesetzt. Ich hatte die Bedürfnisse anderer im Auge. Ich hatte
der Gesamtsituation mehr Bedeutung gegeben. Das Team,
die Aufgabe gingen vor. Rückblickend klingt das vielleicht
ein wenig einfach. Emotional war es aber sehr schwer. In
Fakten lässt sich diese Standpunktänderung – von der eigenen Position weg und hin zum Gesamtüberblick – in mehreren Schritten beschreiben.

An allererster Stelle war es ein Schritt, der verlangte,
meine Perspektive zu verändern. Zum Verständnis: Für mich
waren der aktive Sport und nach dem Unfall besonders
Rugby immer ein sehr wichtiger Bestandteil meines Lebens.
Es zählten Leistung und Ergebnis – Anstrengung, Sieg und
Niederlage. Wie wohltuend im Gegensatz zur nervigen Be-
hindertenselbstfindung nach dem Unfall! Beim Rugby konnte
ich mich ausleben und meinen sportlichen Ehrgeiz realisieren. Außerdem lernte ich als geprägter Einzelsportler die
Regeln des Mannschaftssports kennen, was sehr hilfreich
war. Die Möglichkeit, nach dem Unfall wieder Sport zu treiben, empfand ich als großes Glück und engagierte mich mit
dem entsprechenden Schwung. In meiner Zeit als Spieler war
ich sehr auf die Mannschaft und die Wettbewerbe fokussiert,
obwohl mich Beruf und Karriere schon immer sehr ausfüll-
ten und energetisierten. Ehe, Kind und Hausbau waren zugleich ebenso wichtig – alles in allem etwas viel für einen
hochgelähmten Mann im Rollstuhl. Heute kann ich mir gar
nicht mehr vorstellen, wie das alles möglich war. Aber es
funktionierte.

Beruflich etwas voranzutreiben, war damals wie heute
so etwas wie ein sportlicher Akt: Man setzt alles Engagement
und alle Kompetenz, gibt alles, was man zur Verfügung hat,
und konzentriert sich auf den gemeinsamen Sieg. In diesem
Fall den Gewinn in einer Sache, besser einer Idee. Das Loslassen von der Nationalmannschaft fiel genau in die Phase

meines Lebens, in der ich kurz davor war, aus der Fest-
anstellung auszusteigen und mich beruflich selbständig zu
machen. So hatte die sportliche Entscheidung Auswirkungen
auf mein Berufsleben. Ich hatte auf einmal mehr Zeit und
mehr Energie. Ein Turnierwochenende mit hunderten von
Kilometern Fahrt und unzähligen Stunden im Sportrollstuhl
kostete neben der Freude auch Kraft, viel Kraft. Diese stand
mir jetzt zur Verfügung. Doch wofür sollte ich diese jetzt
nutzen?

Mein Thema war bereits damals Führung – genauer das
Entwickeln von Menschen – in der Mannschaft und in den
Unternehmen, in denen ich arbeitete. Als Fallschirmjäger in
der Bundeswehr hatte ich früher sogar zwei offizielle Aus-
zeichnungen für außergewöhnliche Führungsfähigkeiten
erhalten. Darin schien ich also sehr wirkungsvoll zu sein.
Ich hatte das sowohl in Non-Profit- als auch Profit-Organisa-
tionen bereits unter Beweis stellen können. Ich wusste aus
Erfahrung, wie man Strategien entwickelt, Menschen für eine
Idee gewinnt, Projekte organisiert und systematisch umsetzt.
Mein Leben – egal ob im Privaten, im Sport oder im Beruf –
war und ist geprägt vom Denken in Projekten.

Es war klar: Diese Inhalte würden mich auch in der
Selbständigkeit als Trainer und Coach weiter beschäftigen.
Sie waren dabei, in unterschiedlicher Ausformung zu einem
Leitmotiv in meinem Leben zu werden. Wenn es nicht mehr
möglich war, dass ich mein Thema »Entwickeln von Menschen« beim Rugby in der Nationalmannschaft als Leitwolf
leben konnte, dann war für mich der logische Schluss daraus, dass die Zeit des Abschieds gekommen war. Ich trat aus
der Nationalmannschaft aus und flog nicht mit nach Athen,
da ich einen neuen Standpunkt gefunden und überprüft
hatte. Einen, der mich lockte und inspirierte.

Klingt das jetzt zu einfach? Das war es nicht, denn
dieser Abschied war selbstverständlich traurig, wie es Ab-

schiede so an sich haben. Doch wenn die Gründung meines Unternehmens gelingen sollte, brauchte dies meine volle Aufmerksamkeit. Also wünschte ich meinem alten Team alles Glück und lenkte meine Energie nun zu 100 Prozent in Richtung meiner neuen Aufgabe als selbständiger Coach und Führungsexperte. »Grundl Seminare & Coaching« war der Name beim Unternehmensstart. Mit Athen im Gepäck hätte das sicher nicht funktioniert. Durch die frei gewordene Zeit konnte ich mich ganz meinem neuen Arbeitsfeld widmen und meine Kraft und Ideen hier investieren. Ich hatte meine Zielrichtung neu justiert und dadurch neue Inspiration erhalten. Mein großes Thema Führung blieb mir erhalten. Man kann schon fast sagen, dass es bis heute wie ein roter Faden durch mein Leben führt.

VOM RUF ZUR BERUFUNG

Selbst wenn sich eine Richtung scheinbar klar zeigt, muss man sie gut bedenken oder besser: durchdenken. Kernfragen meiner Entscheidung waren: Was will ich eigentlich? Und was will ich nicht?

In der Rugby-Nationalmannschaft hatte ich lange Zeit als Führungsspieler Gelegenheit, Dinge im Spitzensport zu bewegen und meinen Teil zum Erfolg beizutragen. Dinge bewegen – das wollte ich. Als dies dort nicht mehr möglich war, gab es auch keinen Grund mehr für mich dabeizubleiben. Dem Verband blieb ich als Erster Vorsitzender noch erhalten, und noch heute bin ich dort Ehrenvorsitzender und einer der Hauptsponsoren.

Doch damals für mich etwas erzwingen – womöglich auf Kosten der Mannschaft? Das war und ist nicht mein Ding. Wenn es passt, hänge ich mich sehr gerne rein. Natürlich hätte ich um meinen Platz kämpfen können, so wie es für viele »normal« scheint. Doch ich hatte schon zu viele Menschen gesehen, die durch solch ein kleingeistiges Verhalten zuerst der Sache und schließlich sich selbst geschadet hatten. Dem folgte meist ein unrühmlicher Abgang. **Es ist enorm hilfreich zu wissen, wann der richtige Zeitpunkt ist, zuzupacken und loszulassen.** Das ist das Prinzip dahinter: zupacken – entwickeln – loslassen – weitergehen. Mir schien die Zeit reif, zu gehen, um andere und neue Dinge an anderer Stelle zu bewegen.

WAS WOLLTE ICH DAMALS – WAS WILL ICH HEUTE?

Andere zu stärken, das war schon immer mein Ding. »Fördern durch fordern« passt noch besser. Als Führungskraft, als Führungsspieler, als Seminarleiter, als Coach und später als Keynote-Speaker und Unternehmer. Im Nachhinein war das für meine Entwicklung und die meines Unternehmens genau der richtige Moment, und »Nicht-Athen« wurde zu meiner Chance. Das Schicksal hatte mir signalisiert, dass ich die »Sportart« jetzt wechseln sollte. Ich nahm das Angebot an, auch wenn es damals natürlich ein wenig zwickte und mich herausforderte. Es ist für einen Menschen, der an sein Können glaubt, nicht leicht, auf einer Reservebank auszuharren. Erst recht nicht, wenn man gerne Verantwortung übernimmt.

So wie ich mich in den Dienst der Mannschaft gestellt hatte, wollte ich mich in Zukunft in den Dienst meiner Geschäftsidee stellen. Mein Standpunkt als Weiterbildungsunternehmer ist, dass ich einer Idee diene, welche größer ist als ich selbst. Und heute weiß ich, wie sehr mich das von anderen unterscheidet, die »ihr Ding« machen wollen. **Ich diene der Entwicklung des Menschen, und das mit allem,**

was ich habe. So einfach ist das. Das Unbequeme: Diese Haltung wünsche, ja, erwarte ich von fast allen, die mit mir zusammenarbeiten oder für die ich arbeite. Und diese Haltung wurde zu einem Missions-Statement. Sich selbst auf einen Satz zu verdichten ist anstrengend. Doch es lohnt sich. Bei mir hat die Findung sieben Jahre gedauert. Passt der Satz, ist er Orientierungshilfe, Entscheidungshilfe und Energetisierungshilfe in einem. Er lautet: »Ich bin die Möglichkeit, anderen zu Wachstum, Kraft und Größe zu verhelfen.« Das ist mein Satz. Jeder hat seinen Satz. Der Verdichtungsprozess ist die Arbeit, welche diesen Satz für mich so wirkungsvoll werden lässt. Ich wünsche jedem von Herzen, dass er seinen Satz findet!

In dieser Branche sind viele von meist unbewussten Eitelkeiten getrieben, dass mir schon fast schlecht wird. Ob man als Trainer »gut dastehen«, »beliebt«, oder »gebraucht werden« will oder als Budgetvergebender primär seine eigene »Daseinsberechtigung« oder »Karriereleiter« im Kopf hat – der Tenor ist häufig: »Erst geht es mal um mich« und dann, vielleicht, um die Sache »Menschen entwickeln«. Zugeben oder erkennen können das die wenigsten. Und jetzt wissen Sie, wie schnell es mit mir schwierig werden kann.

DEMUT

Mir geht es um Demut. Ein etwas aus der Mode gekommener Begriff. Das ist für mich ein unterschätzter, kraftvoller Wert. Er steht im Gegensatz zur Eitelkeit. Und Eitelkeit ist eine sehr starke Kraft und überall präsent, auch bei mir. Doch immer, wenn ich mit Demut meiner Eitelkeit begegne, kann ich diese führen und bin Herr über sie. Und wenn ich meine Eitelkeit über die Demut stelle, werde ich zu deren Sklaven. Mal wieder die Frage: Bin ich Herr oder Sklave meiner Eitelkeit? Meine Entscheidung gab mir damals die Möglichkeit, mich intensiv mit diesem Zustand auseinanderzusetzen.

Der Begriff »Demut« ist aus dem althochdeutschen »dio-muoti« abgeleitet. Darin sind die Wörter »dienen« und »Mut« enthalten. Das Streben nach Mut und die Hingabe des Dienens werden zu einer besonderen Haltung vereint. Mut ist also die Grundlage von Demut. Und Mut ist nur zur Überwindung von Nutzen. Doch was gilt es zu überwinden? Es gilt die Sorgen des Ichs zu überwinden. Das Ich hat Angst, zu kurz zu kommen, und ringt permanent um Bestätigung und meint alles und jeden kontrollieren zu müssen. Da hilft Vertrauen – in sich selbst und in die Welt. Und mit Dienen ist keinesfalls das Dienen eines angestellten Dieners gemeint. Für mich bedeutet es, einer Idee oder einer Sache zu dienen. Es geht darum, sein ängstliches Ich zu überwinden und die Kraft zu erlangen, einer größeren Idee als sich selbst zu dienen.

Augustinus definierte Demut als »Mutter aller Tugenden«. Das ist nicht leicht, besonders wenn das Ich sich etwas sehr stark wünscht. Demut ist eine innere Einstellung zum Leben, die von dem Bewusstsein geprägt ist, dass nicht alles in unseren Händen liegt. Für Menschen, die gerne entscheiden und vorantreiben, ist das zuweilen eine bittere Pille. Doch wer wirklich sich selbst und andere führen, ein Team oder Unternehmen voranbringen will, kommt an Demut nicht vorbei. Dabei geht es auch um das Bewusstsein der eigenen Grenzen: Die Demut, dass nicht alles in der eignen Macht steht, wir uns ein Stück weit, bei allem Überblick und Können, dem Leben und dem Schicksal anvertrauen können. Erich Fromm sagte sinngemäß in seinem Buch *Die Kunst des Liebens*: Demut ist die der Vernunft und Objektivität entsprechende emotionale Haltung, um die eigene Eitelkeit zu überwinden.

Demut ist eine durch Einsicht erlangte Bescheidenheit. Es ist die Bereitschaft, einer Sache zu dienen, an die ich glaube. Demut ist innere Ergebenheit und Hingabe. Für mich ist Demut eine Art stille Liebe zu dem, was ich tue. **Wenn ich in mir selbst ruhe und tiefe Dankbarkeit empfinde, entsteht Demut wie von allein.** Das ist wie vieles eine Übungssache, eine Art Meditation. Und Demut ist mal mehr und mal weniger präsent. Wütet der zupackende Macher in mir, ist der Demütige manchmal weit weg. Doch die beiden sitzen immer häufiger eng zusammen.

Wenn der Geist voller Demut ist, plustert sich niemand auf. Übernimmt Unsicherheit das Ruder im Geist, muss man beweisen, wie toll man ist – oder man verkriecht sich. Angriff, Flucht oder Totstellen – unser Erbe aus der Steinzeit. Es geht also darum, bewusst die Stärke zu entwickeln, mehr Demut zuzulassen – denn Demut ist Stärke. So kann sie immer mehr die Führung übernehmen. Denn Demut heißt auch, Respekt vor den Fähigkeiten und dem Beitrag und der Sichtweise anderer zu haben.

WERTE

Wie ging es damals für mich weiter? Indem ich die Veränderung annahm, meinen Standpunkt justierte, meine Energie neu fokussierte, kam ich auf das, was mich innerlich steuert und prägt. Ich wurde mir meiner Werte bewusster.

Werte sind unsere persönlichen Überzeugungen darüber, was wir für besonders wichtig halten. Was wir wahrnehmen – für »wahr« nehmen – und wonach wir uns ausrichten, wird stark durch unsere Werte beeinflusst – ob uns diese bewusst sind oder nicht. Wenn »Selbstbestimmtheit« für jemandem ein hoher Wert ist, wird es Spannungen geben, wenn man dieser Person sagt, dass sie etwas tun *muss*. Wenn »Familie« über »Karriere« in der Wertehierarchie steht, wird es Spannungen geben, wenn diese Person ein Wochenende mal durcharbeiten soll. Somit sind Werte unsere persönlichen Überzeugungen dessen, was wir für besonders wichtig halten. Werte, Eigenschaften und Qualitäten, die wir für erstrebenswert halten und die wir moralisch für gut befinden.

Unsere Umgebung in der Kindheit prägt unsere Werte bereits ab unserer Geburt. Denn Werte entwickeln sich, indem uns Eltern, Lehrer und andere Vorbilder vorleben, was »man« tun und glauben soll. Und somit werden uns die meisten Werte mittels Belohnung und Strafe einprogrammiert. Deswegen ist die Schule und später der Arbeitsplatz so »werteprägend«, denn hier herrscht das Prinzip von Belohnung und Bestrafung. Werte beziehen sich auf richtig und falsch, gut und schlecht. Aus unseren Werten resultieren unsere Denk- und Handlungsmuster, unsere Charaktereigenschaften und schließlich unsere Ergebnisse.

Meine wichtigsten sechs Werte sind: erstens Freiheit, gelebt durch Selbstverantwortung und Demut, zweitens Respekt, drittens Liebe, viertens Erfolg, fünftens Familie und sechstens Gesundheit, solange ich gesund bin. Bei einer Krankheit tritt sofort Gesundheit auf Platz eins.

Für Unternehmen empfehle ich die Auseinandersetzung, Definition und häufige Nennung folgender vier Worte: erstens Ergebnis, zweitens Respekt, drittens Verantwortung (nicht Schuld!) und viertens Sinn. Vielleicht werden aus der Auseinandersetzung einmal diese vier Werte entstehen und gelebt. Meine Erfahrung ist: Werden diese vier Worte viel genannt (auch von unten nach oben), ist eine wertschöpfende Kultur vorhanden, denn Worte prägen Kulturen. Und **Ergebnis, Respekt, Verantwortung und Sinn sind die wichtigsten Worte und Werte für eine starke Zukunft.**

Unsere Werte, die wir uns oft erst wieder bewusstmachen müssen, bieten uns Orientierung, die wir so dringend brauchen, um uns aus der Bestätigungsfalle zu befreien. Sie können zu einem inneren Referenzsystem werden, das uns den notwendigen Halt gibt, um ein Stück weit ein freieres Leben führen und uns in unseren Ergebnissen realisieren zu können.

Manche Werte verändern sich, es kommen neue hinzu, und manche erweisen sich als nicht mehr so wichtig, wie sie einst waren. Persönlich wichtige Werte, wie bei mir die Demut, verändern sich selten und bleiben hoch im Rang. Diese Werte müssen wir uns immer wieder bewusstmachen, weil sie oft im Verborgenen liegen. Seine Werte zu kennen, heißt sich selbst zu kennen, zumindest immer wieder ein bisschen mehr. Laotse sagt in seinem *Tao Te King*: »Wer viel über andere weiß, ist vielleicht gebildet, aber wer sich selbst kennt, ist klug. Wer andere beherrscht, ist vielleicht mächtig, aber wer sich selbst beherrscht, ist noch viel mächtiger.«

Deshalb ist eine regelmäßige Werte-Inventur sinnvoll. Denn stimmen unsere Ziele nicht mit unseren Werten überein, kommt es zu einem Wertekonflikt. Dann ist es erheblich schwerer, seine Ziele zu erreichen. Wenn ein Kind Arzt geworden ist, weil die Eltern Ärzte waren, und es selbst kein Heiler ist, kann das im Leben zu inneren Konflikten führen. Gibt es große Spannungen zwischen den persönlichen Werten und den tatsächlich gelebten Firmenwerten, nicht den propagierten, kann die genaue Beschreibung des Konflikts die Lösung bereits mit sich bringen.

Unsere Werte bestimmen zu einem großen Teil mit, wie wir etwas einschätzen. Wenn wir die Werte von uns und von anderen beachten, erfahren wir wertschätzende Beziehungen. Werte können beispielsweise sein: Aufrichtigkeit, Gesundheit, Familienleben, Marktposition, Unabhängigkeit, Wohlstand, Zufriedenheit et cetera. Die Liste möglicher Werte ist beinahe unendlich erweiterbar. Das Bewusstsein über unsere Werte ermöglicht, unseren Lebenssinn genauer einzukreisen. Und das hilft bei der Orientierung und Findung der persönlichen Ziele sowie dabei, inspirierende Menschen zu finden, welche gleiche oder ähnliche Wertvorstellungen besitzen. So ist für mich Selbstverantwortung wichtig. Und ich mag Menschen, die »bei sich bleiben«, »ihren Weg gehen« und »sich auf ihre Möglichkeiten konzentrieren«.

In meiner Phase der Neuorientierung war der Blick auf meine Werte also wichtig. Das schreibt sich im Nachhinein so leicht, aber das war es natürlich nicht. Ich brauchte Klarheit darüber, was mir für die Zukunft wichtig sein sollte. Dabei galt es von der Vergangenheit zu lernen: Was hatte zu mir gepasst? Was nicht? Wo lief es rund? Wann hakte es immer wieder? Und warum? Das Reflektieren meiner Werte und der Gedanke, einer Sache dienen zu wollen, halfen mir also, einen gesunden Umgang mit meiner Situation zu finden.

Wenn es im Leben klemmt, so wie es immer mal wieder vorkommt, ist es wichtig, den eigenen Standpunkt zu prüfen und gegebenenfalls neu zu bewerten. Vielleicht haben sich die äußeren Bedingungen verändert und korrespondieren nicht mehr mit unseren Werten? Vielleicht sind Menschen in unser Leben getreten, deren Werte wir zunächst geteilt haben, doch dann haben wir uns in verschiedene Richtungen entwickelt? Oder Ereignisse zwingen uns umzudenken? Mein Unfall war ein solches Ereignis, das ein totales Umdenken erforderlich gemacht hat. Der Verlauf meiner ersten Ehe hat mich irgendwann dazu gebracht, dass ich meinen Standpunkt neu definieren musste. Ich hatte mich in eine Richtung entwickelt – und meine Frau in eine andere. Wir gingen schließlich getrennte Wege, in Frieden, und haben heute noch respektvollen Kontakt.

Hierbei geht es nicht darum, was jetzt besser oder schlechter ist, richtig oder falsch. Wichtig ist, welches Verhältnis ich zu dem habe, was ich denke, tue und fühle. Dazu habe ich das Recht, ohne dass es besser oder schlechter sein muss als das, was andere meinen. **Andere haben andere Motive für das, was sie denken und tun, als ich sie habe.**

Das gilt es zu respektieren. So wie mir damals Familie und Ärzte ein düsteres Bild für meine Zukunft malten. Im Krankenhaus war es für mich wichtig, mich für andere Sichtweisen vorsichtig zu öffnen, meine eigene Perspektive einzunehmen, sie mit meinen neuen Werten zu unterfüttern und dann mit neuem Blick und neuem Mut das Schwierige zu wagen.

Damals habe ich verstanden, dass meine Lebenssituation sich total verändert hatte und dass es keinen Sinn mehr hatte, mich auf mein Vorleben vor dem Unfall und meine Werte, die ich damals besaß, zu beziehen. Ich habe verstanden und nahm damit das an, was mir das Leben bot. Meine Werte vor dem Unfall, an denen ich mich unbewusst orientierte, hießen: Harmonie, Abwechslung, Bewegung, Energie. Direkt nach dem Unfall war es zunächst wichtig, wieder gesund und möglichst unabhängig zu werden. Das inspirierte mich und gab mir Kraft, um mein Leben wieder anzugehen. Die große Leitidee, die dahinter stand: Ich wollte anderen ein Beispiel geben dafür, was man im Leben auch mit 90 Prozent Lähmung alles möglich machen kann.

Auf diese Weise verwandelte ich den Zustand der unbewussten Ablehnung meiner neuen Lebenssituation, der mir eine defizitäre Sicht beschert hatte, in einen neuen, der mir ermöglichte, wieder aktiv und selbstwirksam zu sein. Ich begann, Chancen zu erkennen, ohne sie im Einzelnen genau zu sehen. Aber Heinz hatte mir gezeigt, was möglich werden könnte. Und daran glaubte ich.

BEDENKENTRÄGER

Bis zu diesem Zeitpunkt hatte ich mehr die Probleme wahrgenommen. Auf jede Idee, auf jeden Vorschlag, auf jeden Impuls, der mir an mich herangetragen wurde, hatte ich innerlich sofort mit einem »Ja-aber« reagiert. Mit dem Ja hatte ich mich mit dem Menschen, der mir gerade einen Vorschlag machte, verbunden und mit dem Aber sofort wieder von ihm und seiner Idee distanziert. Von diesem Impuls werden viele Menschen beherrscht: Sie sehen kurz die Möglichkeit durch das Ja, begeben sich jedoch mental im selben Atemzug auch schon wieder in die Hindernisse mit dem Aber.

Beim Rollstuhlrugby gab es einen Spieler aus dem Ruhrgebiet. In jedem zweiten Satz benutze er: »Ja, aber ...« Er wurde in der Szene bald »Jabba the Hutt« genannt. Jedoch nicht weil er der *Star-Wars*-Figur ähnlichsah: »Ja, aber« – »Jabba«. Das Interessante war, dass er sich mit dem Ja-aber intensiv auseinandergesetzt und es transformiert hatte. Er übernahm immer mehr Verantwortung im Verband und baute schließlich den Duisburger Verein auf. Eine tolle Entwicklung!

Wer beim Aber hängenbleibt, steckt mental im Problemsumpf fest und hängt mit seinem kleinen Ich am alten Denken. Solche Menschen sind nicht demütig, wissen es sofort besser und ergreifen damit nicht die Chance, ihren eigenen Standpunkt zu überprüfen. Viel schlimmer noch: Sie verstärken mit dem Aber ihre alte Sicht der Dinge, indem sie permanent dagegenhalten.

Meine neunzigprozentige Lähmung bot mir mehr als genügend Argumente, mich in ein Ja-aber und damit in eine Opferrolle zu fügen und dort einzurichten. Zum Glück nahm ich dieses »Angebot« nicht an, sondern fand es und finde es nach wie vor wichtig, die eigenen Gestaltungsräume auszuschöpfen und zu bespielen. Und die gibt es immer und überall – egal, wie mies die Situation scheint, selbst wenn ich sie nicht sofort sehe. Die Opferrolle bedingt immer und ohne Ausnahme, dass man sich ausgeliefert und kraftlos fühlt. Nichts verändert sich in meinem Leben, wenn ich anderen die Schuld an meiner misslichen Lage gebe oder ich mich voller Selbstmitleid als Schuldigen selbst geißle.

Was sind nun hilfreiche Fragen, um aus dem Opferka-russell, in dem viele unterwegs sind, auszusteigen? Die Grundsatzfrage lautet wieder: Worum geht es (mir) eigent-lich? Ist mir Familie wichtig? Will ich Karriere machen? Oder bin ich jemand, der seine Unabhängigkeit über alles liebt? Als Nächstes muss ich für mich klären, was ich bis hierhin bedacht habe und was nicht, sprich: Ich muss die Werte und Standpunkte in meinem Leben definieren.

Wenn ich eine Frau und zwei Kinder in einem schönen Haus im Grünen habe und irgendwann ein attraktives Job-angebot im Ausland bekomme, ist das eine Zwickmühle: *Einerseits* macht mir meine Arbeit Spaß, ich liebe neue Auf-gaben, möchte mehr bewirken. *Gleichzeitig* ist die Möglich-keit, dies im Ausland zu tun, sehr attraktiv. *Andererseits* ist mir meine Familie wichtig, und ich habe dementsprechend bereits Entscheidungen getroffen. Was nun? Es zeigen sich auf den ersten Blick drei Werte, die nicht kompatibel sind: Familie, Karriere und Abenteuerlust, die ich im Ausland vielleicht ausleben könnte – ein klassischer Wertekonflikt. Je nach Argumentation tanzt es hier in der Wertehierarchie: »Du bist noch jung, ergreife jede Chance!« Oder: »Ausland, hier kannst du lernen, was es bedeutet, interkulturell zu arbeiten. Das hilft für die Karriere.« Oder drittens: »Für die Familie ist das eine fast unzumutbare Belastung. Wir haben hier unsere Freunde und unser soziales Umfeld, das ist doch für das Leben wichtig!«

TANZ UM DIE ENTSCHEIDUNG

Wenn ich mir nun bewusst werde, wie die Werte um eine Entscheidung tanzen, kann ich leichter einen Standpunkt finden, prüfen und einnehmen. Vorausgesetzt, ich bestimme am Schluss des Tanzes, an welcher Stelle in meiner Wertehierarchie die einzelnen Werte stehen, und sei es auch nur für eine Probephase. Erst dann tritt die Ruhe ein, die mir die Energie gibt, auf meinem Weg weiterzugehen, und der Verzicht, der damit verbunden ist, wird in Relation kleiner – und eine Entscheidung für mich erträglich. Marcus Tullius Cicero sagte es so: **»Wenn die Entscheidung getroffen ist, sind die Sorgen vorbei.«** Die Entscheidungsfindung macht also die Sorgen. Oder mit anderen Worten: das Prüfen der Standpunkte.

Automatisch lande ich mit dieser Klarheit der Werte und der Klarheit über meinen Standpunkt in einer Art von Gewinnzone, und der Verlust wiegt nicht mehr so schwer. Vielleicht bleibe ich dann mit einem guten Gefühl bei meiner Familie und verabschiede mich ohne inneren Groll von der Idee, meine Karriere im Ausland zu verfolgen. Oder ich entscheide mich für den Auslandsaufenthalt und finde ein Arrangement mit meiner Frau, das mich im Ausland ohne schlechtes Gewissen gut schlafen lässt. Oder wir ziehen nach Abgleich aller unserer Werte gemeinsam um. Möglicherweise lebe ich meine Reise- und Abenteuerlust in darauf abgestimmten Urlaubswochen aus. Egal, wie ich mich entscheide, ich entscheide mich – finde damit einen Standpunkt und komme auf jeden Fall ins Reine mit mir. Und dabei ist der Abgleich mit den Werten meiner Frau ganz entscheidend.

Ziemlich sicher verändert sich auch meine Werteordnung mit der Zeit. Vielleicht macht meine Frau Karriere, weil ihr das Freude macht, und ich erziehe die Kinder – weil ich nachgedacht habe und mir das wichtiger ist. Oder die Kinder werden größer, fangen an zu studieren, sind aus dem Haus. Meine Frau kehrt wieder ins Berufsleben zurück und ist zufrieden. Irgendwann tritt vielleicht ein anderer Wert an die Stelle der Familie. Wer weiß, ob es dann noch Karriere oder Abenteuerlust sind, die mir wichtig sind. Vielleicht ist es auch ein anderer Wert, und ich will mich beispielsweise ehrenamtlich in einem Verein engagieren. So oder so kann ich mich dann wieder neu orientieren und meinen Lebensweg nachjustieren.

Wichtig dabei ist ganz allein, wie kraftvoll meine Sichtweise beim Durchdenken ist. Welcher Standpunkt gibt mir am meisten Kraft? Wohin bringt er mich? Bringt er mich voran? Hält er mich auf? Auf jeden Fall sollte er mich voranbringen – egal was »voran« bedeutet. Wenn der Standpunkt nicht kraftvoll ist, muss ich mich darum kümmern, woher ich eine andere Sichtweise herbekommen kann, die mir Kraft gibt. Welches sind die Impulse von Menschen, Büchern, Filmen oder Unternehmungen, die meinen Horizont und meinen Tunnelblick erweitern können? Wo kann ich meinen begrenzten Ausschnitt, in dem ich womöglich festhänge, mit perspektivreicheren abgleichen, um mir mehr Überblick und damit eine frischere Meinung auf einer höheren Ebene zu bilden? Heftige Fragen, ernste Fragen, wichtige Fragen. Es heißt ja: Wer fragt, der führt.

WER SICH FRAGT, FÜHRT SICH SELBST

Wir alle reden mit uns selbst, meist den ganzen Tag und unbewusst. Dabei stellen wir uns auch Fragen. Diese sind wie eine Brille, durch die wir die Welt wahrnehmen – ein wichtiges Werkzeug zur Einordnung. Wenn wir in der Lage sind, uns die Fragen zu stellen, die uns öffnen und weiterbringen, steht uns ein einfaches Mittel zur Verfügung, um unseren Zielen näherzukommen. Doch die Frage ist: Welche Qualität haben diese Fragen? Denn **die Qualität der Fragen bestimmt die Qualität der Antworten und damit die Qualität unseres Lebens.**

»Warum trifft es immer mich? Wieso mache ich immer alles falsch? Warum habe ich kein Glück wie andere?« – diese oder ähnliche Fragen kennen wir wahrscheinlich alle. Wir stellen sie uns dann, wenn wir Enttäuschungen oder Rückschläge erleben. Und denken dabei, dass wir uns damit einen Gefallen tun, denn wir gehen ja den Dingen auf den Grund. Die Antwort auf »Warum trifft es immer mich?« könnte heißen: »Weil du halt ein Pechvogel bist, der nichts anderes verdient.« Ohne dass wir es bemerken, schaffen und etablieren wir mit Fragen dieser Art einschränkende Glaubenssätze über uns oder einen Sachverhalt.

Stattdessen könnte ich fragen: »Was kann ich lernen, um gestärkt aus dieser negativen Erfahrung hervorzugehen?« Benutze ich das Fragewort Warum im Kontext »innere Anklage«, trübt sich das Wort wie eine schmutzige Brille, die uns die Sicht nimmt. Ein Gedankenexperiment: Bringen wir uns einmal in folgenden inneren Zustand und sagen zu uns: »Die Welt hat sich gegen mich verschworen. Alles passiert nur, um mich aufzuhalten.« Und dann fragen wir uns: »Warum ist das passiert?« In welche Richtung gehen die Antworten?

Anschließend bringen wir uns in einen ganz anderen inneren Zustand. Wir sagen zu uns: »Die Welt hat sich *für* mich verschworen. Alles passiert nur, damit ich weiter nach vorne komme. Damit ich wachse. Damit ich größer und stärker werde!« Und dann: »Warum ist das passiert?« In welche Richtung gehen die Antworten jetzt? Ist das nicht interessant? Ich habe mich immer gefragt, warum das Wort »warum« bei mir so positive Antworten und bei den meisten anderen so negative Antworten liefert. Ich weiß jetzt, warum! Für wen »warum« zur Reflexion nicht funktioniert, der kann auch »wozu« oder »wofür« benutzen.

Dazu gibt es eine bekannte Geschichte: Vor etwa 120 Jahren lebte in London ein Mann namens Francis Galton. Er war ein Vetter von Charles Darwin und einer der klügsten Köpfe seiner Zeit. Er begründete die moderne Erblehre und entdeckte im Zug seiner Forschungen unter anderem, dass jeder Mensch auf den Fingerkuppen ein einmaliges und unverwechselbares Muster trägt: Er erfand also, ohne es zu beabsichtigen, den Fingerabdruck, der heute zum Standardwerkzeug der Polizei gehört. Dieser Francis Galton befasste sich auch mit psychologischen Problemen, obwohl zu jener Zeit von Psychologie, außer ihrem Namen, nicht viel bekannt war. Und eines Tages machte er einen »Gedanken-Programmier-Versuch«.

Bevor er seinen alltäglichen Morgenspaziergang in London antrat, stellte er sich ganz fest vor: »Ich bin der meistgehasste Mensch Englands!« Nachdem er sich einige Minuten auf diese Vorstellung konzentriert hatte – praktisch eine Selbsthypnose –, begann er seinen Spaziergang wie immer. Doch das schien nur so. Denn tatsächlich passierte Folgendes: Einige Passanten riefen ihm Schimpfworte zu oder wandten sich mit Gebärden der Abscheu von ihm ab; ein Verladearbeiter aus dem Hafen rempelte ihn im Vorbeigehen mit dem Ellbogen an, so dass er hinfiel. Sogar auf Tiere schien sich diese Animosität gegen ihn übertragen zu haben. Denn als er an einem Droschkengaul vorbeiging, schlug dieser aus und trat Galton in die Hüfte, so dass er wiederum zu Boden ging. Als es daraufhin einen kleinen Volksauflauf gab, ergriffen die Leute auch noch für das Pferd Partei – worauf Galton das Weite suchte und in seine Wohnung zurückeilte. Diese Geschichte ist verbürgt und findet sich in etlichen englischen und amerikanischen Psychologiebüchern unter dem Titel »Francis Galton's famous walk«.

So programmiert richten wir unbewusst unsere Wahrnehmung auf Defizite aus und verstärken unsere Problemorientierung, die uns in unserem Handeln blockiert. Wir finden Antworten wie »Ich bin schuld!« oder »Der, die oder das ist schuld!« und landen letztlich bei einer Variation des Themas: »Die Guten ins Töpfchen, die Schlechten ins Kröpfchen.« Das kann zu einem inneren Teufelskreis mutieren, der unseren Selbstwert erheblich beschädigt. Das Hamsterrad der schlechten Fragen kennen wahrscheinlich viele von uns. Häufig ist es zur inneren Gewohnheit geworden, die quasi vollautomatisch abläuft und leider selten in Frage gestellt wird.

Die Technik, etwas aus verschiedenen Blickwinkeln zu betrachten, wird auch in der bekannten »Walt-Disney-Methode« beschrieben. Dort geht es darum, Kreativität zu fördern, die oft von unserem skeptischen Anteil in Schach gehalten wird. Vier unterschiedliche Anteile dürfen sich in dieser Methode das jeweilige Thema aus ihrem Blickwinkel betrachten. So können auch bessere Fragen entstehen: »Was würde der Träumer in dir dazu fragen? Was der Realist? Was der Kritiker? Und was der neutrale Beobachter?« Auf diese Weise hat jeder das Recht, sich einzubringen, und niemand wird vom anderen dominiert.

Es gibt auch noch andere starke Positionen, von denen aus Fragen entwickelt werden können: »Was würde der Krieger in dir dazu fragen? Was der Liebende? Was der Weise? Und was der Hofnarr?« So verwirrend diese Standpunktwechsel sind, so stark sind sie in der Wirkung. **Es ist von großem Nutzen, dissoziiert, also von sich distanziert, Dinge zu betrachten.**

Eine weitere wirkungsvolle Methode, negativen und destruktiven Fragen zu entgehen, sind positive, ressourcen- und lösungsorientierte Fragen. Damit lassen sich neue, konstruktive Standpunkte finden. Standpunkte, die werthaltig sind, überblickend und offen für die Impulse, die nicht in der eigenen Macht liegen. Wenn ich in der Lage bin, qualitativ hochwertige Fragen zu stellen, habe ich bereits für eine mentale Offenheit in mir gesorgt. Fragen können also grundsätzlich dazu dienen, an Informationen zu kommen, oder sie können hilfreich sein, die aktuelle, vielleicht festgefahrene Situation aus einer anderen Perspektive zu betrachten und so neue Ideen und Ansätze zu entwickeln. Beispielsweise kann die Frage »Wie sieht die Situation aus Sicht von Kollege X aus?« oder »Wie würde mein Chef das sehen und beurteilen?« es mir leichter machen, die Sichtweise einer anderen Person zu verstehen und in meine Überlegungen zu integrieren.

Hypothetische Fragen führen zwar nicht direkt zur Lösung eines bestehenden Problems, können aber die Tür zu neuen Ansätzen und Richtungen öffnen. »Was wäre, wenn wir morgen aufwachen und das Problem ist gelöst, einfach so? Woran erkennen wir das, und was wäre dann schon geschehen?« Oder »Wie würde ich das Thema losgelöst von einem Budget angehen?«. Mit dieser Art von Fragen kann ich limitierende Faktoren erst einmal auszuschalten, über mich selbst und meine Beschränkungen hinauszudenken und kreative Energien freisetzen.

Wenn ich bemerke, dass meine Gedanken und Überlegungen immer wieder nur um das Problem und die Defizite eines Projekts oder einer Situation kreisen, sind solche Fragen ein gutes Mittel, um aus diesem Teufelskreis auszuscheren. Ein erster Schritt: Ich nehme mich selbst beim Denken wahr. Dann könnte ich mich einmal ganz bewusst fragen: »Wie war das, als ich so eine ähnliche Situation hatte und es gut gelaufen ist? Wie habe ich das gemacht?« Damit würde ich zu den Rezepten des Gelingens kommen. Oder: »Was wäre für einen reibungslosen Ablauf notwendig? Wie wäre der Ablauf, wenn wir mit keinerlei Schwierigkeiten rechnen müssten? Wie wäre der Best Case? Wie der Worst Case?«

Mit großer Wahrscheinlichkeit tauchen bei diesen Fragen Antworten auf, die Ergebnisse und Erlebnisse aus der Vergangenheit beschreiben, die mit inneren Filmen und Bildern versehen sind und als Beispiele dienen können. Unser

Gehirn benötigt solche, um neue Entscheidungen zu treffen. Lösungsorientierte Fragen bewirken eine mentale lösungsorientierte Ausrichtung. Sie identifizieren bisher ungenutzte Ressourcen und Möglichkeiten. Nur darum geht es. Was ich dann tue, steht auf einem ganz anderen Blatt. Viele denken beim Denken sofort ans Tun und Umsetzen. Das tötet die Kreativität und vor allem den Spaß am Denken!

Ich kann mich immer wieder fragen, wozu ich etwas tue, und so überprüfen, ob ich noch in der richtigen Richtung unterwegs bin. Bringt mich das, was ich tue, meinem Ziel näher, oder rückt es dadurch weiter weg? Lebe ich dadurch meine Werte aus? Bringt es mich gar meiner Berufung näher, oder unterstreicht es gar diese? Ich mache mir durch diese Fragen auch immer wieder mein Ziel bewusst, wenn ich mal Gefahr laufe, es aus den Augen zu verlieren. Und die Richtung, erfüllt sie mich tatsächlich? Oder beschäftigt sie mich nur? Oder lenkt sie mich von anderen, bedeutenderen Dingen ab? Oder strengt sie mich nur an mit dem Gefühl des Gebrauchtwerdens?

Starke Fragen richten mich neu aus. Sie bringen mich auf noch nicht gedachte Gedanken. Im Sinn der Selbstführung richte ich damit mein Denken, mein Handeln und meine Aufmerksamkeit neu aus. Oder ich lenke einfach in eine andere Richtung. Indem ich mir fordernde Fragen stelle, zwinge ich mich dazu, mich zu öffnen und über Antworten nachzudenken. Oder ich suche mir jemanden, der mir diese fordernden Fragen stellt – das wäre dann ein kompetenter Coach. Dadurch steht mir ein effektives Mittel zur Verfügung, mir Dinge (wieder) bewusstzumachen oder meine Ziele neu anzuvisieren.

Bei mir kommt an dieser Stelle meine Abenteuerlust zu Tage. Denn die Antworten sind nicht immer im Gleichklang mit den Wünschen, Werten, Bedürfnissen und Zielen anderer Menschen. Solange ich mit meinen Handlungen Ergebnisse anziele, die nicht mit den Vorstellungen anderer kollidieren, ist alles einfach: Ich muss mich nur an mir orientieren. Doch wie oft ist das so? Wenn nun meine Bestrebungen mit den Interessen im Konflikt sind, wird es interessant: Entweder überzeuge ich andere vom Sinn meiner Ideen und gewinne sie. Oder es werden gemeinsam Kompromisse definiert und diese als Sieg für alle verstanden – das ist die große Kunst von Verhandlungsführern. Oder ich überdenke meinen Standpunkt völlig neu und schwenke ohne jeglichen Groll auf die Perspektive anderer ein.

Hierbei ist mir wichtig: Alle drei Positionen sind in Ordnung! Wer denkt, stark sein bedeute immer, seine eigenen Vorstellungen durchzusetzen, hat wenig bis nichts verstanden. Es ist aus meiner Sicht tatsächlich so: **Je tiefer ich Dinge durchdacht habe, desto sinnvoller sind sie.** Voller Sinn. Je sinnvoller, desto überzeugender bin ich in der Argumentation, und desto einfacher ist es, andere zu überzeugen. Sauberes Argumentieren ist in der Auseinandersetzung mit anderen entscheidend – auch wenn einen überzeugende Argumente der anderen treffen. Und die können ja ziemlich bereichernd sein. Dabei gilt: Freiheit heißt tun, was man will. Glück ist zu wollen, was man tut.

Wenn beispielsweise für mich als Arbeitnehmervertreter in Tarifverhandlungen ein möglichst hoher Tarifabschluss ein gutes Ergebnis bedeutet, ist das verständlich. Ich stehe vor den anderen auf jeden Fall gut da. Wahrscheinlich ist, dass die Arbeitgeberseite ganz konträre Interessen hat. Die interessante Frage lautet: Wo liegen die gemeinsamen Interessen? Hierbei geht es eben nicht immer nur um Profit, sondern durchaus auch um Investitionen oder Absicherung für die Zukunft. Ist mein guter Tarifabschluss nur kurzfristig gut und mittelfristig ein Rohrkrepierer, weil ein teuer ausgehandelter Tarif schon bald wirtschaftliche Probleme für das Unternehmen mit sich bringt und Entlassungen zur

Folge haben kann? Oder gut bezahlte Arbeitsplätze gehen verloren, weil die Produktion in ein Billiglohnland ausgelagert wird, weil ansonsten die Preise für die Produkte nicht zu halten wären und der Absatz zurückginge? Oder schafft ein kurzfristig niedrig ausgehandelter Tarif für die Unternehmensführung mittelfristig Probleme, weil die Arbeitnehmerzufriedenheit und damit die Produktivität drastisch zurückgeht? Und welche Standpunkte sind richtig? Genau: alle! Jetzt geht es um eine möglichst sinnvolle Gewichtung. Und es wäre von Vorteil, wenn alle Verhandlungspartner verstehen könnten, ohne einverstanden sein zu müssen.

Nicht nur in dieser Beispielsituation ist es durchaus sinnvoll, sich die Perspektive der anderen Partei anzuschauen und so einen Überblick über den Gesamtzusammenhang zu bekommen. Auf einer höheren Ebene bedacht hat es unterm Strich meistens Sinn, dass beide Parteien Abstriche von ihrem Idealergebnis machen und ihre Sicht auf bestimmte Punkte verändern.

WAS HAT SINN?

Verantwortung, Ergebnis, Respekt und Sinn sind die vier starken, weil Orientierung gebenden Worte für starke Unternehmen. Und der Grund dafür, warum wir etwas tun, führt zu dem immer mehr an Bedeutung gewinnenden Wort »Sinn«. Sinnvoll, sinnhaft, sinnlos. Was hat eigentlich Sinn? Welche Rolle spielt das kleine Wörtchen Sinn mit seiner großen Bedeutung in unserem Leben?

Befragt man den *Duden*, erhält man als Erklärung der Bedeutung des Wortes »Sinn« unter anderem: »Gefühl, Verständnis für etwas, eine innere Beziehung zu etwas und Ziel und Zweck, Wert, der einer Sache innewohnt.« Eine innere Beziehung, wohlgemerkt! Also ist Sinn etwas, was von innen nach außen geht – und nicht etwas, was von außen kommt. Denn nicht wenige fragen sich: »Was ist der Lebenssinn?« So gefragt gehen die Sicht und damit die Suche nach außen. Und dieser Weg führt in eine Sackgasse. Es gibt auch eine andere Richtung – mit einer anderen Frage: **»Wodurch wird mein Leben zum Sinn für andere?«** Und jetzt gehen die Sicht und die Suche nach innen. »Was haben andere davon, dass ich geboren wurde?« Das wäre dieselbe Frage, nur etwas anders gestellt. Sie führt in die Selbstverantwortung und -verpflichtung. Keine Ausrede mehr! Das scheint unbequem, und genau deswegen geht die Sicht meist nach draußen. Hermann Hesse sagte dazu: »Wir verlangen, das Leben müsse einen Sinn haben – aber es hat nur ganz genau so viel Sinn, als wir selber ihm zu geben im Stande sind.« Das Leben hat per se für Hesse also keinen Sinn, es sei denn den, den wir ihm geben. Das heißt, der Mensch wird durch das, was in ihm liegt, zum Sinn – im Idealfall durch seine Berufung.

Hermann Hesse schreibt weiter: »Den Sinn erhält das Leben einzig durch die Liebe. Das heißt: Je mehr wir zu lieben und uns hinzugeben fähig sind, desto sinnvoller wird unser Leben.« Dabei kommt es nicht darauf an, in welche Richtung unsere Liebe wirkt: ob zu einem Menschen, mehreren Menschen, den Menschen, der Welt, einer Sache, einer Idee, einer Vision. Viel wichtiger ist, dass wir die Fähigkeit haben, Liebe zu empfinden. Denn nur wer sich selbst vergisst, kann lieben. Sonst ist es nur eine Projektion. Herbert Grönemeyer sagt es in seinem Lied »Flugzeuge im Bauch« ziemlich treffend: »Brauch niemand, ... der nur seine Eitelkeit an mir stillt.«

Also ist unsere Aufgabe und damit unsere Verantwortung, unseren eigenen Sinn zu formen oder zu finden. Religion, Spiritualität und verschiedene Glaubenssysteme können dabei behilflich sein. Aber Vorsicht! Allzu leicht bedienen wir

uns auch hier im Außen und stellen unsere Suche in unserem Inneren ein. Was ergibt *für mich* einen Sinn? Wie würde für mich ein *sinnvolles* Leben aussehen? Was brauche ich, um mehr Sinn in *meinem* Tun zu finden?

Menschen, die ihrem Leben einen Sinn geben, leben erfüllter und erreichen ihre Ziele leichter. Frei nach Hermann Hesse lieben sie dann das, was sie tun. **Sinnfindung ist in meinen Augen eine Frage der Selbstverantwortung.** Meine Bemühungen, einen allgemeingültigen Sinn des Lebens zu finden, sind bis jetzt gescheitert. Auch Kirche oder Religion können hier nichts verordnen. Sie können uns allenfalls Vorschläge machen, auf die wir uns mit unserem Glauben einlassen können oder nicht. Bei der Frage nach dem Sinn des Lebens geht es um die auf einen Zweck gerichtete Bedeutung des Lebens auf dieser Welt an sich. Im engsten Sinn ist damit die Deutung des Verhältnisses, in dem der Mensch zu seiner Welt steht, gemeint. Und dieses Verhältnis muss jeder Mensch für sich selbst definieren. Also ist jeder dazu aufgerufen, den Sinn des Lebens für sich selbst zu suchen und zu fixieren. Für mich ist die Leitfrage hierzu: Was haben andere davon, dass ich geboren wurde?

Tatjana Schnell, Professorin am Institut für Psychologie an der Leopold-Franzens-Universität Innsbruck, forscht über den Sinn des Lebens. Sie hat festgestellt, dass Spiritualität und Religion nur zwei von sechsundzwanzig Faktoren sind, die bei vielen unterschiedlichen Menschen eine Bedeutung im Leben haben. Als stärkster Sinnstifter hat sich bei ihren Befragungen Generativität herausgestellt. Das heißt, vielen Menschen ist es wichtig, den Folgegenerationen durch Erziehung, Lehre, Weitergabe von Sinnsystemen, Politik, Journalismus, Ehrenamt et cetera ein gutes Leben zu ermöglichen. Bei Stichproben fand sie im Jahr 2008 heraus, dass 61 Prozent der Deutschen ein sinnvolles Leben führen, 4 Prozent in einer Sinnkrise steckten. Und 35 Prozent der Befragten gaben an, dass sie keinen Lebenssinn bräuchten – weil alles, was geschehe, entweder Zufall sei oder von anderen bestimmt werde. Sie glauben, dass ihr Handeln keine Bedeutung hat. Sie entwickeln keine Leidenschaft und halten sich aus allem raus.

Wer mit Sinn nichts am Hut hat, identifiziert sich natürlich weniger mit dem Leben an sich. Dann geht es nicht mehr um *das* Leben, sondern nur noch um *mein* Leben. Und sich rauszuhalten ist dann der nächste logische Schritt. Das ist für mich keine Option, das wäre wahrlich sinnlos. Die Antwort auf die Frage »Wozu tue ich das?« ergibt den konkreten Sinn im Hier und Jetzt. Die Antwort auf die Frage »Was haben andere davon, dass ich geboren wurde?« ergibt den Lebenssinn für mein Leben. Beide Fragen sind für mich der entscheidende Schlüssel zum Sinn und schaffen ein Bewusstsein dafür, wohin mich das, was ich tue, führt. Das ergibt Sinn im Kleinen und im Großen. Nietzsche hat es auf den Punkt gebracht, indem er sagte: »Wer ein Wozu hat, erträgt fast jedes Wie.«

Wenn ich weiß, wozu etwas Sinn hat, bin ich auch bereit, den eventuell steinigen Weg auf mich zu nehmen, um an mein Ziel zu kommen. Diese Frage hat mich persönlich viel beschäftigt. Sie hat mich geprägt und mich dabei unterstützt, in meinem Leben wieder einen Sinn zu finden – nachdem es erst einmal sinnlos erschien, überhaupt darüber nachzudenken. Was sich jedoch aus der Beantwortung dieser Frage entwickelte, das war und ist bis jetzt Pracht und Fülle.

Wir wissen nicht, wie unser Leben eingebettet ist, was davor war und was danach kommen wird. Die Vorschläge, die uns von kirchlicher und religiöser Seite gemacht werden, verlangen die Fähigkeit zu glauben – eine Vertrauensfrage. Mir scheint die Frage nach dem Sinn im Leben ein Abgeben der Verantwortung nach außen. Es erfordert Selbstverantwortung und Mut, um nach Sinn in sich zu suchen und dann diesen Sinn zu erfahren. Wir müssen unseren Sinn selbst suchen und selbst finden. Alles andere bedeutet, uns in die Tasche zu lügen.

In unseren Seminaren schlagen wir den Teilnehmern eine bekannte Übung vor, um ein Bewusstsein für ihren Sinn im Leben zu entwickeln. Sie bekommen die Aufgabe, ihren eigenen Nachruf aus verschiedenen Blickwinkeln zu verfassen: Partner, Kinder, Geschäftspartner, Freundeskreis, Geschwister. Dieser simulierte Rückblick schafft Distanz zu sich und klärt, was wirklich wichtig ist. Und so von sich loszulas-

sen und über sich hinauszudenken, ist für manche richtig
schwer. Doch wer sich darauf einlässt, erkennt leichter seine
wichtigsten Werte und kommt seinem Sinn sehr viel näher.
Es klärt die Hintergründe für das eigene Tun. Gründe, welche
wir im normalen Alltag gar nicht auf dem Schirm haben und
meist unbewusst bewegen. Lohnt sich die ganze Anstrengung? Ja, denn wenn wir uns unserer Motive und Werte
bewusst sind, können wir diese gezielter umsetzen und die
gewünschten Ergebnisse erzielen. Der Preis dafür ist, dass
wir uns regelmäßig auf den Hosenboden setzen und in uns
gehen müssen. Das ist manchmal ein wenig mühsam und
gelingt nicht immer auf Anhieb. Aber wenn es gelingt, eine
Spur zu legen, ist schon ein Anfang gemacht.

Sinnfindung ist für mich eine logische Kette. Für mich
ist das Leben mit seinen Gesetzen sehr logisch und klar.
Auch die Entstehung von Emotionen und die Unterschiede
der Geschlechter sind für mich sehr logisch. Es gibt für
mich eine Logik der Emotionen. Und wer Logik mit emo-
tionaler Kälte assoziiert, macht meiner Meinung nach einen
Fehler, mit dem er sich selbst einschränkt. Auch Sinnfindung folgt für mich einer klaren Logik. Deswegen setze ich
mich wahrscheinlich auch immer wieder gerne mit den
Unterscheidungen des Logikprofessors Matthias Varga von
Kibéd auseinander.

Als Beispiel bezieht er sich auf Wittgenstein mit der
Unterscheidung von Wunsch und Wille: Der Wunsch ist das,
was wir gerne tun würden. Der Wille ist das, was wir tun.
Zum Beispiel möchte ich gerne abnehmen (Wunsch). Doch
was ich tue, zeigt, was ich wirklich will. Schiebe ich mir eine
Torte rein, ist das mein Wille – das heißt, ich möchte nicht
abnehmen. Zwischen Wunsch und Wille klafft eine Lücke.
Je schmaler diese Lücke ist, desto besser bin ich in der
Selbstführung. Und wenn ich wissen will, wer ich bin, muss
ich nur meine Handlungen beobachten. Und je besser ich

andere kennen lernen will, desto genauer muss ich mir einfach ihre Handlungen anschauen. Nicht was sie sagen, sondern was sie tun. Oder kurz: **Du bist, was du tust. Und: Du
wärst gerne, was du sagst.** Genial!

Also: Das Leben ergibt genau so viel Sinn, wie wir ihm
zu geben vermögen. Jede Öse hakt sich in einen vorangegan-
genen Haken ein und kreiert wieder eine Öse, in welche der
nächste Haken passt, und so weiter. Wir müssen klein anfangen und uns zeigen mit dem, was wir tun. Verantwortung
dafür übernehmen. Das provoziert eine Rückmeldung aus
unserer Umgebung. Ergebnisse, die wir interpretieren, einordnen und verwerten können. Vielleicht sind wir bereits
auf dem richtigen Weg? Vielleicht auch nicht? Vielleicht
sehen wir ein großes Ziel oder gar eine Vision? Vielleicht
auch nicht? Vielleicht bewegen wir uns Schritt für Schritt
nach vorne? Vielleicht auch im Kreis? Klingt das jetzt sehr
verwirrend?

SINNSUCHE IST WIE TOPFSCHLAGEN

Erinnern wir unsere Kindheitstage: Wie war das noch mit
dem Topfschlagen? Unseren eigenen Sinn zu finden, ist nicht
viel anders! Zuerst muss ich mich melden, damit ich dran-
komme, und mir dann mir die Augen verbinden lassen. Blind
heißt es nun, auf die Knie zu gehen und ordentlich mit dem
Kochlöffel zuzuhauen. Dann verwerte ich die Zurufe der
anderen Kinder. Und dabei sollte ich immer daran glauben,
dass irgendwo im Raum ein Topf steht, unter dem sich ein
Stück Schokolade für mich befindet.

Nun will das Spiel – und die Kinderschar, die um mich
herumsteht und mir zuruft –, dass ich mich tastend darauf
zubewege beziehungsweise in die Richtung krabbele, wo ich

den Topf vermute. Die Rufe »heiß« und »kalt« sind dabei wie
ein Kompass. Ob er wirklich stimmt, wer weiß es zu sagen?
Ich muss ihm vertrauen. Die Kinder deuten mir durch ihre
Zurufe an, ob ich meinem Ziel nähergekommen bin (»heiß«)
oder ob ich mich entfernt habe (»kalt«). Irgendwann ist der
Topf gefunden, und die leckere Schokolade gehört mir. Wenn
ich nicht mit dem Kochlöffel herumklopfe, dann finde ich
auch keine Schokolade. Wenn ich nicht hinhöre, verliere ich
die Orientierung. Und wenn ich nicht glaube, dass irgendwo
ein Stück Schokolade für mich bereitliegt, fange ich gar nicht
erst an zu klopfen. Und damit ich die Schokolade – also den
Sinn – finde, welcher zu mir passt, sollte ich auf den richtigen Kindergeburtstagen sein. Das sind die Spielregeln, die
sich auch auf das richtige Leben übertragen lassen.

Die Schokolade ist mein höherer Sinn, das Klopfen das
Ausprobieren, ihm näherzukommen. Das Melden und Au-
genverbinden sind die Bereitschaft, aufs Spielfeld des Lebens
zu gehen und Selbstverantwortung zu übernehmen – im Bewusstsein, dass ich mir gegenüber recht blind bin. Das Inne-
halten und Verarbeiten der Rückmeldungen ist die Balance
zwischen dem, was ich tue, und dem, was mir rückgemeldet
wird. Die Kindergeburtstage stehen für die Menschen, mit
denen wir uns bewegen, die Organisationen, für die wir
arbeiten, und für alle Netzwerke, Vereine und Verbindungen,
die Teil unserer Lebensführung sind. Durch ein solches Vor-
gehen fange ich an, dahin zu gehen, wo ich hingehöre. Aus
dem kleinen Sinn ergibt sich am Ende der große. Ich muss
mich selbst führen, der Blindheit bewusst, beständig aus-
probierend, klug Feedback verarbeitend und immer an den
Topf glaubend, damit ich beim Topfschlagen gewinne.

**Wir alle kennen Momente, in denen das Leben keinen
Sinn ergibt.** Da helfen dann auch alte Kinderspiele nicht.
Man sitzt da und denkt sich: Was zum Teufel soll das Ganze?
Es herrscht eine gewisse Leere. Wir fühlen uns verloren.

Nichts scheint mehr eine Bedeutung zu haben. Diese Sinn-
suche geht häufig mit einer aktuellen Lebenssituation einher:
Eine berufliche Krise, eine Krankheit, eine Trennung, ein
Verlust oder fehlende Anerkennung – all das sind mögliche
Gründe, um das eigene Leben aus einer negativen Perspektive zu betrachten. Hilfreich ist in solchen Momenten, sich
bewusstzumachen, dass unser derzeitiger Blickwinkel nicht
der einzige ist, der die Sache beleuchtet. Dass das, was wir
wahrnehmen, nicht die absolute Wahrheit ist, sondern nur
ein Ausschnitt. Und dass es durchaus noch andere Sichtweisen gibt, die einzunehmen wir vielleicht in anderen Momenten wieder in der Lage sind.

Das ist auch eine Frage von Führung, von Selbstführung. Wenn allerdings eine psychische Erkrankung mit feh-
lenden Botenstoffen vorliegt, hört Selbstführung auf. Da
helfen nur Ärzte und Therapie, da helfen kein Zusammen-
reißen und Reflektieren. Ich schreibe hier über eine Art
mentales Fitnesstraining: qualitative Unterscheidungen zur
Entwicklung des geistigen Potentials, Transformation, Entwicklung der Persönlichkeit. Das ist nur bei gesunder Psyche
sinnvoll. Wer mit einer gezerrten, kranken Psyche ins mentale Fitness-Studio geht, macht einen Fehler. Das verwechseln manche leider.

Ansonsten kann jeder von uns führen, sich selbst und
meist auch andere, je nach Talent und entwickelnden Fähigkeiten. Wir müssen nur herausfinden, ob wir zum Führen
in einer Regierung, in einem Unternehmen, in einem Verein,
in einer Schul-AG, in einem Rettungswagen oder in der Familie befähigt sind. Wir müssen herausfinden, welche Talente in uns vorhanden sind und gestärkt werden können.
Dazu gehört auch, den unnützen Ballast abzuwerfen, um
sich auf das Wesentliche zu konzentrieren. Führung braucht
Klarheit. Wenn ich mein eigenes Werte- und Motivationssys-
tem nicht verstehe, entsteht Führungschaos. Chaos in mir

heißt bei Führungsverantwortung irgendwann auch Chaos bei den anderen.

Ballast werfe ich ab, indem ich regelmäßig meinen geistigen Kleiderschrank entrümple. Was hängt da unnütz herum? Welche alten inneren Bilder und Annahmen produzieren schwache Ergebnisse? Welche neuen Ideen sollten ausprobiert werden? Das ist immer spannend. Und es ist wie bei einem richtigen Kleiderschrank: Erst muss man mal erkennen, was alles drinhängt. Das ist Selbsterkenntnis pur. Dann was wie funktioniert: Das ist die Reflexion »Denken – Handeln – Ergebnis«. Und dann gilt: Wenn etwas Neues hinzukommt, muss etwas Altes raus, sonst platzt man innerlich mental. Und wer aussortiert, entdeckt hinter den alten Gedankenklamotten auch sehr wertvolle Dinge. Da wird so manche Ansage vom verstorbenen Opa erst richtig verstanden und gewürdigt. »Das Aussortieren des Unwesentlichen ist der Kern aller Lebensweisheit«, sagte schon Laotse vor fast zweieinhalbtausend Jahren.

Viele dieser »geistigen Ballastklamotten« haben mit Erwartungen an andere oder an das Leben zu tun. Erwartungen können zu heftigen Glücksbremsen mutieren. So möchten manche immer im »Flow« sein. Ja, sie fordern es geradezu: Der Chef, die Aufgabe, das Projekt, der Partner solle dafür sorgen. Das ist vermessen – ebenso wie immer gesund sein wollen. Der Wunsch ist verständlich, doch für einige gilt ja schon als Schwäche, ab und zu mal krank zu sein. Immer motiviert sein zu wollen, immer tolle Gespräche zu führen, immer tolle Kollegen oder Chefs zu haben, immer tolles Essen zu genießen, immer gut durchzuschlafen, immer tollen Sex. Wir können das Ganze kurz mit Gier nach guten Gefühlen zusammenfassen.

Deswegen werden schmerzhafte Nachdenkhilfen, zum Beispiel Krisen, negativ gesehen. Sie haben aber positiven Seiten, das habe ich ja selbst erfahren. Krisen fordern uns auf, den geistigen Kleiderschrank zu öffnen. Das fällt nicht leicht, denn gerade dann sinkt unser Energiepegel gegen null, und wir sind quasi gezwungen zu pausieren. Mein Großvater setzte sich in solchen Momenten immer in seinen Ohrensessel und hörte Radio, das hatte ich bereits erwähnt. Wenn er nach einiger Zeit wieder aufstand, war er meist stärker, klarer und kraftvoller als zuvor. Er hatte sein Bestes gegeben, in diesem Augenblick. Das Beste war das, was ihn wieder in die Kraft brachte, ihn inspirierte. Kann eine Krise denn ein Art Ohrensessel sein?

SELBSTFÜHRUNG FÜHRT ZUM ZIEL

Eine Frage der Selbstführung ist es auch, dass ich mir bewusstmache, ob ich etwas nur für mich selbst tue oder für ein höheres Ziel. Im Idealfall kommt beides zusammen. Das ist aber nicht immer möglich. Manchmal muss ich entscheiden: Tue ich etwas für das Fortkommen meines Unternehmens, oder kümmere ich mich um meine Karriere? Beides ist völlig normal und absolut in Ordnung. Die Frage ist: Was ergibt gerade am meisten Sinn? Wenn ich eine Entscheidung durchsetzen will: Ist sie gut für meinen Arbeitgeber und damit für alle, oder bin ich vielleicht gerade Opfer meiner Eitelkeit und will einfach nur Recht haben und gut dastehen? Um eine Antwort auf diese Fragen zu bekommen, muss ich mir immer wieder selbst beim Denken zuhören, mich selbst beobachten. Dann weiß ich um meine wahren Motive. Und je weniger ich andere verurteile, umso weniger verurteile ich mich. Und umso klarer sehe ich mich.

Um für mich weiterzukommen, sollte ich mich immer wieder fragen: Wie klar sind meine Ziele? Wie klar sind meine Motive? Wie wichtig sind mir diese Ziele wirklich? Inwiefern stehen sie in Einklang mit meinen Werten? Schaffe ich es, die Ziele Schritt für Schritt zu erreichen? Reichen mein Knowhow und meine Erfahrung,? Motivation entsteht, wenn ich anderen zeigen will, was ich selbst in mir entdeckt habe. Deswegen ändern sich Motive und Werte im Lauf der persönlichen Entwicklung stark. **Wer seine Ziele erreicht, verändert sich – wer nicht, auch.** Während etwa bei einem Berufsanfänger häufig das Motiv im Vordergrund steht, »es anderen zeigen wollen«, wird ein erfahrener Mitarbeiter eher vom Beitrag »zum großen Ganzen« angetrieben.

Was Motive im Überblick angeht, bewegen wir uns zwischen zwei Polen: ich und wir – Eigeninteresse und Interesse am größeren Zusammenhang, mit dem wir uns verbinden und dem wir uns verpflichtet fühlen. Es ist weder gut, dass wir uns dem einen aufopfern und uns dabei vergessen, noch ist es gut für uns, wenn wir nur um uns selbst kreisen. Die soziale Erwünschtheit sagt, das Wir sei besser als das Ich. Und deswegen wandert das Ich in den Untergrund. Und meine Empfehlung? Beide tiefer verstehen und weniger urteilen.

Dazu eine Analogie: Ein Fußballspiel dauert zweimal 45 Minuten. In der ersten Halbzeit spielen wir auf ein Tor, das wir das Ich-Tor nennen. Nach dem Seitenwechsel der Halbzeit wird auf das Wir-Tor gespielt. Wer aber die Halbzeit verpasst, schießt in der zweiten Hälfte nur Eigentore. Und wer das Ich in der ersten Halbzeit nicht gestärkt hat, bleibt in der zweiten oft erschreckend schwach.

Eltern mit älteren Kindern haben es vielleicht erlebt: die Familie als Hort der Harmonie, solange die Kinder klein sind. Dann nabeln sie sich ab, profilieren sich, begehren auf bis zur Rebellion. Schließlich entdecken sie ihre neue Ich-Stärke und nehmen ihren Platz in der Familie wieder ein. Was aber passiert, wenn schwache Eltern die Ich-Findung durch Unterdrückung oder Verzärtelung blockieren? Die Teenager finden ihren Platz nicht. Weil sie ihre Position in einer Gemeinschaft nicht bestimmen können, ersetzt ihr gekränktes Ego den Gemeinsinn. So entsteht statt gesunden Eigeninteresses krankhafter Egoismus, der Mitmenschen zu Sklaven ihrer Selbstsucht degradiert.

Deswegen: **Ohne starkes Ich kein starkes Wir.** Familie, Arbeitsplatz oder Verein: Ein starkes Ich will gefördert werden, damit es sich zu einem Wir transformieren kann.

SOZIALNORM – MARKTNORM

Ein Hindernis, das uns oft dabei im Weg steht, ist, dass wir zu wenig Klarheit in Sachen unserer tieferen Bedürfnisse und Aufgaben haben und damit mit den Normen, die uns umgeben. Für manche zeigt es den scheinbaren Konflikt zwischen privatem und beruflichem Leben – einen Konflikt, welchen es bei genauerem Hinsehen gar nicht gibt.

Da ich für mehrere Zeitschriften in der Weiterbildungsbranche Kolumnen schreibe, wurde ich gefragt, ob ich eine Kolumne über Wertschätzung verfassen wolle. Das war zu der Zeit, als dieser Begriff immer populärer wurde. Ich willigte ein, beschäftigte mich folglich mit Wertschätzung und fragte mehrere Leute nach ihrer Definition. Dabei war klar: je kürzer und präziser die Definition, desto tiefer durchdacht. Die Erklärungen waren jedoch alles andere als auf den Punkt – eher minutenlange Plädoyers. Nach dem Motto: Zehn Mal fragen bringt elf Meinungen. Also musste ich mich selbst auf die Suche machen.

Zunächst kam ich überhaupt nicht weiter. Deswegen parkte ich das Thema mental – ich hatte bis zur Abgabe ja noch etwas Zeit. Schließlich bekam ich eine Antwortkette aus einer ganz anderen Richtung. Warum nehmen wir bei einem Geschenk das Preisschild ab? Okay, damit die beschenkte Person nicht weiß, was es kostet? In Zeiten von

Google ist das lächerlich. Weil wir es schon immer so gemacht haben? Das ist natürlich eine tolle Erklärung. Nein, es geht um etwas anderes: Wenn wir das Preisschild abmachen, wollen wir verhindern, dass der Wert des Geschenks am Preis festgemacht wird. Wir möchten, dass das Geschenk von der materiellen Ebene auf die emotionale Ebene wechselt. Wir wollen dadurch die emotionale Bindung zu dem Beschenkten vertiefen. Es ist also ein Wechsel der Norm. Mit Preisschild ist das Geschenk Teil der Marktnorm. Ohne Preisschild wechselt es in die soziale Norm. Es gibt also diese beiden Normen.

Marktnorm heißt Marktgesetze: Erbringe Leistung, erarbeite Nutzen für andere gegen Geld. Diese Welt ist nüchtern, kühl. Soziale Norm beschreibt die Gesetze der sozialen Bindung. Diese Welt ist wärmer, geprägt durch persönliche Nähe und verbindende Werte. In der Marktnorm geht es auch um Macht und Dominanz, im Sozialen um Akzeptanz und Augenhöhe. Sicher kennen Sie Menschen, die stark in der sozialen Norm sind und in der Marktnorm versagen, und andere, bei denen es andersherum ist. In der Familie und im Freundeskreis ist es von Bedeutung, Wertschätzung dafür zu erhalten, dass wir einfach da sind, einfach so, als Mensch. Diese Nähe und Nächstenliebe sind für uns soziale Wesen enorm wichtig – wahrscheinlich sogar das wichtigste Gefühl überhaupt. Wertschätzung bedeutet hier Anerkennung als Mensch, manche nennen dies Liebe. Es ist etwas, was ich meinem Gegenüber losgelöst von jeder Bedingung gebe, weil es in meinem Leben ist und weil wir uns gegenseitig bereichern. Diese Art der Wertschätzung schenke ich meinen Kindern, meinem Partner, meinen Freunden. Oder kurz: **Wertschätzung in der sozialen Norm ist Anerkennung als Mensch, eine Art Liebe.**

Viele, die im Privaten diese Art der Liebe-Wertschätzung zu wenig erhalten, wollen das am Arbeitsplatz ausgleichen.

Statt Feedback für Leistung suchen sie Lob für ihre reine Anwesenheit und ihre guten Absichten. Sie verwechseln Feedback mit Lob! Für solche Menschen wird jedes Mitarbeitergespräch zur Selbstwertprobe. Jede sachliche, negative Kritik gilt als persönlicher Angriff. Solchen Mitarbeitern gerecht werden? Schwierig, aber nicht unmöglich für starke Führungskräfte. Es kommt darauf an, ihnen klarzumachen, dass ihr Wert als Mensch gar nicht in Frage gestellt wird – dass es um etwas ganz anderes geht.

Im Berufsleben, der Marktnorm, entsteht Wertschätzung durch Wertschöpfung für das Unternehmen. Sie ist eine Form von Respekt, den ich mir durch erwünschte Ergebnisse verdiene. Meinen Wert als Mitarbeiter bestimmen die Werte, die ich für die Firma schaffe. Wenn Mitarbeiter Ziele erreichen, sollte die Führungskraft ihnen Wertschätzung in Form von Respekt zollen. Rein menschlich gewürdigt zu werden, ist da nur die Begleitmusik. Doch genau da fangen die Probleme an. Oder kurz: **Wertschätzung in der Marktnorm ist Respekt für Ergebnisse, welche das Unternehmen weiterbringen.**

Im Unternehmen prallt diese verständliche menschliche Anspruchshaltung oft auf die harte Realität des Geschäfts. Firmen sind keine Wertschätzungsoasen – sie sind Wertschöpfungsfabriken. Diese Differenzierung ist extrem wichtig. Eine Führungskraft darf nicht zulassen, dass ein Mitarbeiter dichtmacht, weil er negatives Feedback persönlich nimmt. Schließlich ist Kritik an der Leistung auch ein menschliches Privileg. Sie gibt dem Kritisierten wichtige Hinweise für sein persönliches Wachstum. Und darum geht es: Jede Norm hat ihren Bereich und ist wichtig. Wer die Normen verwechselt, schafft unnötig Probleme!

In Unternehmen mit dem Mantra »Wir sind eine Familie« erleben wir einen Zusammenprall dieser Normen. Belegt ist, dass für Beziehungen in der sozialen Norm (privates

Umfeld) mehr Einsatz gezeigt wird als in der Marktnorm (beruflich). Ist es da nicht sinnvoll, diese Schippe Extraleistung mit dem »Familienmantra« abzurufen? Doch Vorsicht! Was sich zunächst toll anhört, kommt als Bumerang zurück. Denn Zeiten ändern sich – Normen ebenfalls. Zu Zeiten der Industrialisierung gab es einen klaren »Familiendeal«. Der Chef: »Ich gebe dir Sicherheit, du himmelst mich an!« Die Arbeiter: »Ich mach mich für dich, großer Macher, zum Leibeigenen. Du sorgst für mich!« Doch die Zeit der Macher – oder Familienoberhäupter – ist vorbei. Heute scheitern viele daran, beide Normen auf hohem Niveau zu leben. Sie bekommen ihr Leben nicht in eine Balance.

Theodor W. Adorno über die soziale Norm: »Geliebt wirst du einzig, wo du schwach dich zeigen darfst, ohne Stärke zu provozieren.« Das aber funktioniert in einem Wirtschaftsunternehmen nicht. Denn egal, wie menschlich es ist: Fehlt das Geld, kann es nicht mehr sozial sein. Menschen hingegen als soziale Wesen brauchen Nestwärme, und jeder muss für sein privates Nest sorgen. Wer dabei scheitert, sucht sein Nest am Arbeitsplatz. Und so sehen die Büros auch aus: immergrüne Yucca-Palmen, fotografische Ahnengalerie, gut bestückte Gefriertruhe und verführerische Espressomaschine. Kein Wunder, dass viele Menschen Probleme mit ihrer Work-Life-Balance haben. Sie brennen aus, ohne es zu bemerken.

Deswegen müssen wir unseren Fokus immer auf beide Normen richten. Keine ist besser oder schlechter, beide sind wichtig. Unreife heißt, eine der beiden Normen zu bevorzugen oder abzuwerten. Work-Life-Balance bedeutet nicht, tagsüber intensiv zu arbeiten und am Abend nach dem Jogging ein Glas Wein zu trinken. Die größten emotionalen Belastungen erleben Menschen im Konflikt von sozialer Norm und Marktnorm. Beide sind lebenswichtig, aber jede muss zu ihrer Zeit befolgt und gelebt werden.

Marktnorm definiert sich über Erfolg, soziale Norm über Erfüllung. Wenn wir diesbezüglich unsere Antennen ausfahren und in unserem Umfeld wahrnehmen, wer stark in der Marktnorm ist und schwach in der sozialen oder umgekehrt, wird es uns wie Schuppen von den Augen fallen, wo unnötige Konflikte entstehen. Wir müssen für Abgrenzung sorgen. Wenn ein befreundeter Steuerberater privat zu Besuch kommt, würden Sie ihn bitten, mal schnell Ihre Steuererklärung durchzusehen?

ICH UND WIR

Ein gutes Beispiel für das Zusammenspiel von Eigeninteressen und Dienst an einer Sache ist für mich der Fußballspieler Philipp Lahm. »Ich sehe meinen Führungsstil in der Art, dass ich jeden Tag versuche, mein Bestes zu geben. Ich glaube, dass ich fähig bin, das bis zum Ende der Saison auch abzuliefern. Aber nicht darüber hinaus.« Das waren die klaren Worte, mit denen er das überraschende Ende seiner Karriere als Profifußballer verkündet hat.

Bereits bei der Fußballweltmeisterschaft 2010, als er vom verletzten Michael Ballack die Kapitänsbinde übernommen und nicht mehr zurückgegeben hatte, zeigte er, aus welchem Holz er geschnitzt ist. Als Ballack zurückkehrte, forderte der mit geschwellter Brust seine Kapitänsbinde zurück – er forderte seinen Status ein. Viele sagen: mit Recht. Doch er hatte die Zeichen der Zeit nicht erkannt. »Was früher funktioniert hat, ist auch heute noch richtig«, dachte er. Er konnte und wollte nicht sehen, was in der Luft lag: Seine Zeit war vorbei. Nicht »er« war vorbei, sondern die Zeit »seines Typs«. Denn aus der früheren Statusorientierung mit klarer Hackordnung war inzwischen eine Ergebnisorientierung mit flacher Hierarchie geworden. Joachim Löw wusste das, und Lahm verkörperte die neue Zeit.

Lahms Vorstoß war mutig, keine Frage, ein Wagnis. Doch er hatte gesehen, was getan werden musste. Das ist Teil erfolgreicher Führung und erfolgreicher Selbstführung.

- *Schritt 1:* Verantwortung erkennen – sehen, was es braucht.
- *Schritt 2:* Verantwortung einordnen – nachdenken, wie es gehen könnte.
- *Schritt 3:* Verantwortung übernehmen – zupacken und Ergebnis liefern.
- *Schritt 4:* Verantwortung abgeben und übergeben – systematisieren, delegieren und loslassen.

Was das Team brauchte, hatte Lahm erkannt. Mut gehört oft dazu, sich bewusst und manchmal gegen den Strom für Verantwortung zu entscheiden. **Erst der Erfolg, die passenden Ergebnisse, geben am Ende Recht.**

Lahm und Ballack: Beide Top-Spieler, beide Kapitän der Nationalmannschaft, beide beendeten ihre Karriere als Profifußballer. Der Unterschied? Lahm diente zunächst dem großen Ganzen und dann sich selbst. Ballack diente zunächst sich selbst und dann erst dem großen Ganzen. Lahm führte durch den Blick aufs Große und Ballack durch den Blick auf sich. Beides ist weder richtig noch falsch. Doch alles hat seine Zeit – und die hat sich nun mal geändert. Ballack hatte das nicht mitbekommen, hielt an Altem fest und verlor.

Lahm hatte damals beschlossen, die Verantwortung an sich zu nehmen, vielleicht etwas forsch. Doch vor kurzem hat er ebenso bewusst entschieden, diese wieder abzugeben. Er packte zu und ließ wieder los, frei und selbstbestimmt. Auch durch ein Jobangebot des FC Bayern ließ er sich nicht in seinen Lebenslauf diktieren. Das machte deutlich, wie Lahm tickt: ein ergebnisorientierter Mannschaftsspieler, der sich leise durchsetzte, nicht laut. Er wartete, bis seine Zeit kam, langte zu und lieferte, konstant. Er bekam seinen Status durch Ergebnisse – und nicht Ergebnisse durch Status. Lahm war sich seiner Aufgaben als Profifußballer in einem der wichtigsten Vereine der Welt bewusst: auf Knopfdruck Spitzenleistungen abzuliefern. Dadurch wurde er schließlich zum Vorbild.

Lahm hat durch sein forsches Handeln seinen eigenen Standpunkt untermauert und umgesetzt. Zuvor musste er nachdenken, differenziert bewerten und die Perspektiven wechseln. So entwickelte er eine eigene Meinung – entgegen dem vorherrschenden Mainstream – und dachte in die Zukunft. Schließlich war ihm klar, was zu tun war. Er wusste, dass er der Mannschaft besser dienen konnte. Er wartete, bis die Zeit reif war. Und tat, was er für richtig hielt. Unaufhaltsam und entschlossen.

EIGENE MEINUNG ENTWICKELN

Was passiert, bevor ich eine eigene Meinung entwickelt habe? Auch hier ist es hilfreich, sich einige Fragen zu stellen: Habe ich mich ausreichend informiert und einen Sachverhalt aus mehreren Blickwinkeln beleuchtet? Habe ich mir die Mühe gemacht, zu überlegen, wohin die verschiedenen Blickwinkel in die Zukunft führen? Habe ich etwas nur gedanklich angerissen oder es sogar konzentriert durchdacht? Was waren meine Motive bei der Betrachtung und Bewertung der Situation? Suche ich nur nach einer Bestätigung meines derzeitigen Horizonts? Möchte ich Recht haben oder einer größeren Sache dienen?

Meinungen gibt es wie Sand am Meer. Wenn am Stammtisch über die Dummheit der Weltpolitiker geredet wird, prallen viele Meinungen aufeinander. Doch hier geht es mir um die Meinungsfindung, welche in eine Umsetzungsverantwortung mündet – das ist etwas ganz anderes. **Denn im Nachhinein wird die Meinungsfindung durch Ergebnisse entweder bestätigt oder widerlegt.** Wenn es darum geht, solch eine Meinung zu finden und sie zu äußern, beinhaltet dies in meinen Augen auch einige (Selbst-)Verpflichtungen:

- *Erst durchdenken, dann sprechen!* Nicht jeder spontane Einfall ist in jedem Moment wirklich hilfreich. Wer zu oft vorschnell hinausposaunt, wird irgendwann als Blender wahrgenommen. Und später wird man sogar seine guten Einfälle verwerfen, ohne sie zu würdigen. Merke: Verbale Inkontinenz wird nicht als Klugheit verstanden! Positiv formuliert: sich bei Rot vorbereiten, Luft bei Gelb Luft holen und erst sprechen, wenn die Ampel Grün zeigt.
- *Ort und Zeit mit Bedacht wählen!* Wer mit seiner Meinung zu einem unpassenden Zeitpunkt herausplatzt, während andere beispielsweise in einem kreativen oder produktiven Prozess stecken, wird nicht auf offene Ohren stoßen. Er wird als Störenfried wahrgenommen.
- *Nicht immer nur dagegen sein!* Ein Querdenker, der stets den Gegenpol einnimmt, ist im Grunde eher ein Quertreiber. Das ist genau die Art falsch verstandener Konsequenz, die statt Achtung nur Ächtung einbringt. Man wird in den Augen von anderen als Spielverderber gesehen.
- *Kein Duckmäuser sein!* Duckmäuser halten mit ihrer Meinung zu lange hinter dem Berg. »Nur dem Chef keinen Grund geben, mich negativ zu sehen«, lautet ihr Motto. Sie leben im Schatten und nähren sich von dem wenigen Licht, das andere auf sie werfen. Sie haben Angst vor der Verantwortung, die eine eigene Meinung mit sich bringt. Sie schweigen, wo sie sprechen sollen, und reden, wo sie schweigen sollten.

- *Kein Untergrundkämpfer sein!* Untergrundkämpfer treffen sich mit anderen Destruktiven und lieben das Dunkel. Sie intrigieren und infiltrieren. Ihr Einflussstreben ist größer als ihr Verantwortungsbewusstsein – eine gefährliche Mischung! Sie stecken die Köpfe zusammen und brüten faule Eier aus. Und wenn tatsächlich ein Standpunkt verlangt wird, kommen sie über das Mittelmaß nicht hinaus.

- *Freidenker sein!* Freidenker haben die Wahl, das Hilfreiche in der Meinung anderer zu erkennen und anzuerkennen. Ebenso können sie konstruktiv kritisieren und ihr eigenes Denkpotential kraftvoll in jede Diskussion, in jeden Gedankenaustausch einbringen. Freidenken ist keine primär intellektuelle, sondern eine charakterliche Leistung. Freidenker richten ihr Fähnlein nicht nach dem Wind oder gegen den Wind aus. Sie sind frei in der Wahl als Antwort auf den Wind.

Diese Erkenntnisse wurden bei mir durch den Verzicht auf die Teilnahme an den Paralympics in Athen geboren und haben sich bis heute weiterentwickelt und vertieft. Aus dem Raum, welcher durch eine Ablehnung entstand, wurde ein Sieg. Auch jetzt ist es immer wieder eine Herausforderung, die Balance zwischen persönlichen Interessen und dem größeren Ganzen zu halten – in meinen Firmen, in meinem privaten Umfeld und bei mir selbst. Meine Kraft zu dienen entspringt aus meiner Berufung. **Ich freue mich jedes Mal sehr, wenn in meinem Umfeld jemand die Kraft hat, über sich selbst hinauszudenken.** Welch ein Zustand der Erfüllung! Ist der Standpunkt klar und bewusst, braucht es Energie zur konsequenten Umsetzung. Diese entspringt aus der inneren Haltung, welche gewonnen werden muss, nachdem der Standpunkt deutlich ist.

6

—

HALTUNG GEWINNEN

Wer sein Leben überdenken will, sollte eine Auszeit nehmen, das weiß jeder. Doch wer macht das schon? Einen Schicksalsschlag als eine Art »Auszeit unter Zwang« zu sehen, ist schwer. Wenn das gelingt, hilft es bei der Verarbeitung enorm. Doch es bringt Menschen an den Rand psychischer Belastung – ein Grenzgang. Das war auch bei mir der Fall. Denn wenn etwas so sehr in die Hose geht, ist es heftig, seinen Teil der Verantwortung für dieses Ergebnis zu übernehmen. Der erste Impuls gilt der Suche nach einem Schuldigen außerhalb – weil der eigene Anteil der Verantwortung so heftig wiegt. Und die »Suche nach dem Schuldigen« ist hierzulande ein beliebtes Spiel, von der Gesellschaft gefordert, von den Medien gerne aufgegriffen. Wenn Sachen nicht wie geplant laufen, muss ein Sündenbock her und alle beruhigen. Je schneller, desto besser.

Im Lauf meiner Verdrängungsphase hatte ich eine interessante Erkenntnis: Die Suche nach einem Schuldigen hatte mich innerlich immer saft- und kraftloser gemacht. Doch je mehr ich lernte, meinen Teil der Verantwortung zu erkennen und schließlich zu übernehmen, umso mehr Kraft bekam ich für meine zukünftigen Planungen. Wichtig war, dass ich mich nur noch darauf konzentrierte.

Das konnte ich auch später immer wieder in Coaching-Situationen beobachten: Wird der passende Teil der Eigenverantwortung sauber aufgearbeitet, passiert etwas mit meiner inneren Haltung. Ich lade mich auf, wie bei einem Akku. Übernehme ich zu viel Verantwortung, lähmt mich das, übernehme ich zu wenig Verantwortung, ebenfalls. Es scheint also in der Mitte einen äußerst klugen, weil sehr wirkungsvollen Korridor der Verantwortungsübernahme zu geben. Den gilt es immer wieder zu erkennen. Und meine Erfahrung als Coach bestätigte dies. Ob bei Scheidungen, bei Entlassungen, bei Analysen für Erfolg oder Misserfolg. Bei Streits oder der Suche nach Ursachen bei schwachen Ergebnissen: Die Klarheit über den eigenen Anteil an einem miesen Ergebnis gibt Kraft und Hoffnung für die Zukunft.

Meine Verdrängungsphase war heftig. Ich beamte mich phasenweise in Schlaf, Hoffnungen und Träumereien, aber mein körperlicher Zustand blieb. Er veränderte sich nicht, zumindest nicht so, dass ich wieder tanzen gehen konnte. Es vergingen mehrere Klinikwochen, in denen ich haderte und mich innerlich organisierte. Mal sah ich meine Situation von der einen, mal von der anderen Seite. Auch ohne meine Beine bewegen zu können, sprang ich also geistig hin und her. Was mir fehlte, war eine Entscheidung, welchen Standpunkt ich einnehmen sollte. Das war auch gar nicht leicht, wenn man eben gerade nicht mehr zu stehen vermag! Meine veränderte Lebenssituation zwang mich dazu, mein Leben unter anderen Aspekten zu sehen.

Wochenlang hatte ich total passiv alles über mich ergehen lassen. Ich zog mich zurück – wie eine verletzte Katze, die sich unter dem Sofa verkriecht. Mit dem Erkennen meines Anteils der Verantwortung war es, als ob ich an einer roten Ampel gestanden hätte. Und nachdem ich begonnen hatte zu erkennen (intellektuell) und schließlich anzuerkennen (emotional), ging die Fahrt mit einem Mal wieder los. Die Lebensampel sprang auf Grün. Es war nicht so, dass alles andere mich aufgehalten hatte oder pure Zeitverschwendung gewesen war. Überhaupt nicht: Meine Seele benötigte die Zeit des Wartens und des Haderns, um Klarheit zu finden. Wie konnte mein Leben weiter verlaufen, und zwar so, dass es für mich erfüllend und sinnvoll war? Welche Perspektive war reizvoll und führte mich aus dieser Sackgasse wieder heraus, in die ich geraten war?

Im Drehbett war mir klargeworden, dass ich ein Beispiel sein könnte, denn nicht nur ich war von einem Schicksalsschlag betroffen. Auch andere Menschen sind gezwungen, Lebenswendungen anzunehmen, die sich nicht gerade erbaulich anfühlen: Sie verlieren ihre Jobs, werden krank, haben Streit, stecken in Krisen und geraten, aus welchen Gründen auch immer, aus der Balance. Ich wollte durch mein Leben vorleben, was mit einer neunzigprozentigen Lähmung möglich ist – nicht nur für Krisengeschüttelte, sondern für alle, die innerlich wachsen möchten. Das ging nicht, ohne neben meinem Geist mich auch körperlich zu fordern. Denn: **Ich erlaube mir, nur über Dinge zu reden, über die ich Bescheid weiß.**

Sehr bald begann ich mit dem Training und forderte die Muskeln, die mir noch verblieben waren. Es galt all die Dinge neu zu lernen, die mir im Rahmen meiner ganz praktischen Möglichkeiten ein Höchstmaß an Unabhängigkeit verschaffen könnten. Im Einzelnen bedeutete dies erst einmal, mir ganz grundlegende Dinge wieder anzueignen: selbständig essen. Rollstuhl fahren, Toilette organisieren. All die alltäglichen Verrichtungen, welche ich nun mit meiner Lähmungssituation für mich neu zu managen hatte. Die Klinik war wie ein Schonraum: überall Rampen und breite, elektrische Türen, ebene Böden, Schränke mit tiefen Borden, unterfahrbare Waschbecken. Und stets hilfsbereites Personal, das mich in allen denkbaren Belangen unterstützte. Das merkte ich, als ich ins »richtige Leben« zurückkehrte.

In meinem Wunsch nach größtmöglicher Unabhängigkeit wollte ich zurück an meinen alten Wohnort nach Köln. Aus heutiger Sicht ein idiotischer, weil völlig überfordernder Wunsch. Denn dort brauchte ich möglichst schnell eine andere Wohnung, weil meine alte nicht barrierefrei war. Ich musste einkaufen gehen und öffentliche Verkehrsmittel benutzen, und ich musste mich in der realen Welt, die kein Rampenparadies war, bewegen. Was mich genau erwarten würde, hatte ich in der Klinik nicht wirklich einschätzen können. Ich fing fast noch einmal bei null an. Anfangs brauchte ich 20 Minuten für eine Socke anziehen. 4 Stunden für ein komplettes Anziehen. Dann trainierte ich das, nachdem ich die Situation auch emotional anerkannt hatte, und siehe da: Bald wurde ich Minute um Minute schneller. Wenn ich mir »da draußen« nicht eine ganze Armee von Hilfs- und Pflegekräften zulegen wollte, durfte ich mich nicht hängenlassen. Der Sportler in mir – besser: der Kämpfer – war erwacht. Vielleicht ist es meiner Natur geschuldet, die Schwierigkeiten feuerten meinen Ehrgeiz jedenfalls gehörig an.

Es war alles andere als leicht für mich, und so manchen Abend fiel ich stimmungsmäßig zurück ins Drehbett und verfiel in Hoffnungslosigkeit. Es wurde jedes Mal erst besser, als es mir wieder gelang, meine Situation emotional anzunehmen. Es war ein permanentes Hin und Her. Und dabei wurde der Raum des Annehmens immer größer. Jedes Mal wurde ich ein Stück freier, mein Leben zu betrachten, und es taten sich wieder neue Möglichkeiten auf. Die Zukunftsangst wich mehr und mehr der Neugier. Meine Vergangenheit ließ ich los – so gut ich es eben konnte. Mit jedem kleinen Schritt erreichter Ziele wuchs mein Selbstvertrauen. Langsam, jedoch stetig. Aus diesem Bewusstsein von Selbstwirksamkeit heraus war mir klar, dass ich in meinem Leben schon viel geschafft hatte und auch diese neue Herausforderung meistern würde. Ich wuchs innerlich – und damit meine Bereitschaft, alle Hindernisse aus dem Weg zu räumen. Und: **Die meisten Hindernisse lagen in mir, das war mir klar.**

Ich wusste, dass ich mich auf mich verlassen konnte. Ich wusste, wo ich stand und dass ich von hier aus alles würde erreichen können, wenn ich nur wollte. Wenn ich bereit wäre, den Preis zu zahlen. **Den ganzen Ballast, den ganzen Mist von Ängsten und Fragen, der mich unbewusst lähmte, warf ich Stück für Stück über Bord.** Und kaum hatte ich mich von limitierenden Gedanken und inneren Bildern befreit, kam ein nächster Motivationsschub um die Ecke – eine weitere Raketenstufe. War die leer, musste ich wieder in mich gehen und nach der nächsten suchen. Das war meine Strategie. Mit der neuen Motivation kam die Handlungskraft zurück, als hätte sie nur auf den richtigen Anlass gewartet. Mit ihr wurde alles leichter, und es schien, als sei ich aus einem engen, düsteren Raum ans Licht getreten. Ich atmete frische Luft, ließ die Sonne auf mein Gesicht scheinen und konnte es kaum erwarten, die Welt neu zu entdecken. Ich hatte meine Situation differenziert bewertet. Dann die Perspektive gewechselt und schließlich die Standpunkte geprüft. Nachdem ich meinen Standpunkt eingenommen hatte, brauchte ich Kraft und Entschlossenheit zur Umsetzung – eine neue Haltung. Und jetzt gewann diese neue Haltung in meinem Leben immer mehr an Raum.

Wenn man so will, hatte ich eine neue Identität angenommen, in der selbstverständlich Teile meiner alten weiterhin präsent waren. Auch eine Identität ist nicht eins oder null, sie ist vielfältig. Und eine Identität in mir war und ist der Kämpfer. Es hat mir sicher geholfen, dass ich immer sportlich-ehrgeizig unterwegs gewesen war. Es war kein Zufall, dass *Rocky* zu meinen Lieblingsfilmen zählte und dieser Rocky Balboa, der sich aus den Armenvierteln Philadelphias als Boxer bis zum Weltmeister hochkämpft, so etwas wie ein Vorbild für die Identität des Kämpfers in mir war. Wie Rocky wollte ich mich vom Nullpunkt aus in ein möglichst freies und selbstbestimmtes Leben hochboxen. Ohne mir dessen bewusst zu sein, ging ich mein Vorhaben wie ein Boxer an, der sich auf einen wichtigen Kampf körperlich und mental vorbereitet. Und dabei ist die innerliche Vorbereitung auf den Kampf manches Mal wichtiger als der Kampf selbst.

Die Metapher des Boxens ist faszinierend. Das Ziel ist klar. Widerstände müssen überwunden werden. Dass man dabei sogar zu Boden gehen kann, ist ebenfalls klar. Und kein Sieg schmeckt besser als der Sieg, welcher hart erarbeitet wurde. Am Ende ist es aber gar nicht der Sieg über einen anderen, welcher so gut schmeckt, jedenfalls für mich nicht. Es ist der Sieg über sich selbst. Deswegen dient mir der Boxring in meinen Coachings immer wieder als Metapher, wenn ich Menschen verdeutlichen will, wie bedeutend die innere Bereitschaft im Vorfeld anstrengender Veränderungsprozesse ist, und sie darauf einstimme.

Meine passive Phase war keine Verschwendung: Sie diente der geistig-mentalen Verarbeitung – und die darauffolgende Phase der geistig-mentalen Vorbereitung. Oft war ich anfangs von den Pflegekräften und den Therapeuten angesprochen worden, endlich mitzumachen. Meine Antwort lautete immer: »Warten Sie ab. Ich bin noch nicht so weit. Sie werden sich wundern, was passiert, wenn ich bereit bin!« Damals war ich einfach noch nicht so weit gewesen. Ich war noch auf dem Rückzug nach innen und lange noch nicht bereit, nach außen zu gehen, weil mir ein Standpunkt, besser *mein* Standpunkt, noch fehlte.

Wie in vielen Situationen, verstand ich intellektuell genau, was die Pfleger von mir wollten, aber ich war emotional noch nicht einverstanden. Ich verweigerte mich. Ihre Angst war, dass ich mich generell verweigern würde – was sie sicher schon häufiger erlebt hatten. Doch ich war eben *noch nicht* bereit, ich ging *noch nicht* mit. Erst als ich meine eigene Haltung, meine Umsetzungsbereitschaft und Umsetzungsenergie zu meinem Leben gefunden hatte, konnte ich mitgehen – und das ganz ohne Kraft in meinen Beinen. Die Raupe meiner Gedanken war zwar verpuppt, aber der Schmetterling war noch nicht so weit, um aus der Puppe zu schlüpfen. Mein neues Selbstverständnis war noch nicht gereift. Es hingen noch zu viele Reste meines alten Lebens und meiner alten Identität an mir. Heute, im Rückblick, weiß ich, wie wichtig es ist, diese beiden Motivatoren zu reflektieren.

IDENTITÄT UND IDENTIFIKATION

Unser Selbstverständnis, unsere Identität ist ein wichtiges Element in unserem Leben. Sie bestimmt darüber, wie wir unser Leben gestalten. Sie besteht aus einem ganzen Arsenal von inneren Bildern, die wir von uns haben, die uns in unseren Vorhaben unterstützen oder auch bremsen. Wenn ich mich als kleines Rädchen im Uhrwerk fühle, werde ich nie große Zeiger bewegen. Wenn ich in mir das Bild eines Führungsspielers habe, dann werde ich mich nie auf der Reservebank wohlfühlen können. Wenn ich als Rollstuhlfahrer meine, dass ich mich nur auf Füßen im Leben glücklich fortbewegen kann, bleibe ich vermutlich stehen.

Identität ist nicht aus Zement gegossen – und wir haben nicht nur eine. So verstehe ich auch Richard David Precht, wenn er fragt: »Wer bin ich – und wenn ja, wie viele?« Wir haben immer wieder die Möglichkeit, uns bewusst mit Werten, Kontexten, Unternehmen, Gruppen, Vorbildern oder Ideen zu identifizieren. Dann übernehmen wir, was zu uns gehört, und den Rest lassen wir wieder los. Durch Identifikation kann eine neue oder erweiterte Identität entstehen. Wohlgemerkt: kann, muss jedoch überhaupt nicht.

Wird eine junge Frau zur Mutter (Identität), wird sich ihre Identität als Frau mit dieser Erfahrung sicher weiterentwickelt haben. Leider geschieht das bei den Meisten unbewusst – es ist ein lebenslanger Prozess, den jeder selbst für sich auch bewusst (mit)steuern kann. **Die Freisetzung des Vielfältigen in uns ist eine große Herausforderung für unser Umfeld.** Wir wissen: Der Mensch, besser sein Gehirn, mag es einfach. Denn dadurch entsteht Sicherheit. Diese Sicherheit beruhigt, ist aber auch ein bisschen langweilig. Über die Herausforderung mit dem Umgang verschiedener Identitäten hat Meredith Brooks in ihrem Song »Bitch« Folgendes geschrieben: »Ich bin Nutte, Lover, Kind, Mutter, Sünderin, Heilige. Alles durcheinander. Das bedeutet vielleicht, dass du ein stärkerer Mann sein musst ...«

Ausgangsbasis dazu ist selbstverständlich unsere tiefe Ich-Identität, die in der Zeit unserer Prägung entstanden ist. Der deutsch-amerikanische Psychoanalytiker Erik Erikson definiert Ich-Identität als »Zuwachs an Persönlichkeitsreife, den das Individuum am Ende der Adoleszenz der Fülle seiner Kindheitserfahrungen entnommen haben muss, um für die Aufgaben des Erwachsenenlebens gerüstet zu sein.« Das korrespondiert durchaus mit meiner Situation nach dem Unfall, die für mich wie eine zweite Pubertät mit ähnlichen Begleiterscheinungen war. Auch ich war gezwungen, in meiner Persönlichkeit zu reifen, um für die Aufgaben meines neuen Lebens gerüstet zu sein. Ich musste neue innere Bilder von mir finden und mich mit ihnen verbinden. Diese Bilder sollten keine Wunschbilder wie Folien – ein Image – sein, sondern: lebendig, stimmig, wahrhaftig, echt. Also hieß die Frage: Wie würde mein Leben fortan aussehen? Was wollte ich genau?

Wie lerne ich, mich mit etwas zu Identifizieren, was überraschend in mein Leben tritt? Eine ungewollte Schwangerschaft bringt Unruhe in jeder Identität, egal ob für die Frau oder ihren Partner. Doch die Identifikation mit dem eigenen Kind ist sicher leichter als jene mit fremden Genen. Vom Prinzip war meine Identifkationsfindung ein wenig so, als würde ich eine Beziehung mit einer Frau eingehen, welche ein Kind mit in die Beziehung mitbringt. Dann taucht die Frage auf: Wie lerne ich, dieses Kind zu lieben, mich mit ihm zu identifizieren, obwohl es eben nicht meine Gene trägt? Die Antwort ist intellektuell einfach und emotional eine Herausforderung: Indem ich mich intensiv und vorbehaltsfrei mit dem Kind beschäftige. Denn je mehr ich mich ihm gegenüber öffne und mich ihm widme, desto eher wächst es mir ans Herz und entsteht Identifikation. Das bedeutete für mich: Je mehr ich Zeit mit meiner neuen Situation verbrachte, je mehr ich mich ihr öffnete und mich ihr widmete, desto mehr kam ich mit mir ins Reine. Es entstand eine neue Identität: Ich war nicht mehr der durchtrainierte Sportstudent mit Waschbrettbauch, nein, ich war der Mann im Rollstuhl, der ein Beispiel dafür geben wollte, welches Potential in uns Menschen steckt.

Man könnte sagen, dass Identität und Identifikation zwei Kousinen sind. Identität bezieht sich auf die eigene Person und die Antwort auf die Frage: »Wer bin ich?« Identifikation bezieht sich dagegen auf Vorgänge, Dinge, Prozesse, die außerhalb meiner Person stattfinden und denen ich mich verbunden fühle. Ich kann mich mit Filmfiguren wie Rocky Balboa oder Lara Croft oder anderen identifizieren. Ich kann mich im Kino mit ihnen freuen oder mit ihnen leiden. Oder ich kann mich mit dem Unternehmen, in dem ich arbeite, identifizieren oder mit dem Verein, dem ich angehöre. Ich begreife mich dann als ein Teil davon, und anstehende Aufgaben oder die Arbeit gehen mir leichter von der Hand, auch wenn sie vielleicht nicht durchgehend angenehm sind.

Sich mit etwas zu identifizieren, ist eine enorme Kraftquelle. Nur, wer sich tiefer auf Aufgaben, Ideen und Werte einlassen kann, erfährt Erfüllung und reifes Glück –

privat und beruflich. Dabei geht es nicht um totale Überschneidung, sondern um eine passende, stimmige Schnitt-
menge. Der Wunsch nach totaler Überschneidung lässt sich
am treffendsten mit mangelnder charakterlichen Reife beschreiben. Je nach Grad der Identifikation wird die Tiefe
einer emotionalen Verbindung beschrieben, die sich nicht
aus sich heraus gestaltet. Und das ist genau der Moment, an
dem Menschen sich entscheiden müssen. Es ist der Punkt,
an dem ich selber ansetzen und arbeiten kann, wenn ich
meinen Standpunkt geprüft habe und es darum geht, dazu
eine Haltung zu entwickeln. Es geht um das Level von positiver Verpflichtung, welche ich in mir spüre.

Deswegen stehen »Visionen« auch so hoch im Kurs: je
stärker die Vision, desto einfacher die Identifikation. Das
Problem dabei ist, dass das Reden über eine Vision das eine
ist – und eine Vision zu haben etwas ganz anderes. Wer
wirklich eine Vision hat, sollte Gott danken. In diesem Fall
schreit jede Zelle im Körper nach deren Erfüllung. Das ist
eine maximale Bereitschaft zur Umsetzung. Mehr »Haltung
gewinnen« geht nicht. Doch echte Visionen sind extrem selten. Bis dahin ist es ein langer Weg. Am Anfang stehen viele
kleine Identifikationsschritte. Die Konzentration auf Möglichkeiten im Hier und Jetzt, kleine Gewinnchancen. Auch
ich musste mich zunächst für die Gewinnchance in meiner
Situation öffnen und mich emotional damit verbinden. Erst
als ich ein Gespür dafür hatte, wofür meine Situation gut
sein könnte, war Kraft zum Handeln da.

Wer geistig flexibel ist, kann flexibler seine Haltung
überdenken. Wenn ich beispielsweise nach einem langen
Arbeitstag müde nachhause komme und meine Frau mich
nach kurzer Begrüßung bittet, den Müll runterzubringen,
gibt es unterschiedliche Antwortmöglichkeiten. Erstens kann
ich sagen: »Ich bin müde. Der Müll kann warten.« Zweitens:
»Ja, Schatz!«, bringe den Müll schlechtgelaunt runter, murre

auf der Treppe herum, und die schlechte Laune bleibt bei
mir. Oder ich wähle diese Antwort und sage: »Liebling, gib
mir den Müllsack. Gerade wollte ich dir das vorschlagen. Ich
freue mich auf unseren gemeinsamen Abend!« Die erste
Alternative wird meist gewählt, sie liegt nahe. Bei der zweiten Wahl stimmt das Ergebnis, jedoch nicht die Atmosphäre.
Bei der dritten Variante bleibt der Vorgang der gleiche wie
zuvor, nur die mentale Vorbereitung und damit verbunden
die Haltung sind eine andere.

Smarte Gewinner erkennt man an der Vorbereitung und
dass sie es schaffen, das, was sie tun, in einen größeren
Kontext einzuordnen. Wenn zu kurz gedacht wird, ist das
Ergebnis Variante 1 – übrigens proaktiv, direkt, spontan. In
diesem Fall heißt die Aktivität: Müll nicht runterbringen.
Variante 3 entsteht durch einen zunächst reaktiv gewählten
Modus. Und eben nicht sofort aus dem Bauch heraus, bevor
ich proaktiv ins Handeln komme. Das Ergebnis hat dadurch
eine Chance, besser zu werden, für alle Beteiligten. Das heißt
nicht, es immer so tun zu müssen – es bleibt immer die
Wahl. Wichtig dabei ist: bewusst sein!

Zum gleichen Vorgang gibt es drei unterschiedliche Haltungen, die ich einnehmen kann, die auch unterschiedliche
Ergebnisse produzieren. Variante 1: schlechte Laune auf der
Seite meiner Frau (die ich irgendwann zu spüren bekomme),
Variante 2: schlechte Laune auf meiner Seite (die meine Frau
irgendwann zu spüren bekommt). Variante 3: gute Laune auf
beiden Seiten. Das scheint mir eine Überlegung wert zu sein.

Ich selber hatte zum Beispiel eine berufliche Abneigung
gegen YouTube. Filme in meinen Interessengebieten ansehen
fand ich gut, selbst Filme dort zu platzieren, fand ich überflüssig. Null-eins-Denken. Mir schien die Selbstdarstellungs-
plattform voller inhaltsleerer Filmchen, Follower-Quoten und
gehypter Influencer sinn- und nutzlos, reine Zeitverschwendung! Bis wir uns vor einiger Zeit in unserer Führungsaka-

demie mal wieder mit unserer Daseinsberechtigung in zehn Jahren beschäftigten. Da wurde uns klar, welche Chance die Digitalisierung für uns bedeuten kann. Wenn wir unsere Inhalte in offenen Seminaren und Coachings, Inhouse-Seminaren und ebenso digital in deutscher und englischer Sprache gleich verfügbar machen, können die Interessenten wählen. Und wenn die Inhalte klar strukturiert, aufeinander aufbauend und einleuchtend präsentiert sind, werden unendliche Kombinationen der Lernwege möglich. Eine Hammeridee! Zur Umsetzung braucht es auch YouTube.

Ich lehnte im ersten Impuls zunächst einmal kategorisch ab. Das war für mich alles Mist! Aber je länger ich mich mit der Idee befasste und je differenzierter ich mich mit YouTube beschäftigte, umso mehr konnte ich mich mit der Idee anfreunden. Im Italienischen sagt man: »Sposo un'idea.« Das heißt: Ich heirate eine Idee, die mir vielleicht zunächst einmal fremd ist. Das bringt es schön zum Ausdruck, was da passiert. Aus einem fremden Kind, mit dem mich auf den ersten Blick nichts verbindet, wird mit der Zeit ein Kind, in welches ich mich verliebe und für das ich gerne sorge.

Mittlerweile bin ich sogar so weit, dass es mir Spaß macht, über diese kleinen YouTube-Filme für unser Blended-Learning-System nachzudenken. Ich lade mich innerlich auf und bereite die Umsetzung geistig vor. Und ich freue mich schon darauf, wenn es bald mit der Produktion losgeht. Mein neuer Standpunkt ist klar, meine Haltung hat sich verändert. Deswegen kann ich mich jetzt identifizieren. Ich habe mir nichts schöngeredet, denn die Umsetzung ist wirklich sehr aufwändig. Doch jetzt empfinde ich neu, wenn ich an die Chancen der Digitalisierung denke, an das mögliche Ergebnis.

Das meine ich damit, wenn ich meinen Seminarteilnehmern und meinem Publikum bei meinen Vorträgen sage: **»Verliebe dich in das Ergebnis, und der Wandel fällt**

leicht!« Oder wie Reinhold Messner sinngemäß sagte: »Im Kopf muss man den Berg schon bestiegen haben, bevor man losläuft.« Das lässt sich auf Kleinigkeiten genauso wie auf jeden großen Zusammenhang anwenden, und natürlich auch auf jede Zwischenstation. Ein Buch wie dieses zu schreiben, ist enorm aufwändig. Über zwei Jahre Reflexion, sammeln, verwerfen, wieder verdichten und schließlich auf den Punkt bringen. Doch die Vorstellung, dass eine Leserin oder ein Leser durch diese Zeilen profitiert, macht es mir jede Mühe wert. Und deswegen freue ich mich so sehr über die zahlreichen Rückmeldungen zu unserer Arbeit. Diese Ergebnisse lassen mich gerne weitermachen, treiben mich an, beflügeln mich.

NEUORIENTIERUNG IST VERÄNDERUNG

Es geht bei solchen Prozessen immer um Neuorientierung, und damit um Veränderung. Sich wirklich emotional darauf einzulassen, ist nie einfach. Deswegen versuchen es die Meisten auch rein intellektuell, was emotional weniger belastet. Doch wir können kein Kind rein intellektuell erziehen. Für den emotionalen Transfer braucht es Zeit, die wir uns nehmen müssen. Diese Zeit brauchen wir auch, um uns an die irgendwie geartete übergeordnete Fragestellung zu erinnern und die positiven und negativen Aspekte uns vor Augen zu führen und uns für die positiven zu entscheiden.

Eine differenzierte Sichtweise ermöglicht Akzeptanz. Sie ist der Garant dafür, dass die Unterscheidung von »Was gibt es zu tun?« und »Was wünsche ich mir später, getan zu haben?« gelingt. Wer der zweiten Frage folgen kann, wird zu einem anderen Menschen. Einem sehr klar denkenden, weitsichtigen Menschen.

WAS WIR AUS CHANGE-PROZESSEN LERNEN KÖNNEN

Was haben Eduscho, Hamburg-Mannheimer, Mannesmann Mobilfunk, Woolworth, Praktiker, Schlecker und Raider-Schokoriegel gemeinsam? Richtig: Diese Marken gibt es nicht mehr! Entgegen unserem Wunsch nach Beständigkeit und Sicherheit ist überall Wandel.

Im Wirtschaftsleben sollen Change-Prozesse diesen Wandel professionell steuern. Dort lässt sich lehrreich studieren, was wann wie funktioniert und was nicht. Daraus kann jeder Einzelne etwas für sich lernen. So sicher, wie auf das Leben der Tod folgt, herrscht dazwischen der Wandel – eine Tatsache, mit der jedes Unternehmen und jeder Mensch unweigerlich konfrontiert wird. Bekanntermaßen lösen Veränderungen bei den meisten Menschen zunächst Widerstände, Ängste oder ein Festhalten an alten Gewohnheiten aus. Das Erbe der Steinzeit in uns wird wach, wittert Gefahr und reagiert mir seinen ihm zur Verfügung stehenden Mitteln: angreifen, weglaufen, sich tot stellen. Keines davon ergibt heute Sinn.

Damit sind nicht nur die kontinuierlichen Veränderungen der gesellschaftlichen, rechtlichen oder politischen Rahmenbedingungen gemeint: Wer auf Dauer an den Märkten und im Leben bestehen will, muss vor allem bereit sein, das eigene Tun und Lassen permanent anzupassen. Was heute passt, passt morgen noch lange nicht. Die Daseinsberechtigung von heute muss noch lange nicht jene von morgen sein. Was beim Hochkommen hilft, hilft noch lange nicht beim Obenbleiben. Anders können die Positionen für Unternehmen an bestehenden Märkten nicht weiterentwickelt werden. Am Anfang einer jeden Veränderung, welche sich auch durchsetzt, steht die Idee eines Menschen – eine Idee zur rechten Zeit am rechten Ort. Was Steve Jobs zur passenden Zeit im

Silicon Valley auslöste, ist hinlänglich bekannt. Wäre das auch in Hamburg gegangen? Wie Jeff Bezos durch Amazon das wachsende Vertrauen ins Internet zu nutzen wusste, ist ebenfalls Legende. Hätte dies zehn Jahre früher oder fünf Jahre später auch so funktioniert? Es ist nie nur ein Mensch allein, der Zusammenhang von Umfeld, Zeit und Ort spielt immer eine Rolle!

In meinem beruflichen Wirken habe ich permanent mit Menschen in Veränderungssituationen zu tun. Spezialisten zur Transformation von Führungsteams geht es im Kern immer um das tatsächliche Umsetzen und Anwenden wichtiger Inhalte. Aus meiner Sicht werden hier zwei hauptsächliche Fehler beim Umsetzen gemacht:

– *Veränderungsprojekte werden als »letzter Berg« dargestellt*, so auf die Art: »Noch hier hoch, dann haben wir's geschafft.« Doch das stimmt nicht, denn es geht von einer Veränderung zur nächsten. Veränderung bedarf nicht einer Anstrengung, sondern einer grundsätzlichen Haltung. Die muss in Zukunft geschult werden.

– *Es wird sich zu sehr auf die intellektuelle Einsicht bei Veränderungen konzentriert.* Der Wunsch ist verständlich. Dass das bei weitem nicht erreicht wird, wird inzwischen immer klarer. Die emotionale Komponente bei Veränderungsprozessen ist wirklich entscheidend. **Somit steht in Zukunft der professionelle Umgang mit Emotionen im Fokus.**

Intellektuell weiß jeder, wie wichtig in Unternehmen und damit für Menschen die Fähigkeit und der Willen zum Wandel sind. Doch primär sehnen wir uns emotional alle nach Beständigkeit, Sicherheit und Orientierung. Beides gilt auch für unser Leben jenseits der Arbeit. Veränderungen wollen gut vorbereitet und in der richtigen Haltung angegangen werden.

Klar gibt es Menschen mit dem Wandel im Blut. Symbolisch gesprochen: Viele horten ihre Schallplatten, obwohl ihr Plattenspieler längst defekt ist. Stark im Sammeln, schwach im Loslassen! Manche fahren ihr Auto, bis es auseinanderfällt, obwohl es wirtschaftlicher gewesen wäre, es rechtzeitig in Zahlung zu geben. Nostalgie schlägt Geldbeutel! Oft wird unterschätzt, dass jede Veränderung eine enorme emotionale Komponente hat. Sie erschüttert Gewohnheiten und gefährdet unser Sicherheitsgefühl. **Dass so viele Change-Projekte kläglich scheitern, liegt selten an der Strategie, sondern an emotionalen Belastungen der Beteiligten.** Ängste wie »Werde ich wegrationalisiert?« oder »Muss ich jetzt viel mehr arbeiten?« überlagern die intellektuelle Vermittlung möglicher Neuerungen, die vielleicht Synergien schaffen.

Vergessen wir nie: Wir Menschen sind zerbrechlich! Das gilt auch für die vermeintlichen »Tough Guys«. Nicht nur die jüngsten Managersuizide in der Schweiz machen das tragisch deutlich. Jeder balanciert auf seinem eigenen Dachfirst. Jeder! Wir sind sensible Wesen. Das habe ich in den letzten zwanzig Jahren als Coach gelernt. Wird unsere innere Welt zu sehr erschüttert, verlieren wir das Gleichgewicht und fallen. Deshalb ist es genauso wichtig, Mitarbeiter beim Wandel professionell emotional zu führen, wie ihren Kopf mit Zahlen, Daten und Fakten zuzuschaufeln.

Und welche weiteren Widerstände gilt es in Veränderungsprozessen zu beachten? Dazu meinte Niccolò Machiavelli sehr treffend: »Wer Neues schaffen will, hat alle zu Feinden, die aus dem Alten ihren Nutzen ziehen.« Wer Transparenz im »Change« anstrebt, hat jene gegen sich, welche von der mangelnden Transparenz gelebt haben. Und genau dieser Punkt ist überall zu beobachten. Messbarkeit und Ergebnisorientierung nehmen zu. Das heißt, in Zukunft gehört jenen die Welt, welche tatsächlich liefern. Doch die

informelle Kraft der Strippenzieher ist enorm: Das ist der
Kampf in allen Organisationen. Ergebnisse versus Politik. Je
größer das Unternehmen, umso schwieriger ist dieser
Kampf. Deswegen müssen wir unsere Sinne für Ergebnisse
schärfen. Vorsicht vor Nebelbombenwerfern, Süßholzrasp-
lern und Selbstimagebestätigern! Leider ist fast jeder mehr
oder weniger dafür anfällig – je nachdem, wie innerlich
stabil man gerade ist.

Zurück zur emotionalen Belastung beim Wandel mit
einem Beispiel aus der Vergangenheit: Zwei Automobilriesen
kommen zusammen, die Möglichkeit für Synergien ist atem-
beraubend. Die obere Managementebene ist ganz betrunken
vor Glück. Doch warum funktionieren die Ideen in der Umsetzung nicht? Und warum werden die eigenen Produkte
sogar noch viel schlechter beim Zusammengehen? Nun, die
Antwort ist leicht auf der emotionalen Ebene zu finden: Intern herrscht die Angst vor Existenzverlust. Sie übertrifft
die Freude der Chancen bei weitem, und deswegen werden
die Ellenbogen ausgefahren. Die Energie geht nach innen
und weg vom Markt, vom Kunden. »Wenn die Hirten sich
streiten, merkt man es dem Käse an«, sagte William Basie
und sprach damit aus, was wir alle wissen.

JEDER IST SEIN EIGENES
CHANGE-PROJEKT

Welchen Nutzen können wir als Mensch aus diesen wirt-
schaftsorientierten Überlegungen ziehen, damit unsere Lern-
und Veränderungsprozesse gelingen? Welche Haltung
braucht es dafür? Allem voran steht hier die Analyse mit
einem klaren Blick auf unsere Ergebnisse: Was läuft gut?
Und warum? Was kann ich da verstärken? Wo erreiche ich
mit wenig Aufwand hervorragende Ergebnisse? Denn dort

liegen sicher meine Talente und damit meine Zukunft. Und die Kehrtwende der Sichtweise: Was läuft schlecht? Was macht mich unzufrieden? Was genau? Wo erreiche ich mit großem Aufwand nur mäßige Ergebnisse?

Schon die Qualität der Fragen lässt erkennen, wohin dann die Reise in der Zukunft gehen sollte. Die beiden Fragen aller Fragen, die Mega-Master-Fragen, sind diese: Was würde ich tun, wenn ich wüsste, ich könnte gar nicht scheitern? Die Analyse der Antwort bringt uns unseren Träumen und Limitierungen deutlich näher. Deswegen geht die zweite Frage auf die Überwindung der Limitierungen ein: Was müsste passiert sein, wenn ich mein Hindernis überwunden hätte, und woran erkenne ich das? Wer sich diese Fragen regelmäßig stellt und den Antworten folgt, spielt in einer anderen Liga.

Zur Erinnerung: Diese Zeilen schreibt ein zu 90 Prozent gelähmter ehemaliger Sozialhilfeempfänger, der heute ein Leben lebt, welches er nie zu träumen gewagt hätte. **Starke Fragen liefern starke Antworten.** Diese Antworten werden zu Ergebnissen in unserem Geist. Dann verliebe ich mich in das Ergebnis. Ja, ich muss mich sogar in das Ergebnis verlieben – und zwar noch bevor ich anfange loszulaufen.

DAS LEBEN IST VERÄNDERUNG

Es ist jedem klar, nur oft nicht richtig bewusst: Wir verändern uns permanent, ob wir wollen oder nicht. Das Leben ist ein wenig wie das bundesdeutsche Autobahnnetz: Irgendwo ist immer eine Baustelle. Aber wir haben die Wahl: Wollen wir uns als Schöpfer aktiv daran beteiligen, oder wollen wir uns als Opfer verändern lassen? Warte ich, bis das Leben mich nötigt, oder werde ich freiwillig aktiv? Sicher stecken beide Pole in uns, doch die Frage heißt: Welche der beiden Kräfte lasse ich bei den wirklich wichtigen Punkten stärker in meinem Leben wirken?

Folgendes innere Bild habe ich für mich im Umgang mit Veränderungen gefunden: Unser Leben ist wie ein dickes Seil, das aus mehreren Strängen besteht. Beispielsweise können Gesundheit, Freundschaften, Berufung, Großfamilie, Kernfamilie, Finanzen, Kinder oder Beziehung zu uns selbst die einzelnen Stränge sein. Jeder sollte selbst herausfinden, was ihn im Leben trägt. Wichtig: Es sollten immer mehrere Stränge sein! Ein Leben aus wenigen Strängen oder gar nur einem ist nämlich äußerst störanfällig. Wer nur für die Kinder oder den Beruf lebt, für den wird es schnell eng. Die einzelnen Stränge sind miteinander verwoben und dadurch stabil – so werden wir vom Seil gehalten. Doch das wahre Leben zieht und zerrt von allen Seiten an dem Seil.

Deswegen müssen einzelne Stränge immer mal wieder geprüft, gepflegt und ausgetauscht werden, damit das Seil belastbar bleibt – eigentlich das ganze Leben lang. Bei einem solchen Wartungsprozess, den man mit Veränderung übersetzen könnte, wird der entsprechende Strang bearbeitet: mal geflickt und mal gekappt und durch ein neues Stück ersetzt. Die Schwachstelle des Strangs, der gerade bearbeitet wird, wird durch die Stärke der anderen Stränge kompensiert. So bleibt das Seil stabil, und es entsteht die Sicherheit, die wir benötigen. Das wird immer wichtiger, je mehr unsere schnellen Lebensverhältnisse am Seil zerren. Man muss nicht immer alles auf einmal in Frage stellen, wenn man Veränderungen angehen möchte. Wenn ich einen Lebensbereich »einer Wartung unterziehe«, ist es ratsam, dass ich mich versichere, dass die anderen Bereiche rundlaufen. So vermeide ich Krisen und schaffe mir die erforderliche Sicherheit. Das heißt im Umkehrschluss auch ganz klar: Irgendwo arbeite ich gerade bewusst und an mir und verändere mich. Immer! So wie ich gerade emotional die Kraft dazu habe, denn ich habe die Wahl: es aus mir selbst zu tun oder zu warten, bis mich das Leben zwingt.

Auf dem Weg zu einer entschlossenen Haltung habe ich mich immer wieder selbst gefragt: »Bist du noch auf Spur zum Ergebnis? Hast du die Wirkung im Blick, oder bremst du dich mit deinen Gedanken nicht am Ende selbst aus? Dienst du der Sache, oder drehst du dich gedanklich im Kreis?« Dann forschte ich in mir nach, so ehrlich wie möglich. Was bremst mich? Ist der Preis etwa zu hoch, den ich zu bezahlen habe? Oder habe ich die Wirkung aus den Augen verloren und muss sie mir wieder bewusstmachen? So manches Mal trat dabei Erstaunliches zu Tage.

So musste ich einsehen, dass ich Schwierigkeiten mit den Pausen nach Wachstumsphasen habe. So sehr ich die Anstrengung des Wachsens liebe, so viel Schwierigkeiten habe ich mit den Wachstumspausen. Wenn ich auf den Plateaus weiteres Wachstum erzwinge, hole ich mir eine blutige Nase. In Phasen des Wachstums gilt es, sich zu strecken. Doch wenn ich auf einem Plateau stehe, gilt es zu konsolidieren, zu systematisieren. Massives Handeln auf der Treppenstufe, tiefe Reflexionen auf dem Plateau. Es hat bei mir über zehn Jahre gedauert, bis ich das verstanden habe. Und leider erwische ich mich noch heute dabei, dass ich Dinge beschleunigen will, wo es nichts zu beschleunigen gibt. **Dann hilft mal wieder nur: warten, atmen, schweigen, nachdenken.**

In einem anderen Bild: Vielleicht muss ich mir auf der Autobahn meiner Entwicklung auch regelmäßig Raststätten einrichten. Sie können dazu dienen, mich von der Anstrengung zu erholen, gleichzeitig Zwischenerfolge deutlich zu machen und sie vielleicht zu feiern. Das ist absolut notwendig, damit mir meine hohe Motivation erhalten bleibt. Vielleicht gibt es ja auch einmal Rückschläge auf meinem Weg, die ich verdauen muss. Vielleicht brauche ich hin und wieder eine Nothaltebucht, um meine Wunden zu lecken, einen Blick

auf meine innere Landkarte zu werfen, mein Navigations-
system neu zu programmieren und mich wieder auf den Weg
zu machen. Die Richtung ist wichtig, aber auch, auf welchem
Pegel meine emotionale Ladung steht. Sie ist der Treibstoff,
der mir nicht ausgehen darf. Ich persönlich bin im Feiern
von Erreichtem noch ziemlich schwach. Aber ich werde besser, langsam ...

ERGEBNIS ODER BEZIEHUNG?

Eine weitere wichtige Unterscheidung: Bin ich eher Ergebnis-
oder Beziehungsmensch? Keines von beiden ist »besser«,
beides ist wichtig, jedes zu seiner Zeit. Der erste Typ behan-
delt sich und andere wie eine Maschine: »Ich muss funktionieren, du musst funktionieren!« Und wenn Fehler entstehen,
wird gnadenlos angeklagt und schuldiggesprochen. Die Tendenz: Andere Menschen werden zur Zielerreichung benutzt,
manchmal sogar missbraucht. Der gegensätzliche Typ nimmt
zunächst Rücksicht auf die Befindlichkeiten anderer: wie sie
sich fühlen, warum etwas nicht geht. Dadurch schlittert er
öfter auf schlechtere Ergebnisse. Doch allen geht es gut.

Von jedem der beiden Standpunkte aus haben Sie einen
anderen Blick und können neu überdenken und entscheiden.
Ab und zu schafft das auch Durcheinander. Egal, es schärft
den Blick! Wann stehen Ergebnisse im Vordergrund? Wann
die Beziehung? Für mich ist hier wieder einmal die goldene
Mitte die Lösung: Von hier aus kann ich beide Pole übersehen
und auch besser im Blick behalten – eine hohe Kunst! Le-
benskluge Menschen wissen, wann Ergebnis, wann Emotion
gefragt ist.

In meiner Situation nach dem Unfall hat dies natürlich
alles in einer Extremversion stattgefunden. Sie hat mir bei
allem Schmerz einiges erleichtert. Ich war aus dem Verkehr

gezogen und hatte Zeit. Viel Zeit. Und sehr überschaubare Wahlmöglichkeiten.

Meine Extremsituation und die Tatsache, dass ich aus meinem Alltag herausgerissen war, verschafften mir einen geistigen Freiraum, der mir zwei grundlegende Reflexionen ermöglichte. Einerseits: »Wie komme ich jetzt gut klar?« Andererseits neu und spektakulär: »Wie sieht eine tolle Zukunft für mich aus?« Intensive Beschäftigung führt idealerweise zu einer Inspiration, die es braucht, damit wir uns auf den Weg der Veränderung, der Transformation, machen, damit ein Handlungsimpuls in uns entsteht und wir zum Umsetzen kommen. Oder anders: Die Intensität der Inspiration spiegelt die Qualität der Reflexion.

Eine ungeheuer herausfordernde Situation lässt Inspiration leichter entstehen als der Alltag. Denn mit Alltag unterfütterte Lebenssituationen erfordern einen höheren Kraftaufwand, will man etwas verändern. Die Ausreden, anstehende Veränderungen nicht anzugehen, stehen eher in Habachtstellung und warten darauf loszumarschieren. Wir lassen uns vom Alltag absorbieren, weil wir die Sicherheit der Stabilität genießen. Deswegen trägt manchmal der Schuster selbst die schlechtesten Schuhe. Wir haben keine Zeit, einen Zaun zu bauen, weil wir ständig damit beschäftigt sind, unseren Hühnern hinterherzujagen. Wir können uns keine Denkpausen erlauben – oder meinen das zumindest. Vielleicht, weil die Not nicht so unausweichlich ist, wie sie es nach meinem Unfall war. Wir wissen, dass wir uns nicht davon abhalten lassen sollten, unsere Themen anzugehen. Deren Lösung stellt auf jeden Fall einen Gewinn dar. Doch unsere emotionale Anpassungskraft wird meist von anderen Themen aufgebraucht.

Mir helfen in solchen Entwicklungsprozessen diese vier Unterscheidungen: Wissen, Erfahrung, Selbstvertrauen und Ziele. **Wissen mal Erfahrung ergibt Kompetenz. Und Ziele** mal Selbstvertrauen ergibt Engagement. Über diese Entwicklungsknöpfe lohnt es sich nachzudenken. Sie spielen eine große Rolle in dem ganzen Prozess.

WISSEN HEISST KENNEN – KOMPETENZ HEISST KÖNNEN

Tieferes Verstehen wird durch Ergebnisse sichtbar. Deswegen heißt erfolgreiches Lernen nicht nur Wissenserwerb. Das ist in manchen Köpfen noch ein hartnäckiges Missverständnis. Klar, es braucht Wissen als Basis. Aber wer die Regeln des Humors kennt, bringt noch lange keine Menschen zum Lachen. Es hilft enorm, die Fakten zu kennen – das nennt man Wissen –, damit ich mich oder andere in Bewegung bringen kann. Aber genauso wichtig ist es, das vorhandene Wissen in der Praxis anzuwenden, damit es zu Erfahrung wird. In der Kombination »Wissen mal Erfahrung« wächst es zu Kompetenz. Das nenne ich in meiner Welt dann Können.

In der Signierstunde nach einem Vortrag trat einmal ein junger Mann zu mir an den Tisch. Er redete ohne Punkt und Komma. Schließlich fragte ich ihn: Was für ihn denn am Vortrag das Wichtigste gewesen sei? Und er sagte: »Herr Grundl, was Sie erzählen, kenne ich schon alles.« Ich zuckte zusammen, als mir der junge, smarte Mann diese Worte vor den Bug schoss. In mir brodelte es: »Da verbringst du Jahre damit, dein Thema zu durchdringen, damit andere davon profitieren, transformierst Führungsteams mit deiner Akademie, hältst Vorträge – und jetzt behauptet dieser Neunmalkluge, das wäre alles kalter Kaffee.« Ich war angefressen. Aber warum?

Nach einiger Überlegung wich mein Ärger mehreren Erkenntnissen. Es ist eine Mode, viele Dinge zu kennen: viele

Methoden, viele Thesen, viele Theorien, viele Bücher. Das Motiv ist auch schnell durchdrungen: mitreden können, gebildet wirken, souverän sein, also immaterieller Status. Okay, verstehen heißt nicht, einverstanden sein. Dabei ist eigentlich jedem klar: Intellektuelles Wissen (Kennen) produziert noch lange nicht die gewünschte Kompetenz (Können).

Mit dieser frischen Einsicht fragte ich ihn: »Kennen Sie es, oder können Sie es?« Er wurde ruhig. Seine Stirnfalten zeigten Zeichen von intensivem Nachdenken. Schließlich grinste er verlegen, nickte dankbar und ging davon. Und ich durfte lernen, dass ich meinen Idealismus im Entwickeln anderer relativieren muss. Sonst tut mir jeder Einzelne weh, den ich nicht erreiche. Also muss ich mich zwar öffnen, um zu wirken, doch meinen inneren Kern, das Selbst, schützen. Wie das geht? Ich musste lernen, Kritik sehr differenziert zu durchdenken. Viele Hinweise helfen mir in meiner Entwicklung weiter, andere gar nicht. Manchen geht es um die Sache, andere projizieren ihre eigenen Themen auf mich im Glauben, dass sie mich erfassen können. Indem ich mich so öffne wie in diesem Buch, helfe ich hoffentlich vielen weiter. Für andere ist es vielleicht gefundenes Fressen zum Draufhauen. Doch das Ergebnis der Hilfestellung überwiegt die Schläge als Spiegel.

Lernen umschließt den langwierigen Prozess der Durchdringung und macht aus angewandtem Wissen zunächst Erfahrung – und in der Kopplung von beidem Kompetenz. Nicht das Erzählte reicht, sondern das Erreichte zählt! Das ist in der Weiterbildung ein großes Thema. Unternehmen können noch so viele Trainings durchführen und Persönlichkeitstools einkaufen: **Wenn der Transferprozess in die Praxis fehlt, bleibt alles beim Alten.** In Entwicklungsprozessen kämpfen Menschen wie Don Quijote gegen Veränderungswindmühlen. Wissen im Kopf und Erfahrung im Bauch. Beim Kampf Verstand gegen Emotion gewinnt am

Ende meist die Emotion. Wie gesagt: Intellektuelles Wissen (Kennen) produziert noch lange nicht die gewünschten Ergebnisse (Können). Der Verstand zählt nicht mehr als Emotionen, und etwas intellektuell zu verstehen genügt nicht, um es praktisch zu beherrschen. Alles Erlernte muss aus dem Kopf zuerst ins Herz und dann in die Tat durchdringen, um zuerst den Menschen und dann eine Organisation zu verändern.

Praktisch weitergedacht: Von wem würden wir lieber lehrreiche Hinweise annehmen? Von einem Menschen der Tat, der die Dinge, die er vermittelt, erlebt hat? Einem Praktiker? Oder von einem Menschen des Intellekts, der durch das Studium vieler Bücher seine Erkenntnisse gewonnen hat? Einem Theoretiker? »Beides«, höre ich uns rufen. Und damit haben wir Recht. Der Kampf zwischen Theorie und Praxis ist so alt wie das Lehren selbst. Bei Johann Wolfgang von Goethe finden wir einen Hinweis auf den richtigen Mix: »Ein Blick ins Buch und zwei ins Leben, das wird die rechte Form dem Geiste geben.« Also zwei Drittel Praxis und ein Drittel Theorie. Nicht umgekehrt!

In unserer Akademie arbeiten wir mit folgenden Unterscheidungen als Formel: **Selbstvertrauen × Ziel = Engagement (Handlungslust).** Zur praktischen Anwendung heißt das: Ich ordne den beiden Faktoren Zahlenwerte zwischen 1 und 10 zu und multipliziere sie. Daraus ergibt sich als Ergebnis mein Wert für meine Handlungslust. Wenn mein Selbstvertrauen gering ist und das Ziel groß, ergibt es trotzdem ein niedriges Engagement im Ergebnis: $1 × 7 = 7$. Und umgekehrt genauso. Idealerweise sind die beiden Werte nah beieinander. Das ergibt die besten Ergebnisse: $5 × 5 = 25$. Das Problem dabei ist die Selbsteinschätzung. Aus Erfahrung schätzen viele Ungeübte ihr Selbstvertrauen höher ein, als es in Wirklichkeit ist. Und bei Zielen geht es nicht nur um die Klarheit der Vorstellung, sondern ebenfalls um die emotionale Nähe und damit die Identifikation mit dem Ziel. Erst dann wird der Wert klar. Werden diese Punkte beachtet, finden wir in dieser Formel immer eine Antwort zur Entwicklung unseres Engagements. Und was in der Selbstführung funktioniert, funktioniert auch bei der Führung anderer.

Für Wissen und Erfahrung funktioniert es analog: Wissen × Erfahrung = Kompetenz. Ohne Wissen als Grundlage ist jegliche Handlung ein Rumstochern im Nebel. Doch zu viel Wissen endet oft in unproduktiver Besserwisserei. »Je mehr ich weiß, desto mehr weiß ich, wie wenig ich weiß«, sagt Gerald Dunkel in Anlehnung an einen oft gebrauchten Satz aus der griechischen Antike: »Ich weiß, dass ich nichts weiß.« So gedacht ergibt er Sinn: Wertvoll erworbenes Wissen wird erst durch Handlungen zu Erfahrungen. Ich setze mir Ziele, wende mein Wissen an und mache es zu Erfahrungen. Erreiche ich meine Ziele, steigt dadurch mein Selbstvertrauen. Die vier Entwicklungshebel greifen ineinander.

Laut Francis Bacon ist Wissen gleich Macht. Und ich meine etwas differenzierter: Angewandtes Wissen wird dann zur Macht, wenn es die passenden Ergebnisse bringt. Ich arbeite seit achtzehn Jahren mit dieser Formel und lerne jedes Jahr dazu. Ich weiß natürlich, dass es andere Formeln und Unterscheidungen gibt. Doch mich überzeugt sehr, wie diese Formel in der Tiefe wirkt – das ist einfach unglaublich. Und ich wünsche von Herzen möglichst vielen, dass sie diese Tiefe der Wirkung in Kombination mit diesen vier Unterscheidungen erreichen.

ALLES HAT SEINEN PREIS

Diese Redewendung des Dichters und Apothekers Theodor Fontane hat noch eine zweite Hälfte: **»Alles im Leben hat seinen Preis; auch die Dinge, von denen man sich einbildet,**

man kriegt sie geschenkt.« Für mich hat das Zitat in seiner Gänze noch mehr Aussagekraft als die erste Hälfte, mit der manche Menschen tagtäglich argumentieren. Alles hat Auswirkungen, auch das, was uns zufällt oder geschenkt wird. Diese Auswirkungen sind der Preis, von dem Fontane spricht und den wir spüren, wenn wir uns für etwas entschieden haben.

Will ich noch gesünder leben, muss ich meine geliebte Zigarre sein lassen. Will ich ein intaktes Familienleben führen, kann ich nicht tun und lassen, was ich nur mir für mein Leben wünsche und ganz persönlich will. Will ich ein engagiertes Team, ist der Preis dafür, dass ich selbst auch engagiert bin. Das heißt, ich kann Engagement nicht einfordern, ohne selbst etwas dafür zu tun. Möchte ich mein Publikum erreichen, muss ich mich einbringen und dessen Themen aufgreifen und kann nicht einfach drauflosreden. **Ein starker Vortrag wird vom magischen Dreieck Inhalte, Humor und Betroffenheit getragen.** Und dafür muss ich Themen durchdrungen, appetitlich aufbereitet und humorvoll verpackt haben. Ohne solch intensive Vorbereitung kein herausragendes Ergebnis. Möchte ich Champions League spielen, dann muss ich mich entsprechend vorbereiten. Das ist der Preis, den ich dafür zahle – ein alltägliches Erfordernis: Permanent müssen wir etwas tun, lassen, geben, wenn wir uns für etwas entscheiden oder etwas erreichen wollen. Sportliche Erfolge verlangen Training, und das ist oft ungemütlich, lästig und fad. Für viele ein Riesenproblem: Wir wollen tolle Ergebnisse in unser Leben einladen, doch selten den Preis dafür zahlen. Das ist die Analogie zur Tüte im Kapitel 1: Gib mir den Inhalt jetzt, nicht die Fähigkeiten.

Wenn ich ein berufliches Vorhaben umsetzen will und dafür mit einem Ziel selbst erst einmal warmwerden muss, ist es nicht nur wichtig, mich zu motivieren, sondern ich muss auch den Preis kennen, den ich dafür zu zahlen habe. Das fällt übrigens unter Erfahrung. Besonders wichtig ist das dann, wenn das Ziel »von oben« vorgegeben ist. Denn viele Ziele werden von außen an uns herangetragen, was völlig normal ist, ob privat oder beruflich. Deswegen ist bestimmt nicht jeder von uns für alle Vorhaben von Anfang an Feuer und Flamme: Vieles braucht noch einen kleinen Schub.

Den Preis zu betrachten, zeigt, dass man das Prinzip »Erst säen und dann ernten« verstanden hat und sich nicht nur die Vorteile rosarot vor Augen hält. Es ist umsichtig, beides zu betrachten. Denn jeder ist Unternehmer seines eigenen Lebens: Investition, Verlust und Gewinn. Und es ist schon sehr interessant, denn das Leben scheint uns oft zu fragen: »Willst du das wirklich?« Dann prüft es unsere Entschlossenheit, indem es uns Widerstand bietet. Jetzt zahlen wir den Preis und bleiben dran – hartnäckig und entspannt. Die goldene Mitte. Und irgendwann scheint das Leben dann zu sagen: »Okay, ich habe verstanden: Du willst es also wirklich.« **Und siehe da, der Weg schiebt sich unter die Füße** – und die gewünschten Ergebnisse entstehen. Als Analogie fällt mir die Geschichte von Moses ein, als er sein Volk aus der Sklaverei führte. Bei der Flucht gerieten sie an einer Meerenge in eine Sackgasse, alles schien verloren. Doch als das Meer Moses' Haltung dank Gottes Unterstützung spürte, machte es Platz und ließ sie durch. Vielleicht ist diese Deutung nicht ganz bibelfest, doch mir hilft sie.

Forderungen und Einsätze verschwinden nicht einfach, indem man sie ausblendet oder ignoriert. An irgendeiner Stelle melden sich die unbedachten Dinge und zeigen sich dann als Bremsklötze und Blockaden. Manchmal kommen sie von innen: Ohne dass ich es bemerke, sabotiere ich mein eigenes Vorwärtskommen. Mal bin ich es mir selbst nicht wert, mal werden meine unbegründeten Ängste zur selbsterfüllenden Prophezeiung. Manchmal bin ich einfach nicht kompetent genug. Oder der Zeitpunkt passt nicht. Oder ich verliere – wie als Kinder früher beim Topfschlagen – den Glauben daran, dass irgendwo der Schatz für mich bereitsteht. Wer in sich selbst hineinhorcht, wird seine inneren Blockaden erkennen. Und wer sie anerkennt, wird sie schließlich auflösen, sie transformieren können.

Vielleicht lenken auch die zu überwindenden Anstrengung und Widrigkeiten meinen Blick zu sehr auf die Investition und zu wenig auf den Gewinn. Dann werde ich von den Nachteilen, die die Annäherung an mein Ziel mit sich bringt, überrascht und enttäuscht. In diesem Fall kann der Preis recht hoch werden, bis zu dem Punkt, dass mein System streikt. Wenn ich mich beispielsweise entschieden habe, richtig Karriere zu machen, und mir nicht im Vorfeld klargemacht habe, dass ein längerer Auslandsaufenthalt dazugehört. Dann war mir nicht bewusst, was das für mich und meine Bedürfnisse nach familiärem Leben bedeutet, und dann werde zwar im Ausland sitzen, aber meine Karriere wird trotzdem stocken, weil der Verzicht zu groß wird. Der Verlust ist höher als der Gewinn.

Freude erleben – Schmerz vermeiden. Hin zu – weg von. Auch wenn es im ersten Blick nicht so scheint und wenn ich den Gewinn nicht ganz klar vor Augen habe, wird mein Unterbewusstsein alles dafür tun, dass ich wieder in die Gewinnzone komme. Das bedeutet, es sorgt dafür, dass die Karriere, die mir den Verlust der Familie beschert, zum Scheitern gebracht wird. Deshalb muss ich mir bereits in der Vorbereitung darüber klarwerden, wo die Vor- und wo die Nachteile einer Entscheidung liegen. Die Waagschale des Gewinns sollte selbstverständlich schwerer wiegen als die des Verlusts.

Das nenne ich in meiner Sprache: mich energetisch aufladen, Haltung gewinnen. Eine innere Entschlossenheit entwickeln mit einer Umsetzungskonsequenz, vor der mir selbst ganz schlecht wird. Ich stelle mich hin und sage: Ich bin bereit, jeden Preis zu zahlen, um mein Ziel zu erreichen. Jeden! Ich lasse und werde mich von nichts und niemandem aufhalten lassen. Während ich diese Zeilen schreibe, bekomme ich selbst eine Gänsehaut am ganzen Körper.

Ich gehe in Gedanken zurück ins Krankenzimmer. Zu jenem Punkt, als ich mich das erste Mal selbst angezogen und mir draußen den Sonnenaufgang angeschaut habe. Und jetzt spreche nicht ich, sondern der Kämpfer, genauer gesagt, der Krieger in mir: »Meine Zeit ist gekommen. Jetzt! Ich bin bereit. Ich werde nicht weichen. Vor nichts und niemandem. Ich werde nicht niederknien. Ich bin hier. Und ich werde meine Zukunft in Besitz nehmen. Hier und jetzt. Ich zahle den Preis, im Voraus. Ich zahle ihn gerne. Schlage mich nieder, und ich werde aufstehen. Einmal, zehnmal, hundertmal. Es macht keinen Unterschied. Es ist egal. Ich stehe wieder auf und mache weiter. Ich werde meine Zukunft, mein Leben, meine Ergebnisse in Besitz nehmen. Und: **Ich werde siegen – wann, ist nicht entscheidend.** Ich werde. Heute, morgen, übermorgen. Egal. Ich werde gewinnen. So sicher, wie die Sonne morgen aufgeht. Ich bin bereit.«

Ist das zu heftig? Das heißt überhaupt nicht, dass jeder so sein sollte. Ich möchte nur mit Ihnen meine innerste Haltung teilen. Was Sie daraus machen, liegt in Ihrer Verantwortung. Ich wünsche Ihnen von Herzen, dass diese innere Kraft, diese innere Entschlossenheit, dieses Mindset ein Teil Ihres Lebens wird. Dass Ihr innerer Krieger erwacht. Nicht vergessen: Der Krieger ist nur ein Teil. Es gibt genauso den Liebenden, den Weisen oder den Hofnarren. Und noch all die anderen Wesen, welche Sie in sich entdecken. Doch der Krieger formt das Leben, teilt das Meer, setzt sich durch. Denn ich weiß, was solch eine Haltung bewirken kann: Mindset is everything!

Madonna singt in Ihrem Lied »Don't Tell Me«: »Sag mir nicht, dass ich aufhören soll. Sag dem Regen, dass er nicht fallen soll. Sag dem Wind, dass er nicht wehen soll. Sag der Sonne, dass sie nicht scheinen soll.« Und Anastasia in ihrem Song »Paid My Dues«: »Ihr könnt über mich sagen, was ihr wollt. Könnt mit mir machen, was ihr wollt. Aber ihr könnt mich nicht aufhalten. Ich habe meine Schulden bezahlt.« Ich würde für sie sagen: »Sie hat ihren Preis bezahlt.« Wer wissen will, was »Haltung einnehmen« bedeutet. Voilà, hier ist es.

Im Gegensatz zu dieser Haltung ist die bei uns sehr weit verbreitete Schnäppchen-Mentalität eine verführerische Falle. Sie macht uns vor, dass der Preis sehr niedrig ist, es manchmal kaum etwas kostet und Wünsche günstig in Erfüllung gehen. Die Werbung mit ihren ständigen Sonderangeboten impft uns dafür Tag für Tag. Wenn es irgendwo die Einbauküche 20 Prozent billiger gibt, glauben wir, dass wir sparen. Wie absurd! Mit dem Autokauf warten wir, bis die nächste Rabattwelle der Autoindustrie anrollt.

Mit einer starken inneren Entscheidung funktioniert das so nicht! Da gibt es kein Leben auf Pump. Es gibt wenig bis keinen Verhandlungsspielraum. Die Jagd nach dem Angebot, das den niedrigsten Preis mit sich bringt, ist verheerend, denn sie lässt viele wichtige Faktoren über tatsächliche Wertschöpfung weg. Und einen Sommerschlussverkauf der Ideen und Entscheidungen gibt es ebenfalls nicht. Es muss für mich ganz klar sein: Was möchte ich, und was gebe ich im Voraus dafür. Nur wenn ich mir bewusstgemacht habe, was der Preis ist, und bereit bin, ihn zu bezahlen, komme ich an mein Ziel und erreiche das, was ich will. Das gilt vor allem geistig! Es gibt keinen bequemen Aufstieg auf Berge. Es gibt leichte Besteigungen, aber die haben den Preis, dass sie länger dauern.

Veränderungen sind immer mit Gewinn, aber auch immer mit Verlust verbunden. Und wo Verlust ist, gibt es auch Angst vor Verlust. Entscheidungsschwachen Menschen gelingt es nicht, sich aus der mentalen Verlust- in die Gewinnzone zu bewegen. Es ist nicht die Angst, die sie lähmt. Angst haben wir nämlich alle. Es ist ihr Umgang mit der Angst – die Angst vor der Angst.

MACH DEINE ANGST ZUM FREUND

Wohin gehen wir, um unsere Muskeln zu stählen, und wohin mit einer Zerrung? Im ersten Fall ins Fitness-Studio, im zweiten zum Orthopäden, einem Therapeuten. Wie steht es mit mentalen Blockaden, unseren Ängsten? Mit einer Angststörung gehören wir zum Psychologen, einem Therapeuten. Wohin aber mit den normalen Ängsten, die wir alle reichlich haben? Jene, die unser Wachstum blockieren, ohne dass ein Therapeut zuständig ist? Was machen wir mit ihnen: verschweigen, kompensieren, keine Schwäche zeigen oder ins mentale Fitness-Studio gehen? Letzteres halte ich für eine sehr gute Idee, denn wenn wir trotz Angst handeln, zeigen wir damit unserem Inneren: Ich kümmere mich darum. Es gibt einen Weg aus dieser Situation, aus diesem Denkmuster, und ich werde ihn finden. Wer sich den eignen Belangen stellt, wird freier, und die Angst verwandelt sich in Handlungskraft. Zuerst Blockade, dann Antrieb. Trifft Handlungslust dann noch auf eine kluge Strategie, geht es richtig ab.

»Angst« kommt vom lateinischen »angustiae« für »Enge«. »Die Angst schnürt mir die Kehle zu«, sagt der Volksmund. Angst gehört zum Leben. Oft genug ist sie sinnvoll und will uns schützen. Dass ich mich davor ängstige, auf der Autobahn spazieren zu gehen, ist sinnvoll, da lebenserhaltend. Menschen sind angstbesetzte Wesen – das bestätigen Studien ebenso wie meine achtzehnjährige Erfahrung in der Führungskräfteentwicklung. Angst ist nichts Negatives, sie sichert unser Überleben. Sie ist nur sozial uner-

wünscht und nicht gerne gesehen, weil sie Schwäche bedeutet. Aber: **Nicht die Angst ist die Schwäche, sondern die
Angst vor der Angst.** Ohne sinnvolle Angst würden wir recht
früh an Dummheit sterben. Wir müssen sie nur erkennen,
annehmen und uns ihr stellen. Als Sklave sind wir ihr ausgeliefert, als ihr Herr machen wir sie zu einem mächtigen
Gestaltungswerkzeug unserer Entwicklung. Herr statt Sklave:
Darauf kommt es an, mal wieder.

Die Angst beiseitezuschieben bringt uns ebenfalls nicht
weiter. Verdrängte Angst ist nicht wirkungsvoll, sondern
produziert eine Menge nutzloser Eigenschaften. Gier entsteht
aus der Angst, zu kurz zu kommen. Überzogener Ehrgeiz,
der Geiz an Ehre, übertönt die Unsicherheit, nicht anerkannt
zu werden. Ungeduld ist die Angst, etwas nicht zu schaffen.
Sorge vor Ablehnung macht uns zu Jasagern. Mit Totstellen,
Wegrennen oder Aggressionskompensation können wir ihr
nicht entgehen. Wir machen uns zu Dienern, ja Deppen der
Angst.

**Wahrer Mut liegt nicht in den Dingen, die wir tun,
sondern in der Überwindung dessen, was uns zurückhält.**
Mutig ist nicht der Fallschirmspringer, der keine Höhenangst
kennt. Mutig ist der Ängstliche, der sich trotzdem auf eine
Leiter wagt. Eine Führungskraft, die befürchtet, nicht ge-
mocht zu werden, liefert sich dem aus, fordert zu wenig
Verantwortung ein und macht es lieber selbst. Bloß nicht
unbeliebt machen! Für mehr Wirkung braucht sie den
Dreiklang der Transformation. Zuerst das intellektuelle Er-
kennen: »Ich habe Angst.« Dann das emotionale Anerkennen:
»Das macht sie mit mir, und ich stehe dazu.« Schließlich die
Transformation: »Ich handle trotzdem mutig.«

Damit entscheidet sie sich für kurzfristigen Schmerz
(Überwindung) und mittelfristige Freude (Wachstum der
Mitarbeiter). Führungskräfte, die auf kurzfristige Freude
(Beliebtheit) ausweichen, können sich später nicht an der

Entwicklung der Mitarbeiter freuen – und daran, dass diese von ihr lernen. Denn wer aus Angst gelähmt oder aggressiv reagiert, produziert Lähmung und Aggressivität bei anderen. Und wer zeigt, dass seine Transformation die Befürchtungen besiegt, erzeugt mutige Mitstreiter. Deswegen empfiehlt der vietnamesische Weisheitslehrer Thích Nhất Hạnh: »Umarme deine Angst.«

Damit ich meine Angst umarmen kann, muss ich aus ihr heraustreten und sie distanziert betrachten. Das ist eine anspruchsvolle Herausforderung. Doch das »mentale Fitness-Studio« hilft: Auf den Preis hin überprüfte Ziele, die uns in angemessenem Maß fordern, überstrahlen die Enge, wenn wir das Ergebnis im Blick behalten. Unsere Angst schmilzt dahin durch die Dankbarkeit für das, was wir bereits geschafft haben. Oder einfach die Dankbarkeit ans Leben. Anders verdichtet: **Verliebe dich ins Ergebnis, und du wirst deine Angst auf dem Weg bezwingen.** Denn wer seine Angst transformiert, gewinnt einen Freund, der ihn im Leben weiterbringt. Die Überprüfung der Ziele, die Akzeptanz des Preises und die Verwandlung der Angst werden zu einer Haltung, die uns bereichert. Ein Prozess bereitet uns auf den anderen vor. Jede Stufe gehört zu einer Leiter. Eine Leiter, die hoffentlich an der richtigen Mauer lehnt.

ENTSPANNTE HARTNÄCKIGKEIT

Wir können nicht nur zum Sklaven unserer Angst, wir können auch zum Sklaven unserer Entschlossenheit werden. Dann verbeißen wir uns wie ein Terrier ins Stöckchen mit aller Kraft – bis wir vielleicht in der Luft zappeln, wenn »unser Herrchen« das Stöckchen wegnehmen möchte. Hier erleben wir die Faszination des totalen Fokus, den Tunnelblick: Im Zupacken verschmelzen Wille und Jagdleidenschaft mit dem Stöckchen – als sei es das Begehrenswerteste der Welt. Positiv nennen wir diesen Zustand extremer Identifikation zwischen Mensch und Aufgabe Flow.

Das Problem: Was, wenn wir uns in etwas verbissen haben, das den Kampf nicht lohnt? Etwa eine Detailbesessenheit, die für das Endergebnis unwichtig oder gar hinderlich ist. Oder das Festhalten an einem Produkt, das längst in die Ahnengalerie gehört? Oder negative Gefühle jemandem gegenüber, der uns Schmerz zugefügt hat? Wir müssen uns entscheiden. Der Moment, in dem wir realisieren müssen, ob es Sinn hat weiterzukämpfen oder wir loslassen sollten, ist fragil. Nicht jeder Cowboy bekommt mit, wenn er auf einem toten Pferd reitet. Manch einer verdoppelt lieber seine Anstrengungen, anstatt abzusteigen. Viele Menschen können da eine große Hartnäckigkeit an den Tag legen. Entspannt ist die dann allerdings nicht.

Und umgekehrt: Wie oft lassen wir zu früh los? Aus Bequemlichkeit? Vielleicht, weil die Umsetzung eines Kundenbedürfnisses intern zu viel Staub aufwirbeln würde? Oder weil unser Harmoniestreben notwendige Auseinandersetzungen scheut? Bei Begeisterungstypen, die dem Zauber des Anfangs erliegen und die Qual des Zum-Ende-Bringens verweigern, ist jede Ausrede willkommener als Regen in der Sahara. Man kann eben auch zu früh aufgeben. An welcher Stelle sich der Weg gabelt, bekommt jeder mit, wenn er achtsam wandert. Kreuzungen sind keine plötzliche Angelegenheit, wir steuern darauf zu. Entschlossenes Handeln und bewusstes Loslassen sind Entscheidungen, bei denen die Erfahrungen der Vergangenheit genauso präsent sind wie Selbsterkenntnis. Und beim Abwägen hilft mir immer wieder Nietzsche mit seinen Worten: »Viele sind hartnäckig in Bezug auf den einmal eingeschlagenen Weg, wenige in Bezug auf das Ziel.«

Ein anderer Fall: Paviane sind extrem neugierig und lieben Melonensamen. Das afrikanische Volk der Malachahadi nutzt das, um die Affen zu fangen, damit diese sie zu verborgenen Wasserstellen führen. Die Jäger bohren ein Loch in einen Termitenhügel und legen eine Hand voll Samen hinein. Der gierige Pavian greift hinein und packt zu. Um nichts in der Welt würde er den Leckerbissen loslassen – selbst dann nicht, wenn die Fänger nahen. Sein Problem: Die geschlossene Faust passt nicht durch die Öffnung, aber den Schatz aufzugeben, verbietet ihm seine Gier. Hier kostet Nicht-loslassen-Können ein Wesen seine Freiheit.

Ich habe mich in meinem Leben für die Balance zwischen entschlossenem Handeln und klugem Loslassen entschieden. Heutzutage sind Veränderung, Transparenz und Tempo unsere ständigen Begleiter. Deshalb müssen wir unterwegs permanent nachjustieren, gegensteuern und Überflüssiges schnell loswerden. Neue Güter oder Gedanken aufnehmen und Ballast entsorgen. Wir müssen klug wenige, dafür entscheidende Prioritäten setzen, aber das trennt den überlegten Lebenskofferpacker von dem Artgenossen, der ständig mehr in den geistigen Kleiderschrank packt, ohne dafür ein paar alte Sachen auszuräumen (loszulassen). **Sie packen sich voll, bis sie platzen. Sie platzen mental.** Und dann gibt es Menschen, die mit dem Loslassen keine Probleme haben, weil sie selten richtig zupacken und Verantwortung übernehmen. Auf den richtigen Mix kommt es an. In meiner Sprache heißt das entspannte Hartnäckigkeit, die goldene Mitte auf einem höheren Niveau.

DER RICHTIGE ZEITPUNKT

Manchmal ist die Zeit vielleicht noch nicht reif für das, was wir wollen. Dann ist es besser, dass wir es als ein »Jetzt-noch-nicht« parken, statt es zum »Niemals« zu stempeln. Denn das Nie frustriert. Haben wir aber endlich zugepackt, scheint das Loslassen sogar die höhere Kunst. Wie das geht? Wir müssen den Ursprung unseres unbewussten Reinsteigerns finden: Woher kommt das? Wohin führt es?

Der Pavian ist verdammt dazu, sein Ziel nicht zu erreichen, weil er auf Grund seiner Gier nicht loslässt. Das sind wir nicht. Besser: Das sollten wir nicht sein. Lassen wir uns nicht zum Affen machen – auch nicht von uns selbst. **Lassen wir los, was uns unnütz belastet** – und uns unseren Zielen nicht näherbringt! Das befreit.

GRENZEN UND GRENZERWEITERUNGEN

Viele von uns lassen sich von Steinen, die uns im Wege liegen oder in den Weg gelegt werden, ins Bockshorn jagen, wie mein Großvater zu sagen pflegte, und schränken ihr Handlungsfeld damit ein. Diese Steine bestehen oft aus Schwierigkeiten, die real vielleicht gar nicht vorhanden sind und auf die unser innerer Steinzeitmensch »in weiser Voraussicht« den Blick lenkt, uns damit von unseren eigentlichen Zielen ablenkt und auffordert, uns schon gar nicht auf den Weg zu machen, weil Gefahr im Verzug ist. Man kann alles nutzen, was einem im Leben passiert. Deshalb sagte Khalil Gibran: »Die Schwierigkeiten, auf die wir stoßen, wenn wir ein Ziel zu erlangen trachten, sind der kürzeste Weg zu ihm.« Das kann sogar für eine Querschnittlähmung gelten.

Indem wir uns unseren Handlungsrahmen – die Grenzen unserer Möglichkeiten – bewusstmachen, ihn anerkennen und uns daran orientieren, haben wir mehrere Handlungsoptionen: Erstens sind wir auf der Schöpferseite und müssen uns nicht mehr aus einer Opferrolle heraus beklagen, dass wir keine Möglichkeiten haben, aktiv zu werden – wir haben ja unser Handlungsfeld erkannt. Zweitens können wir allein dadurch, dass wir uns bewusstmachen, was innerhalb unserer Grenzen möglich ist, zu einem größeren Aktionsradius kommen. Unbewusst verlegen wir oft die Grenzen enger, als sie in Wirklichkeit sind, bewusst können wir unseren wirklichen Claim abstecken. Drittens können wir, wenn es nötig ist, darüber nachdenken, wie wir unseren Handlungsrahmen erweitern und so mehr Einfluss und Möglichkeiten bekommen, um unsere Ziele umzusetzen. Doch es gibt einen Nachteil: Es gibt keine Ausreden mehr, um sich dahinter zu verstecken. Die größte innere Freiheit, die wir erlangen können, ist die Freiheit, den Dingen, die uns geschehen, unsere eigene Bedeutung zu geben und ihnen einen Raum zuzuweisen. Eine Bedeutung und einen Raum, die uns selbst inspirieren und damit auch andere.

Manchmal sagen Zuhörer meiner Vorträge zu mir: »Herr Grundl, Sie haben doch ein Leben genau so, wie Sie es wollen.« Ich weiß dann nicht, ob ich lachen oder weinen soll. Ich soll ein Leben ganz nach meinen Wünschen haben? Ich sitze im Rollstuhl und bin zu 90 Prozent gelähmt, das ist die Realität. Da gibt es nichts zu beschönigen. Und diese Realität ist ziemlich anstrengend. Tatsache ist, dass ich mir im Rahmen dieser Realität, die ich angenommen habe, einen Raum geschaffen habe, in dem ich »ich selbst« sein kann. Und ich behaupte: Das kann jeder Mensch. Er muss nur lernen, bei sich selbst zu bleiben. Und er darf sich nicht zu viel im Außen verlieren – durch Selbstmitleid, Lamentieren, Vorwürfe oder Beschwerden. Ich habe schon Obdachlose gesehen, die diesem Zustand näher waren als so mancher »Erfolgsmensch«.

Ich behaupte nicht, dass das einfach ist, im Gegenteil: Es ist mentale Höchstleistung: selbst durchdenken und interpretieren, nicht nachplappern. Verantwortung übernehmen, entscheiden, handeln und wieder von vorne. Menschen sind dann zu echter innerer Freiheit in der Lage. Aber dafür müssen sie aufhören, eine bessere und gerechtere Welt zu fordern, und sich mit sich, der Welt und den Menschen versöhnen. Konrad Adenauer brachte es auf den Punkt: **»Nimm die Menschen, wie sie sind. Andere gibt es nicht.«** Das bezieht sich am meisten auf die Eigenwahrnehmung. So wie wir uns selber wahrnehmen, so nehmen wir auch die Welt um uns herum wahr, und so können wir auch unseren Weg gestalten.

Die Kraft, ein Ziel, einen Weg selbstverantwortlich zu managen, bei allem, was das erfordert, oder was es heißt, zu lassen, macht uns Menschen zu Bildhauern, ja zu Gestaltern des eigenen Lebens. Ob wir wollen oder nicht: Unsere Ergebnisse zeigen uns, wer wir sind. Nichts ist dabei so unbedeutend, dass wir es nicht respektieren oder wahrnehmen sollten. Was wir daraus machen, steht auf einem anderen Blatt. Ein Blick lohnt sich allemal.

DER WEG IST DAS ZIEL

»Selbst der längste Weg beginnt mit einem Schritt«, heißt es bei Laotse. Wer diesen zum Kalenderspruch mutierten Satz oberflächlich abhakt, irrt gewaltig. Denn er enthält eine tiefe Erkenntnis, denn Laotse benennt beides: den Weg (als Richtung und Ziel für den Überblick) und den Schritt (im Hier und Jetzt fürs Detail). Er gibt uns eine klare Orientierung: Wisse, wohin dein Weg gehen soll, und schaue vor dir auf den Weg. Wie die bekannte Geschichte der Großmutter, die in Erfüllung ihres Kindheitstraums zu Fuß von San Francisco nach New York ging und sagte: »Ich habe einfach nur den nächsten Schritt getan.« Weit im Vorteil sind wir bereits, wenn wir klare, inspirierende Ziele haben. Das genügt.

Damit der Weg zum Ziel wird, muss ich gleichzeitig Ziele setzen und von ihnen loslassen. Mir von ihnen die

Richtung vorgeben lassen und offen nach anderen Wegen suchen. Mich von ihnen inspirieren und mich nicht von ihnen einschränken lassen. Auch Ziele sind Diener unseres Wachstums. Doch manche werden zum Sklaven ihrer Ziele. Dann ist das Ziel im Weg. Sklave oder Herr gilt auch hier. Oder mit den Worten des japanischen Zen-Lehrers Dōgen Zenji: »Den Weg studieren bedeutet, sich selbst studieren. Sich selbst studieren bedeutet, sich selbst vergessen. Sich selbst vergessen bedeutet, in Harmonie zu sein mit allem, was uns umgibt.« Wer nun denkt, dass sich auf Grund einer solchen Haltung keine großartigen Ergebnisse erzielen lassen, irrt gewaltig.

GEDANKEN FÜHREN

Jeder, der sich ein bisschen selbst reflektiert, weiß, wie viel unser Gehirn mit Denken und damit mit Selbstgesprächen beschäftigt ist. Dass vieles davon unbewusst abläuft und alles andere als produktiv ist – das ahnen wir auch. Dazu brauchen wir keine wissenschaftlich fundierten Zahlen – und viel entscheidender ist ohnehin, was in unserem Kopf gedanklich vor sich geht (Qualität), als die exakte Zahl (Quantität). Dafür gibt es aus meiner Sicht nur einen einzigen Weg: **sich selbst beim Denken zu beobachten.** Klar und ungetrübt zu erkennen, was da vor sich geht. Ohne Bewertung und falsch verstandenen Unsinn à la »Du musst so denken« oder »Du musst so sein«. Und dann ist die Frage, inwieweit wir unsere Gedanken führen und lenken lernen können – nicht kontrollieren! Das ist und bleibt spannend, jeden Tag aufs Neue.

Was halten Sie von diesen, selbstgeführten Gedanken? »Ich möchte weder der sein, der ich sein möchte, noch der, der ich sein sollte. Auch nicht der, der ich sein müsste. Ich bin auch nicht der, den meine Eltern gern in mir sehen würden. Oder mein Partner. Oder die Gesellschaft. Oder meine Mitarbeiter. Oder mein Chef. Und ich bin auch nicht der, der ich einmal war. Ich bin der, der ich bin!« Genau diese Haltung ist mein Credo. Vielleicht hält das der ein oder andere für realitätsfremd, abgehoben und philosophisch. Nichts, was mit unserer gesellschaftlichen und wirtschaftlichen Realität zu tun hat. Doch wer die Sätze ein wenig auf sich wirken lässt, erkennt vielleicht die Freiheit und Selbstbestimmtheit, welche aus diesen Gedanken spricht. Sie sind in meinen Augen die Grundlage für einen freien Geist sowie ein selbstbestimmtes, erfülltes und erfolgreiches Leben.

Meine Überzeugung ist es inzwischen, dass genau diese Gedanken für jeden Menschen jeden Tag immer wichtiger werden. Wer bin ich? Wer bin ich wirklich? Von dem Tag, an dem ich über mein Dasein anfange nachzudenken, bis zu meinem Tod. Das ist kein unnötiges philosophisches Gequatsche, sondern es betrifft die knallharte Realität von morgen.

Es ist nicht schwer zu erraten, dass die menschliche Evolution eine Evolution des Geists sein wird. Weniger in körperlichen Dingen. Und uns ist längst bewusst, dass unsere Daseinsberechtigung in der Zukunft von klugen Ideen und damit von qualitativer Kreativität abhängig ist. Meine Überzeugung geht sogar noch weiter: Aus meiner Sicht ist genau dieses Denken die Antwort auf die beschleunigte Entwicklung unserer Welt, welche jeden von uns immer mehr fordert. **Nicht schneller, höher, weiter – sondern flexibler, klarer, tiefer.**

All diese Gedanken tragen dazu bei, dass wir eine entschlossene Haltung gewinnen können. Eine Haltung, die es uns ermöglicht, uns mit einem Lied auf den Lippen auf unsere Reise zu begeben, wenn ein Neustart erfolgt. Oder unsere laufende Reise frisch zu beleben. Voller Mut. Voller

Bereitschaft den Preis zu zahlen. Wach, gestärkt, inspiriert. Wie herrlich!

Mir hat es im Drehbett, in meiner Zeit in der Klinik, in der ersten Zeit »draußen« und in der Folge bis heute sehr geholfen, daran zu glauben, dass alles einen Sinn ergibt, auch wenn ich ihn vielleicht gerade noch nicht erkenne. Ich frage nicht: »Hat das Sinn?«, sondern: »Wo ist der Sinn dahinter?« Den Sinn stelle ich nicht in Frage. Und wenn ich hin und wieder meinen Glauben daran verloren habe, denke ich an das Kinderspiel Topfschlagen. Und ich weiß: Irgendwo ist der Topf mit Süßigkeiten versteckt. Das war bis heute jedes Mal so. Und so wird es auch dieses Mal sein. Vielleicht haue ich auch nicht oft genug zu und probiere aus. Vielleicht höre ich den Heiß-kalt-Rufen zu wenig zu. Oder vielleicht habe ich vergessen, dass ich blind bin. Eines bleibt: Der Preis für den Sinn ist, dass ich ihn verfolgen muss. Er wächst nicht von allein in mir. Nicht umsonst heißt es ja auch: den Sinn »finden«. Der Sinn ist keine gebratene Taube, die einem in den Mund fliegt.

ICH BIN BEREIT!

Ist der Mensch gut oder schlecht? Ist die Welt Paradies oder Hölle? Gibt es mehr Licht oder Schatten? Hat sich die Welt für oder gegen mich verschworen? Jede Antwort auf diese Fragen ist richtig. Aus meiner Sicht stimmt jeweils beides. Wir werden für jede Sicht passende Beweise finden. Vielleicht ist nicht die Frage nach der einen und immer gültigen Wahrheit entscheidend, sondern die Frage nach dem klügsten Blickwinkel. Und darüber entscheidet jeder von uns selbst.

Wer eine starke Haltung gewinnen will, muss bereit sein, den Preis zu zahlen. Er muss das Ergebnis geistig in Besitz nehmen, sich wie ein Akku aufladen, innerlich vorbereiten. Am einfachsten gelingt das, wenn wir unseren inneren Krieger auf den Plan rufen.

»Meine Zeit ist gekommen. Jetzt! Ich bin bereit. Ich werde nicht weichen. Vor nichts und niemandem. Ich werde nicht niederknien. Ich bin hier. Und ich werde meine Zukunft in Besitz nehmen. Hier und jetzt. Ich zahle den Preis, im Voraus. Ich zahle ihn gerne. Schlage mich nieder, und ich werde aufstehen. Einmal, zehnmal, hundertmal. Es macht keinen Unterschied. Es ist egal. Ich stehe wieder auf und mache weiter. Ich werde meine Zukunft, mein Leben, meine Ergebnisse in Besitz nehmen. Ich werde siegen – wann, ist nicht entscheidend. Ich werde. Heute, morgen, übermorgen. egal. Ich werde gewinnen. So sicher, wie die Sonne morgen aufgeht. Ich bin bereit.«

Wer etwas geistig in Besitz nehmen kann, weiß, wie eine Haltung gewonnen wird. Der versteht, dass jemand zuerst in sich Nichtraucher ist, bevor er nicht mehr raucht. Dass jemand zuerst in sich frei ist, bevor sich diese Freiheit in seinem Leben zeigt. Dass jemand zuerst in sich reich ist, bevor sich dieser Reichtum in seinem Leben zeigt. Was auch immer mit Reichtum gemeint ist: reich an Leben, reich an Präsenz, reich an Liebe, reich an Materie. Auf diese innere Bereitschaft, diese innere Haltung, folgt konsequentes Handeln. Die Frage lautet jetzt nicht mehr, ob wir unsere Ziele erreichen, sondern nur noch, wann und wie.

7

KONSEQUENTES HANDELN

Mein Unfall hatte mir eine Nachdenkzeit verordnet. Ich nahm die Einladung an, etwas zögerlich. Daraus entwickelte sich ein Lernleitfaden, der zu den Kapiteln dieses Buchs führte:

1. Vertiefe deine Hinhörqualität, und folge dem Ruf deiner Berufung.
2. Verstehe deine Bestätigungsmuster, und führe sie selbst.
3. Erweitere deine Differenzierungsfähigkeit durch qualitativ hochwertige Unterscheidungen.
4. Übe Perspektivwechsel, indem du verstehst, von wo andere auf etwas schauen.
5. Überprüfe Standpunkte, wähle einen sorgsam aus, und nimm ihn ein.
6. Gewinne eine Haltung, indem du eine Umsetzungsspannung aufbaust.

So weit, so gut. Das lief alles in mir ab – in meinem Denken, in meinem Geist. Das ist eine ganz eigene Welt, ein eigenes Universum.

Ich stelle mir manches Mal unser Universum vor, den Makrokosmos. Von der Sonne über die Erde bis zum Pluto – eine riesige Entfernung mit ein paar Staubkörnern in Form von Planeten. Darüber hinaus bis zum Rand unserer Galaxie, und die Galaxien dahinter. Bei genauer Betrachtung ist das Universum ein Nichts. Leere.

Dann stelle ich mir den Mikrokosmos vor und folge den Gedanken der Elementarforscher. In der Materie wurden zuerst Atomkerne mit Elektronen entdeckt, die sie umkreisen,

genauer betrachtet, ein kleiner Kern, um den etwas saust –
Staubkörner in einem riesigen Raum. Weitere Forschungen
brachten mehr Differenzierungen: Quarks, Leptonen, Photo-
nen, Gluonen, Mesonen, Baryonen … Je tiefer die Reise geht,
desto größer wird der Raum zwischen den einzelnen Ele-
menten. Bei genauer Betrachtung zerfällt die Materie in
nichts. Leere.

Dazwischen ist die Welt, welche wir wahrnehmen können, der Mesokosmos. Unser wahrnehmbarer Raum liegt
also zwischen zwei riesigen Räumen von Nichts. Leere. Der
Makrokosmos ähnelt dem Mikrokosmos sehr. So stelle ich
mir auch unser Gehirn vor: ein riesiger Raum jenseits der
Materie und innerhalb der Materie unendlich viel Vernet-
zungsmöglichkeiten der Zellen untereinander. Da liegt also
unser Potential: unser Gehirn und damit das Denken.

Doch **Denken führt erst durch konsequentes Handeln
zu Ergebnissen**, zu Wirkung in der Außenwelt. Für mich ist
Durchdenken und danach konsequent Handeln eins. Denn
wenn etwas sinnvoll durchdacht ist, drängt sich die Umsetzung geradezu auf – es wird zum »Zeigen« des Durchdach-
ten. Die ersten sechs Kapitel dieses Buchs beschreiben den
inneren Prozess. Jetzt folgt die Krönung – die Umsetzung.
Ohne die wäre alles zuvor nur »geistige Masturbation«,
Selbstbeschäftigung ohne Ergebnis in der Welt. Es gibt Menschen, welche die Handlung, die Aktivität im Vordergrund
sehen: pro-aktiv. Das ist ein Pol. Und es gibt Menschen, für
die das Durchdenken im Vordergrund steht: re-aktiv. Das ist
der Gegenpol. Doch zur Meisterschaft gelangt nur, wer beide
Aggregatzustände intuitiv, je nach Bedarf abrufen kann. Wer
die scheinbaren Gegenpole auf einer höheren Ebene auflöst,
sie transformiert.

Und so musste ich in der Klinik nach der Schule des
Denkens in die Schule des Lebens zurück. In die Realität, in
die Schule der Praxis. Nur so würde das Ganze rund werden.

So intensiv die geistige Vorbereitung war, so intensiv sollte die Umsetzung werden. Wie innen, so außen, könnte es verkürzt lauten.

Ich hatte in der Reha einen Standpunkt gefunden. Ich wollte ein Beispiel geben, was trotz meiner Art von Lähmung alles möglich sein kann. Ich wollte ein lebendiger Beweis von Transformation werden. Ich wollte der Beste werden, der ich sein kann. Mein im Drehbett gefasstes Ziel war, ein möglichst hohes Maß an Unabhängigkeit wiederzuerlangen. Deswegen wollte ich zurück an meinen alten Wohnort nach Köln und mir dort die notwendigen Lebensbedingungen schaffen. Ich fand eine Wohnung, die für meine Bedürfnisse zugeschnitten war, und ich beendete mein Studium der Sportwissenschaften als erster hochgelähmter Rollstuhlfahrer in Deutschland. Meine innere Einstellung überzeugte die Professoren.

Das war manchmal sehr mühsam. Meine Haltung war stimmig und wirkte. Dazu war ich geistig vorbereitet und entsprechend emotional aufgeladen. Das half mir sehr, die Mühen auf mich zu nehmen. Oder in anderen Worten: den Preis zu zahlen. Der nächste Schritt war, mir Gedanken über meine Finanzen zu machen. Würde ich es sogar bis zur finanziellen Unabhängigkeit schaffen? Das war ein Traum – ein weit entfernter unrealistischer Traum. So weit konnte ich nicht denken. Also konzentrierte ich mich auf den nächsten Schritt. Denn die ersten drei Jahre war ich Hartz-IV-Empfänger. Das konnte aber kein Dauerzustand sein, das war für mich unerträglich: Anderen auf der Tasche liegen – das wollte ich nicht!

DISZIPLIN FÜHRT ZU FREIHEIT

Meine Leidenschaft für optimale Lösungen im Leben hatte sich auch auf meine Suche nach einem passenden Rollstuhl für mich übertragen. Ich war zum Experten für Aktivrollstühle geworden und hatte für mich die beste Antwort gefunden, von der ich selbstverständlich überzeugt war. Diese Überzeugung brachte mich dazu, diesen Rollstuhl weiterzuempfehlen, bis ich irgendwann nach einigen Monaten Handelsvertreter für diesen Rollstuhlhersteller wurde. Ohne konkreten Plan, einfach so. Ohne Vertrag, nur in mündlicher Absprache. Mir reichte das.

Ein Tag im Leben des Vertreters Boris Grundl sah dann ungefähr so aus: Nehmen wir an, ich hatte einen Termin in einem Krankenhaus in Koblenz. Von Köln aus sind das etwas mehr als hundert Kilometer. Der Fußgänger in meinem Kopf ging noch davon aus, einfach hinzufahren, auszusteigen und zu sagen: »Guten Tag, ich bin Boris Grundl. Ich bitte Sie, meine Begeisterung für diese Rollstühle hier mit mir zu teilen. Prüfen Sie selbst. Sie sind toll!« So weit so gut? Eher nicht!

Die Realität: eine minutiöse Planung, ein irrer Aufwand und ein Übermaß an Disziplin. Ein Fußgänger-Vertreter wäre etwa um 7.00 Uhr aufgestanden, um gegen 7.30 Uhr zu packen und loszufahren. Bei mir kamen zwei Stunden fürs Anziehen drauf. Nicht vergessen: Ich bin zu 90 Prozent gelähmt, ein Tetraplegiker, an allen vier Gliedmaßen gelähmt. Tiefer gelähmte Rollstuhlfahrer mit voller Arm- und Handfunktion brauchen ungefähr nur 30 Minuten mehr. Also 5.30 Uhr raus. Inzwischen war ich von 20 Minuten immerhin bei 2 Minuten pro Socke angelangt! Und das Auto war dann noch nicht unbedingt mit den Vorführprodukten vorbereitet. Selbst die Autofahrt war anstrengender für mich, denn ich steuere ja nicht nur mit den Händen, ich mache auch alles andere damit, Gasgeben und Bremsen zum Beispiel. Die Hände sind permanent beschäftigt und dadurch viel stärker beansprucht. Für die Parkplatzsuche vor Ort und fürs Auspacken musste ich nochmals 45 Minuten rechnen. Zudem brauchte ich doppelt so viel Platz, denn nur so konnte ich selbst aussteigen und die anderen Stühle ausladen. Oft musste ich eilige Passanten belästigten, damit sie mir beim Ausladen halfen. Ein späterer Mentor sagte einmal zu mir: »Herr Grundl, je besser ich sie kennen lerne, desto klarer wird mir, dass Sie – wenn Sie morgens zur Arbeit kommen – schon mehr geleistet haben als die meisten anderen, wenn diese ins Bett gehen.«

Die Ärzte und Therapeuten in Koblenz interessierte natürlich nicht, wie früh ich aufgestanden war und was ich noch alles in Kauf genommen hatte, um pünktlich in ihrem Krankenhaus zu sein. Und das mit Recht! Niemand zwang mich, diese Arbeit zu machen. Keiner kaufte aus Mitleid Produkte, besonders wenn diese mehrere tausend Euro kosteten. Natürlich erforderte mein Job eine ungeheure Disziplin. Ich musste nicht nur früher aufstehen als andere und ganz anders planen, sondern auch ständig aufpassen, dass mein Geist nicht abhaute. Dass ich mich nicht verglich. Und wenn ich mich doch verglich, weil es einfach unbewusst geschah, dann mit einem klugen Ergebnis, welches mich inspirierte. Wenn ich sah, wie leicht und schnell Fußgänger ihre Sachen handelten, konnte durch einen Vergleich schnell Frust entstehen. Deswegen fragte ich mich beim Vergleichen nicht nach dem Besser oder Schlechter. Ich fragte danach, was anders war. Und schon sah ich die Dinge differenzierter und präziser.

Klar, es wäre verführerisch gewesen zu jammern: »Schau dir die anderen an. Die haben es viel leichter, die Welt ist nicht gerecht!« Aber wohin hätte diese Sichtweise geführt? Ich sagte mir lieber: »Die Welt ist gerecht.« Hatte ich nicht diese wunderbare Chance erhalten? Und wenn ich pünktlich in Koblenz oder sonst wo ankam, wenn ich während eines Gesprächs merkte, dass der Funke übersprang, wenn die Leute dann meine Rollstühle kauften, weil ich sie überzeugen konnte, hatte sich die Mühe doch gelohnt. Die Welt war absolut gerecht! Es kam nur darauf an, das zu erkennen. Gerecht oder ungerecht? Himmel oder Hölle? Die

Welt hat sich gegen mich verschworen? Oder für mich? Beides war richtig – alles eine Frage der Sichtweise.

Seit meinem Unfall bin ich mit vielen Einschränkungen konfrontiert. Durch diszipliniertes Arbeiten schaffe ich mir Freiräume, die mir niemand nehmen kann. Kurz gesagt: Disziplin ist Freiheit! Und das trifft auf alle Ebenen zu. Ich kann mir beispielsweise mehr Freiheit verschaffen, indem ich diszipliniert an meiner Muskulatur arbeite. Nur wenn ich regelmäßig meine Arme und meinen Kreislauf trainiere, kann ich meiner Berufung auf hohem Energiepegel so konsequent folgen. Diese Einsicht schützt mich vor der Versuchung, mich gehen zu lassen und zu quengeln: »Ach, wie ungerecht die Welt doch ist!« Dazu wirkt Disziplin wie eine Art mentaler Filter: Sie hilft mir, möglichst nur positive Gedanken zuzulassen und meine Perspektive zu verändern. Letztlich bewahrt sie mich davor, zum Sklaven meiner Ängste und Sorgen zu werden. Stattdessen ermöglicht sie mir einen freieren Geist. »Ja, die Welt ist gerecht! Und sie hat sich *für* mich verschworen!«

Disziplin half mir früher dabei, morgens zwei Stunden eher aufzustehen als meine Vertreterkollegen – und sie hilft mir heute noch. Aber mit der Zeit wurde der Widerstand geringer. Ich mache einfach, was ich machen muss, ohne groß darüber nachzudenken. Aus bewusster Kompetenz wurde unbewusste Kompetenz. Aus Disziplin wurde durch Konsequenz Überzeugung. Und mir wurde klar: Ich brauche nur so lange Disziplin, bis ich überzeugt bist. Disziplin öffnet einen Raum. Überzeugung füllt diesen Raum. **Bin ich noch nicht überzeugt, brauche ich Disziplin.** Das wirft ein anderes Licht auf Disziplin. Disziplin – Konsequenz – Überzeugung – Freiheit: So lautet die logische Kette.

Deswegen bin ich oft sogar froh darüber, mich disziplinieren zu dürfen, denn als Gegenwert erhalte ich Freiheit. Wenn ich von Disziplin rede, meine ich übrigens immer

Selbstdisziplin im Sinn einer selbstauferlegten Disziplin. Darin sehe ich einen deutlichen Unterschied zu Gehorsam. Wenn aus Gehorsamkeit Einsicht und daraus Selbstdisziplin entstehen, ist das für mich stimmig. Gehorsamkeit aus reinem Machteinsatz macht mich traurig. Niemand sollte gegen seinen Willen und seine Überzeugung Gehorsam leisten.

Trotzdem wundere ich mich im Nachhinein, wie das überhaupt gehen konnte. Manchmal hatte ich vier Termine am Tag, fünfmal die Woche, mit ungefähr vier Stunden Zeitaufwand zusätzlich täglich. Und es standen mir nur 10 Prozent nicht gelähmten Körpers zur Verfügung. Damals fiel mir das nicht weiter auf. Meine Arbeit machte mir Spaß, sie gab mir das Gefühl, etwas wirklich Sinnvolles zu tun. Natürlich war es nicht immer leicht, so früh aufzustehen oder geduldig nach dem richtigen Parkplatz Ausschau zu halten, während ich vielleicht schon seit einer halben Stunde beim nächsten Kunden hätte sein sollen. Oft genug setzte sich ein kleines Teufelchen auf meine Schulter und flüsterte: »Guck nur, wie leicht es die anderen haben! Wie ungerecht!« Dagegen half so gut wie nichts – nichts außer Disziplin. Das einzusehen war manchmal alles andere als einfach, denn Disziplin heißt, konsequent mit seinem Geist bei sich zu bleiben. Nur klug vergleichen! Härter an sich selbst zu arbeiten, als über andere zu reden. Das macht innerlich stark, sehr stark. Doch dieses Wachstum und ständige Überwinden ist auch mit Schmerz und Leid verbunden.

KEIN LEBEN OHNE SCHMERZ

Disziplin ist die Kunst, den Ernst des Lebens mit Freude wahrzunehmen. Es hat keinen Sinn, dem Schmerz aus dem Weg zu gehen. Es gibt kein Leben ohne Schmerz. Glück ohne Unglück erleben zu wollen, ist die Gier nach guten Gefühlen und eine Geißel unserer Zeit. Freude und Schmerz haben ihre gleiche Berechtigung. Beide sind Lehrer. Die Frage ist nur: Wie gehe ich damit um und was mache ich daraus?

Bei der Erforschung von Handlungsimpulsen habe ich die Erfahrung gemacht, dass auf einen kurzfristigen Schmerz meist eine mittelfristige, dafür tiefe Freude folgt – eigentlich ein einfaches und bekanntes Prinzip. Mit dem Fitnesstraining anfangen braucht etwas Überwindung (Schmerz), doch das Gefühl danach ist großartig (Freude). Ebenso ist es mit dem Lernen, Schweigen oder Sparen: Erst wenn wir uns dem Schmerz permanent stellen, ihn hinterfragen und wirklich an uns arbeiten, erfahren wir auch Freiheit. Wir können also Schmerz im Leben nicht vermeiden.

Wenn ich mir ein neues Auto kaufen will, kann ich entscheiden: Mache ich Schulden, kaufe das Auto sofort und habe jetzt gleich Freude daran, muss ich mich jedoch anschließend einschränken, um die Schulden abzustottern. Oder schränke ich mich ein und spare, bis ich das Geld zusammenhabe, und freue mich dann über mein neues Auto. Das ist also die Wahl: Wollen wir kurzfristig Freude, indem wir den Schmerz vermeiden und mittelfristig größeren Schmerz, oder entscheiden wir uns für den kurzfristigen Schmerz (Überwindung) und haben mittelfristig größere Freude. Wie mächtig dieses Prinzip in allen Bereichen wirkt, kann ich gar nicht oft genug betonen. Es heißt ganz klar: Lebe kein Leben auf Pump – weder immateriell (Geist) noch materiell (Geld).

In der Praxis heißt das: **Es ist auf Dauer viel einfacher, erfolgreich zu sein als erfolglos.** So denken die wenigsten Menschen. Doch wer zunächst diszipliniert an etwas arbeitet (Schmerz) und dann den Erfolg erntet (Freude), hat deutlich mehr davon, als sich jetzt zu drücken (Freude) und später sich mit den Konsequenzen seiner Ausreden zu beschäftigen (Schmerz). Die Ausreden, nur um etwas nicht tun zu müssen, die Rechtfertigungen und Lügen kosten uns noch viel mehr Energie als Disziplin das je könnte. Jede schmerzliche Erfahrung kann ein Anlass sein, mich weiterzuentwickeln, genauso wie jede freudige Erfahrung. Beide sind gleichermaßen wichtig!

Disziplin bedeutet die innere Bereitschaft, den Preis zu bezahlen für das, was ich haben will. Ich gehe sozusagen in Vorleistung. Für viele ist ihr unbewusster Wunsch dabei extrem hinderlich – dass sie beispielsweise ihren Urlaub zwar in einem Fünfsternehotel verbringen wollen, aber nur zwei bezahlen möchten. Wie in dem schon beschriebenen Beispiel mit den beiden Tüten: lieber jetzt sofort! Sie warten darauf, bis an der Last-Minute-Börse ein entsprechendes Angebot eintrudelt. Meist ist es dann egal, wo die Reise hingeht, der innere Triumph zählt. Bestätigung. Jetzt gleich. Hauptsache fünf Sterne.

Und so wirkt dieses Prinzip auf vielen Ebenen: »Ich möchte verstanden werden, jedoch nicht verstehen!«, »Ich möchte geliebt werden, weniger Liebe geben!«, »Ich möchte respektiert werden, jedoch nicht respektieren!«, »Ich möchte siegen, aber keine Niederlagen!«. Natürlich gibt es zwischen diesen Polen Abstufungen, und die sind viel häufiger als die Extreme. Doch ich kenne nicht wenige Menschen, die in einem Lebensbereich das Prinzip verstanden haben und in einem anderen nicht. Das heißt zum Beispiel, im Rahmen der sozialen Norm leben sie das Thema Respekt im Voraus und ernten dementsprechende Ergebnisse. Und in der Marktnorm verrennen sie sich wie Stiere im Einfordern.

Die Extrempole begegnen uns als kategorische Imperative an allen Ecken und Enden. Dahinter steckt eine einfache Haltung: »Ich möchte mehr vom Leben haben, als ich ihm bereit bin zu geben. Im Voraus Sicherheit bitte.« Aus genau diesem Grund stieß das Zitat von John F. Kennedy auf eine solche Resonanz und Zustimmung – er beschrieb ein Defizit,

welches wir kollektiv unbewusst spüren: »And so, my fellow
Americans: Ask not what your country can do for you – ask
what you can do for your country.« Und dieser Satz ist ak-
tueller denn je. Ein großes Problem dabei ist jedoch, dass
viele ihre eigenen Handlungen anders bewerten als die
Handlungen anderer. Der in der »Überlegenheitsillusion«
Gefangene sieht sich weiter vorne im Geben. Der in der »Un-
terlegenheitsillusion« Gefangene sieht sich weit hintendran.
Auch hier hilft die goldene Mitte weiter.

Disziplin bedeutet zunächst Arbeit. Doch sie hilft über
so manchen Unmut und so manche Traurigkeit hinweg.
Indem ich bei mir bleibe und mich nicht darum kümmere,
was andere können, sondern einfach weitermache, komme
ich letztlich schneller voran, als wenn ich mich dauernd
durch Neid oder Selbstmitleid beschwere. Am Start war ich
ganz unten, weit hinten und hatte keine Chance. Heute bin
ich ziemlich weit oben und vorne. Das gelang mir nicht mit
»schneller, höher, weiter«, denn das kann ich nicht. **Es ging,
indem ich mich diszipliniert meinen Ausreden gestellt
habe.** Dann wirkt »flexibler, klarer, tiefer«.

Je weniger ich mich von dem kleinen Teufelchen ablenken lasse und je disziplinierter und konzentrierter ich bin,
desto freier wird mein Geist. Ich verändere Dinge durch
Disziplin, und mittels Konsequenz werden sie zur unbewussten Kompetenz und somit zu einer Überzeugung. Dadurch
bedarf es keiner Disziplin mehr. Jetzt habe ich wieder mehr
freie Energie für die wesentlichen Dinge.

QUANTENSPRUNG DURCH SCHMERZ

In meiner Anfangszeit als Vortragsredner durfte ich einmal
einen Vortrag vor den Top-Führungskräften eines Phar-
maunternehmens halten, eine große Ehre. Dass mir diese

Leute zuhörten, machte mich stolz. Die Zahlen meiner Buchungen als Redner entwickelten sich rasch nach oben, ein gutes Zeichen. Doch in solch einer Liga hatte ich noch nicht gesprochen. Ich war positiv angespannt und konzentriert, wie immer. Ich freute mich auf den Auftritt und gab alles. Nach dem Vortrag kam der CEO zu mir und nahm mich zur Seite. Er kommentierte: »Es ist exzellent, wie Sie das Thema Führung vermitteln. Inspirierend, sauber hergeleitet und kompetent präsentiert. Auf den Punkt. Klasse! Ich habe nur ein Problem, Führungsstärke von Ihnen anzunehmen.« Pause. Stille. Er sagte es nicht, doch es stand unausgesprochen im Raum: Ich habe ein Problem, Führungsstärke von einem Mann im Rollstuhl anzunehmen. Der Haken saß!

Was war los? Der Topmanager assoziierte Führung mit Stärke – was ja sehr viele tun. Er hatte aber offenbar Schwierigkeiten, mit einem Mann im Rollstuhl diese Stärke zu verbinden. Ich war geschockt, doch mir wurde klar: Für einen Führungsexperten im Rollstuhl ist es tatsächlich schwierig, die gewünschte Stärke auf den ersten Blick zu verkörpern. Sollte ich mich beklagen? Mich auflehnen? Den Kampf gegen Windmühlen wagen? Oder mich geschlagen geben? Dem CEO Blindheit für meine innere Stärke unterstellen, um wenigstens moralischer Sieger zu sein? Klasse Aussichten! Meinen Traum, an die Spitze der deutschen Führungsexperten zu kommen, konnte ich damit abschreiben. Schließlich sah ich ein: Ja, Menschen wollen durch mich auch stärker werden. Und ja, der Rollstuhl signalisiert anfangs Schwäche. Der Beschützerinstinkt ist sofort unbewusst vorhanden – und das ist ja erst einmal positiv. Doch für mich lautete jetzt die Frage: Was will diese Ablehnung, was will dieser Schmerz mir sagen?

Klar ist: Das Thema Führung wird primär mit Stärke, ein Rollstuhl mit Schwäche assoziiert. Nun hatte ich drei Möglichkeiten: Erstens mich über das gesellschaftliche Behindertenbild beschweren und gegen Windmühlen kämpfen.

Ergebnis: Frustration. Zweitens mich geschlagen in die Opferrolle begeben und moralisch über diese Ungerechtigkeit
beschweren. Ergebnis: Stagnation. Drittens bei mir bleiben,
weiter an den inneren Kern meiner Stärke glauben und
daran arbeiten. Ergebnis: Transformation.

**Es verlangt Mut, nicht nur seine Sonnenseiten zu be-
trachten.** Es ist eine Kunst, den Blick auf die eigenen Limitierungen auszuhalten. Ohne Koketterie! Mut und Kunst
fehlen, wenn wir andere mehr kritisieren als uns selbst.
Oder wenn wir die Leistung anderer kleinreden, statt sie zu
würdigen. Stattdessen sollten wir uns selbst analysieren.
Anerkennen, was ist! Denn erst, wenn wir die Realität bei
uns anerkennen, Licht und Schatten, können wir für das
leben, wofür wir gemeint sind. Nur so werden wir bereit für
ein Leben mit Chancen, Erfüllung und Erfolg – ohne uns
selbst im Wege zu stehen. Viele denken, die Widerstände
sind da draußen, und bekommen damit Recht. Doch wer die
Widerstände in sich erkennt, kommt weiter.

Dank des ehrlichen CEO-Feedbacks habe ich meine Lektion gelernt. War es schmerzhaft? Ja. War das anschließende
Ringen um Einsicht aufreibend? Ja. War das Umsetzen der
Erkenntnis anstrengend? Und wie! Ich muss eingestehen,
dass es mich an den Rand meiner emotionalen Belastbarkeit
gebracht hat. Dennoch war es heilsam und hat mein Leben
umgekrempelt, mal wieder.

Bis dahin hatte mich mein Bedürfnis nach Anerkennung
gezwungen, den Vorstellungen von anderen entsprechen zu
wollen. Ich musste erneut das Loslassen lernen, wie schon
häufiger, dieses Mal auf der nächsten Bewusstseinsebene.
Je mehr ich mich in Rollen verrannte, desto weniger war ich
bei mir. Die Frage durfte nicht mehr lauten: »Was will ich?«,
sondern: »Für was bin ich gemeint?« Schluss damit, anderen
und auch mir selbst etwas beweisen zu wollen! Denn dann
tat ich Dinge, die man tut, um stark auszusehen – obwohl

man es nicht ist. Das war schon einmal in der Klinik so – und genau das war ein Zeichen von Schwäche. Statt es mir also mit dem Blindheitsvorwurf für den Manager leichtzumachen, war und bin ich ihm dankbar. Dankbar für seinen Mut. Denn wer hat schon den Mut, einem Menschen im Rollstuhl die Wahrheit ins Gesicht zu sagen, wo sich das schon bei Nichtbehinderten kaum jemand traut?

Durch die Annahme dieser Lektion vom Leben wurden die nächsten Fragen für mein Wachstum ausgelöst: Welche nächsten weiteren Flecken in meinem Selbstbild gilt es zu entdecken? Und wie kann ich diese überwinden? Mir wurden weitere Schwächen und Verletzungen bewusst, die ich mit Stärke überspielte. Dadurch konnte ich sie transformieren – mit dem Ergebnis, dass ich heute meine innere Stärke sichtbarer transportiere als die sichtbare Schwäche meines Rollstuhls. Es war ein langer, schmerzlicher Weg der Selbsterkenntnis dorthin. Hat es sich gelohnt? Ja, und wie!

Ich bin in diesem Prozess innerlich freier geworden, denn ich weiß: Es gibt nur einen Weg, daran zu wachsen: **bei sich bleiben, nachdenken und konsequent handeln!** Und wer denkt, ich sei damit inzwischen durch, der irrt. Auch heute komme ich mir immer wieder auf die Schliche bezüglich Kompensationen. Auf jeder neuen Bewusstseinsstufe warten die nächsten Lektionen. So entwickeln wir Freiheit und Stärke, mit denen es keine äußere Anerkennung aufnehmen kann. Denn wir erkennen uns selbst immer mehr an. Es gibt kein größeres Geschenk, das wir uns machen können. Keines!

»Was mich nicht tötet, härtet mich ab«, sagt der Volksmund in Anlehnung an ein Zitat vor Friedrich Nietzsche. Doch ist das Härte? Ich denke nicht. In meinen Augen ist es Klarheit. Doch wir sind manchmal durch die Gier nach positiven Gefühlen so weichgespült, dass uns die Klarheit der Realität hart vorkommt. Ich würde das Originalzitat deshalb gerne ergänzen: »Was uns nicht umbringt, macht mich stärker – und lässt mich klarer sehen.«

Wer große Siege will, muss Niederlagen wagen – und sich diese eingestehen und Lehren aus ihnen ziehen. Das erzeugt Wachstum, zuerst geistig, dann auch materiell. Wer mit Niederlagen und Rückschlägen konstruktiv umgeht und den Schmerz nicht unterdrückt oder ihm ausweicht, kann innerlich wachsen. Leben heißt scheitern. Eine Beziehung führen heißt scheitern. Kinder erziehen heißt scheitern. Menschen führen heißt scheitern. Die Frage ist: Wie viel scheitere ich? Denn wer ständig an sich selbst arbeitet, Dinge tiefer durchdenkt und sein Handeln danach ausrichtet, wird ein starker Partner, ein starker Elternteil und ein starker Chef – obwohl er ab und an scheitert. »Der Schmerz macht dich reich«, schrieb Martin Walser. Jetzt verstehe ich ihn.

RESILIENZ

Wer mit der Weiterbildungslandschaft vertraut ist, dem läuft ein Begriff derzeit häufig über den Weg: Resilienz – Lateinisch »resilire« für »zurückspringen, abprallen«. Damit ist die psychische Widerstandsfähigkeit gemeint, welche die Fähigkeit beschreibt, Krisen zu bewältigen und sie durch Rückgriff auf persönliche und sozial vermittelte Ressourcen als Anlass für Entwicklungen zu nutzen. Es ist also die Fähigkeit, erfolgreich mit belastenden Lebensumständen wie traumatischen Erfahrungen, Misserfolgen oder Unglücken sowie negativen Folgen von Stress umzugehen und sich trotzdem positiv zu entwickeln. Kurz: Wenn dich das Leben niederschlägt, lerne daraus und komme gestärkt wieder! Oder wie Winston Churchill sagte: **»Erfolg ist die Fähigkeit, von einem Misserfolg zum anderen zu gehen, ohne seine Begeisterung zu verlieren.«**

Dass diese Kompetenz für Menschen und Organisationen wichtig ist, liegt auf der Hand. Wir stehen gerade in
Zeiten von zunehmend hohem Leistungs- und Erfolgsniveau
im Berufs- und Privatleben häufig unter Druck: Ja nichts
falsch machen! Die verpatzte Präsentation, die gescheiterte
Beziehung, das misslungene Projekt, die Kündigung oder die
Firmeninsolvenz – die kleinen oder großen Pannen im Leben
produzieren in uns das Gefühl des Versagens. Doch im
Grunde unseres Herzens wollen wir perfekt sein, glänzend
vor anderen dastehen, ein makelloses Heidi-Klum-Image
haben: mit einem Lächeln auf den Lippen eine Weltkarriere
als Model hinzaubern, unangestrengt ein paar Kinder ge-
bären und noch eine erfolgreiche Fernsehkarriere obendrauf
setzen – und dabei immer gut aussehen.

Scheitern ist in unserer Gesellschaft ein Tabu und wird
schnell sanktioniert. Wenn etwas schiefgeht, wird umgehend
nach »den Schuldigen« gesucht. Das endet entweder in
Selbstvorwürfen (die Suche nach der Schuld in uns) oder
Anklagen gegen andere oder im Anprangern der »widrigen«
Umstände. Der eigene Teil an Verantwortung an dem Misserfolg wird so nicht wahrgenommen oder gleich ganz abgelehnt. »Wir Deutschen haben statt eines Frontalstirnlappens
einen Jammerlappen!«, kommentierte Eckart von Hirsch-
hausen vor einiger Zeit in einem Interview diese Eigenart.
Dank dieser Schuldsuchkultur kehren Menschen lieber ihre
Fehler unter den Teppich, statt zu ihnen zu stehen und daraus zu lernen. Fehler passieren, überall. »Shit happens«,
wie die Amerikaner sagen, bevor sie weitermachen. Wer sich
zeigt und handelt, kann das nicht vermeiden. Nur wer nichts
macht, macht keine Fehler. Das ist für mich aber keine Option!

Ehrliche Selbstreflexion und die daraus folgende Transformation sind die unerlässliche Voraussetzung, um aus dem
Scheitern gestärkt hervorzugehen. Nur eine Fehlerkultur

einzufordern bringt nichts! Denn es gibt Fehler, die dürfen nicht gemacht werden. Und wenn immer dieselben Fehler gemacht werden, ist das ebenso dumm. Es geht um eine Transformationskultur. Diese besagt, dass Fehler auf einer bestimmten Ebene nur einmal gemacht werden dürfen. **Damit steht »das Lernen aus Fehlern« im Fokus – nicht das »Fehlermachen«.**

Die Biographien berühmter Menschen sind voll von »Betriebsunfällen«: Walt Disney wurde mangels kreativen Talents als Redakteur entlassen, Abraham Lincoln musste zwei Firmenpleiten, einen Nervenzusammenbruch und sechs Wahlniederlagen verkraften, bevor er Präsident der Vereinigten Staaten wurde. Steve Jobs wurde aus seinem eigenen Unternehmen gedrängt, bevor er wieder zurückkam und das iPhone erfand. Joanne K. Rowlings Manuskript *Harry Potter und der Stein des Weisen* wurde zigmal von Verlagen abgelehnt, bevor es schließlich ein Bestseller wurde. Es gibt kaum eine Biographie ohne Rückschläge oder ohne Umwege zum Erfolg. »Rückschläge sind ein natürlicher Bestandteil meines Lebens, es kommt bloß darauf an, wie man darauf reagiert«, meinte Lee Iacocca, einer der erfolgreichsten amerikanischen Automobilmanager der achtziger Jahre. Unternehmen, die eine konstruktive Fehlerkultur leben, nutzen Pannen als Gelegenheit, daraus zu lernen. Auch in der Natur herrscht das Prinzip »Trial and Error« – ausprobieren, Fehler erkennen und dann etwas Neues versuchen.

Etwas verwundert bin ich über die Art, wie manche mit Fehlern umgehen. Ja, es gibt sogar Menschen, die mit ihren Fehlern kokettieren, etwas überspitzt formuliert etwa so: »Schau mal, wie ich Fehler machen kann. Bin ich nicht toll?« Deswegen sei es noch einmal gesagt: Es geht nicht um das Fehlermachen, es geht um das Wachstum nach dem Fehler. Es geht nicht um die Krise, es geht um das Wachstum nach der Krise. Der Fehler ist eine Investition, hat jedoch an sich keinen Wert. Erst die Transformation danach macht ihn zur Wertschöpfung. Es ist die Ergebnisorientierung, die Fehler zur Transformation werden lässt – weil eben durch den Fehler das Ergebnis nicht erreicht wurde. **Deswegen geht es nicht um eine Fehlerkultur, sondern um eine Transformationskultur.**

Die amerikanischen Wissenschaftler Karen Reivich und Andrew Shatté haben in ihrem Buch *The Resilience Factor* ihre Forschungsergebnisse zusammengefasst und leiten daraus folgende sieben Resilienzfaktoren ab: Optimismus (»optimism«), Emotionssteuerung (»emotion regulation«), Impulskontrolle (»impulse control«), Empathie (»empathy«), Ursachenanalyse (»causal analysis«), Selbstwirksamkeitsüberzeugung (»self-efficacy«), Zielorientierung (»reaching out«). Ich bin überzeugt davon, dass es noch mehr Faktoren, Fähigkeiten, Haltungen oder Einstellungen gibt, die Menschen dabei unterstützen, ihre Schwierigkeiten und Krisen zu bewältigen. Hier werden interne Faktoren beschrieben. Externe helfende Faktoren, etwa ein unterstützendes Umfeld, gibt es sicher ebenfalls.

Mir drängt sich die Frage auf, inwiefern man durch Seminare Resilienz erlernen kann. Meine These nach reiflicher Überlegung: Mir scheint, manche Menschen, die danach streben, Resilienz durch Seminare zu »erlernen«, wollen im Kern jeder möglichen Niederlage und Ablehnung im Vorfeld ausweichen. Sie suchen Techniken, mit denen sie sich dem Schmerz der Zurückweisung nicht stellen müssen. Sie glauben, das intellektuelle Verstehen würde sie schützen, wenn »Thors Hammer« zuschlägt. Das ist jedoch eine Illusion.

Zu versagen oder sich zu blamieren gehört zu den Grundängsten von uns Menschen. Niemand will das erleben. Das Scheitern wird oft als existentiell bedrohlich erlebt. Dennoch beschreiben viele rückblickend, wenn sie ihr Scheitern verarbeitet haben, dass diese Erfahrung wichtig für sie war und sie so reifer geworden sind oder dass dadurch eine sinnvolle Neuausrichtung ihres Lebens möglich wurde. Interessant: Im Rückblick wird es positiv, sogar als entscheidend fürs innere Wachstum gesehen. Und im Vorausblick wird alles getan, um dem Schmerz auszuweichen. Dabei wäre sogar folgender Gedanke logisch: Wer wachsen möchte, soll möglichst viele Schmerzen bei sich auslösen und daran wachsen. Nicht ausweichen, sondern suchen!

Wie lerne ich also Resilienz? Indem ich mir etwas vornehme, darauf zugehe und Rückschläge ein- und wegstecke. Und daraus lerne, etwas verändere, anpasse, nachjustiere – so lange, bis ich das Ziel erreicht habe. Zu einfach? Das ist es nicht. Es ist emotional eine Achterbahnfahrt, immer wieder. Denn: **Jeder Sieger steht auf einem Berg von Niederlagen.** Kurt Tucholsky meinte dazu: »Dumme und Gescheite unterscheiden sich dadurch, dass der Dumme immer dieselben Fehler macht und der Gescheite immer neue.« Auch, wenn wir Niederlagen als Chance begreifen, werden sie immer schmerzlich bleiben. Letztlich erinnert dies an die altbekannte Boxerregel:»Immer einmal mehr aufstehen, als hinfallen. Und dazwischen lernen!«

TRANSFORMATION

Jedes Ereignis – sei es Scheitern oder Erfolg – ist eine Einladung, vom Leben zu lernen. Ich kann mich jetzt mit mir selbst auseinandersetzen und eine Antwort in mir finden. Beim Scheitern ist es die Frage: »Was darf ich lernen, um weiter zu wachsen?« Bei Erfolg ist es die Frage: »Wie kam es genau dazu, und wie kann ich das ausbauen oder halten?« So mache ich mich auf den Weg zu besseren Ergebnissen, zu mehr Erfüllung und zu größerer innerer Zufriedenheit und Glück. Wenn ich mich dem Leben stelle, mich

voll und ganz zeige, hingebe, reinwerfe, gibt es mir genügend
Material, um auf eine höhere Ebene zu gelangen. Und hilfreiche Unterscheidungen helfen mir als Analysewerkzeug
dabei. Das ist Transformation: dem Leben als Lehrer die
Chance geben, dass es uns lehren kann.

Der Begriff »Transformation« kommt vom lateinischen
»transformare« und wird mit »umformen« übersetzt. Von
der Elektrotechnik über die Medizin bis zur Bodenkunde
und Politikwissenschaft hat die Transformation ihren Platz
gefunden. Stets werden bei der Beschreibung Begriffe wie
»Verformung«, »Übergang«, »Umwandlung« oder »grundle-
gender Wandel« benutzt. Im Kern wiederholt sich jedoch
Folgendes: Es ist ein Zustand vorhanden, es kommt zu einer
Veränderung, und danach ist ein anderer Zustand erreicht.
Im besten Fall ist dies eine gewollte Weiterentwicklung und
bringt bessere Ergebnisse. Oder kurz: Danach ist nichts
mehr, wie es vorher war. Übertragen auf eine charakterliche
Ebene bedeutet Transformation: Ein Mensch hat vom Leben
gelernt und sich weiterentwickelt. Vor diesem Hintergrund
wirkt Einsteins bekanntes Zitat für mich noch intensiver:
**»Probleme kann man nicht mit derselben Denkweise lösen,
durch die sie entstanden sind**.« Das ist für mich überhaupt
die Definition von Transformation. Den nur durch Transformation gelangt man auf eine höhere Ebene und damit in
eine wirkungsvollere Denkqualität.

Wir kennen doch alle Menschen in unserem Umfeld, die
immer wieder mit ähnlichen gelagerten Problemen konfrontiert werden: Die letzten Kollegen waren angeblich unfähig,
und die neuen sind wieder inkompetent. Der Chef zuvor war
ein Depp und der jetzige mit Kompetenzarmut gesegnet.
Privat wird vom neuen Partner geschwärmt und gelobt, dass
dieses Mal alles besser wird, doch spätestens nach einem
Jahr ist erneut die Luft raus. Oder denken wir an ein bekanntes Fernsehformat, die beliebten Auswanderersendun-

gen: Eine eher »gescheiterte« Existenz wandert nach Neu-
seeland aus, um es dort »zu schaffen«. Und was passiert?
Das Scheitern wiederholt sich, und zwar an fast denselben
Hürden wie in der Heimat. Der Grund: Der Auswanderer
nimmt sich selbst mit. Der Ort (außen) ist zwar ein anderer,
es ist jedoch dieselbe Person, die wirkt (innen). Das sind
Beispiele mangelnder Transformation. Wer im Außen etwas
ändert, sollte es innerlich mitmachen, sonst findet er in der
Zukunft seine grinsende Vergangenheit wieder.

BEWUSSTSEIN VERSTEHEN

Es gibt Menschen, die denken, sie hätten ein Buch verstanden, wenn sie es einmal gelesen haben. Das gilt sicher für
einfache Bücher, aber es lohnt sich, Werke mit Transforma-
tionskraft mehrfach zu lesen. Warum? Diese Bücher verändern sich auf wundersame Weise, wenn man sie nach einiger Zeit ein zweites Mal liest. Was ist passiert? Das Buch ist
zwar immer noch dasselbe, jedoch das lesende Bewusstsein
ist inzwischen ein anderes geworden. Ein anderes Beispiel:
Was versteht ein Auszubildender unter Zielen oder ein Ab-
teilungsleiter oder ein CEO? Natürlich Unterschiedliches,
denn der CEO hat ein anderes Bewusstsein gegenüber Zielen
als sein Azubi. Oder: Sobald wir Kinder haben, verstehen
wir unsere Eltern, die wir immer kritisiert haben, plötzlich
viel besser. Und wir werden sie jeden Tag noch besser verstehen, bis unsere Kinder aus dem Haus sind. Warum ist
das so? Weil sich unser Erleben und unser Erfahren, unser
Bewusstsein in puncto Kindererziehung weiterentwickelt
und geschärft haben.

Entsprechend entwickelt sich das Bewusstsein eines
Unternehmers anders als das eines Angestellten. Das einer
Führungskraft anders als das eines Mitarbeiters. Das eines

Einzelsportlers anders als das eines Teamplayers. Das eines Single anders als das von Liierten. Das von kinderlosen Paaren anders als das von Paaren mit Kindern. Das eines Controllers anders als das eines Vertrieblers. Diese Aufzählung könne ich unendlich weiter fortführen. Hier kommt es wieder zu einer mentalen Einschränkung, allein auf Grund des Wunschs nach psychologischer Sicherheit, vorschnell von *meinem* Leben auf *das* Leben zu schließen. Und hier hilft verstehen, ohne einverstanden zu sein, enorm beim klareren Erfassen der Realität.

Wenn also vieles so unbewusst abläuft und dies so mächtig in der Außenwirkung ist, was bedeutet »Bewusstsein« dann überhaupt? **»Die Definition des Bewusstseins ist Klarheit und Erkenntnis«**, bringt es der Dalai-Lama auf den Punkt. Doch zwischen der intellektuellen Klärung eines Begriffs und der tieferen emotionalen Durchdringung liegt die zentrale Herausforderung. Zwischen der intellektuellen Einsicht: »Iss einfach die Hälfte, um abzunehmen« und tatsächlich nur die Hälfte zu sich zu nehmen liegt ein großer Unterschied. Wäre dem nicht so, könnte jeder verständige Mensch konsequent danach handeln. Doch die Lebenspraxis beweist das Gegenteil.

Was macht dieses Bewusstsein, dieses tiefere Verstehen aus? Ist es etwas Greifbares oder etwas für Kaffeesatzleser? Da für mich das »Nicht-Sichtbare« und »Nicht-Greifbare« schon immer Realität und Bedeutung hatten, finde ich nach wie vor folgendes Bild hilfreich: Beinahe weltweit wird UKW im VHF-Band II zwischen 87,5 und 108 Megahertz betrieben. Die Vorstellung, dass sich unser Bewusstsein ähnlich verhalten könnte, hat mich schon immer inspiriert. Auch Entwicklungspotentiale werden damit in manchen Fällen erfassbarer. Wir alle senden und empfangen auf unterschiedlichen Frequenzen. Dadurch erklären sich Sympathie, Antipathie, Resonanz und Kreativität für mich. Und

je weiter ich mein Bewusstsein entwickelt habe, umso größer ist meine Bandbreite – umso mehr Frequenzen sende
und empfange ich. Und auch die Sende- und Empfangs-
stärke erhöht sich.

»Der Unterschied zwischen Landschaft und Landschaft
ist klein; doch groß ist der Unterschied zwischen den Be-
trachtern«, beschrieb der amerikanische Philosoph Ralph
Waldo Emerson das Wesen des Bewusstseins. Oder warum
bleiben einige wenige Künstler oben auf der Erfolgswelle,
während andere mal oben vorbeischauen und dann wieder
im Nirwana der Bedeutungslosigkeit versinken? Was machen
die Rolling Stones und Madonna anders? Oder Schauspieler
wie Paul Newman und Jack Nicholson? Manche werden dank
ihres passenden Bewusstseins sichtbar. Doch wenn sie sich
nicht weiterentwickeln, verschwinden sie wieder, wie eine
Modewelle – das erklärt auch die »One-Hit-Wonder«. Andere
begleiten uns ein Leben lang. Die Antwort kennen wir: Sie
erfinden sich immer wieder neu. Das sind Beispiele gelun-
gener Transformation. Bewusstsein ist der Einstieg, Transformation der Aufstieg.

ALLES OKAY?

Irgendwie wissen wir alle, dass es Dinge in unserem Leben
gibt, die nicht stimmig sind. Besser: *noch* nicht stimmig sind.
Wenn berufliche Erfolge ausbleiben, wenn ein Schmerz an-
dauert oder wenn wir Schwierigkeiten mit dem Partner, den
Kindern oder der Gesundheit haben: Zuerst glauben wir an
Eintagsfliegen, dann an die Häufung von Zufällen, bis wir
die Warnsignale nicht mehr ignorieren können. Dennoch
verschließen wir nur allzu gerne die Augen vor unangenehmen Veränderungen, obwohl die Dinge in aller Regel eher
schlechter als besser werden. Das Problem dabei: Wir haben

zwar erkannt, aber nicht emotional anerkannt, was uns fehlt. Und ohne Anerkennung fehlt uns die Kraft zum entscheidenden Schritt unserer Transformation. Denn nur, wenn eine Lektion in der Tiefe durchdrungen und verinnerlicht ist, kehrt sie nicht auf dieser Ebene wieder. **Wir verstehen intellektuell und verdrängen die emotionale Konsequenz daraus.**

Was die Kraft der Verdrängung angeht, habe ich eine unglaubliche Geschichte gehört, die offenbar fast jede erfahrene Hebamme im Lauf ihres Berufslebens schon einmal erlebt hat: Eine Frau wird schwanger und weiß das bis zur Geburt ihres Kinds selbst nicht. Sie verdrängt alle Anzeichen und wird von der Geburt überrascht. So stark kann die Kraft der Verdrängung sein.

Ich durfte bei einer Vortragsreihe den bekannten Kriminalpsychologen Thomas Müller kennen lernen. Er nahm mich im Bereich der Psyche mit auf eine Reise in unvorstellbare Abgründe. Und er ließ mich mit einer Frage allein: Wie ist es möglich, dass eine Ehefrau über Jahre nicht mitbekommt, dass ihr Sohn vom Vater sexuell missbraucht wird? Spinnen wir diesen Gedanken mal weiter: Wie bekommt eine ganze Straße, ein ganzes Dorf nicht mit, dass über Jahre Menschen in einem Haus versteckt und missbraucht werden? Wie kann es sein, dass viele nicht mitbekommen haben wollen, dass in einem Krieg systematisch versucht wurde, ein Volk auszurotten? Die Antwort heißt Verdrängung. Und wenn die Kraft der Verdrängung in solch großen Kontexten so mächtig sein kann, wie mächtig ist sie dann bei so feingeistigen Themen der Selbstreflexion?

Verdrängtes anzuerkennen fällt umso schwerer, je mehr es uns emotional betrifft. Ich kenne jemanden, der auf ärztlichen Rat mehr Sport treiben sollte und sich permanent über die Sportfaulheit seines Umfelds aufregte. Oder ich denke an das »entliebte« Paar, das sich an knutschenden Liebespaaren stört. Unerfahrene Führungskräfte, inkonsequente Eltern und schwache Lehrer kennen das: Sie verlangen etwas von anderen, was sie selbst noch nicht vorleben. Für dieses Vorleben jedoch müssten sie sich ihre eigenen Defizite erst einmal eingestehen. Auch im Wirtschaftsleben lauern diese Gefahren, beispielsweise in der Produktentwicklung: Schon in der Sackgasse weigert man sich, seine Investition aufzugeben und wirft frisches Geld verbranntem hinterher, indem man optimiert, was schon lang missglückt ist – statt den Fehler zu erkennen, anzuerkennen, daraus zu lernen und die Richtung zu wechseln.

Der bekannte Fußballspieler Uli Borowka sagt über seine Alkoholsucht in einem Interview mit der *Zeit*: »Meine Teamkollegen Günter Hermann und Oliver Reck wollten mir ja helfen. Aber ich habe sie weggeschubst. Ich habe mir nichts sagen lassen. Ich hielt mich für den Größten und war so selbstverliebt und selbstherrlich.« Der Weg zur Transformation führt immer über das Erkennen und Anerkennen der Realität. **Erkennen ist Einsicht, anerkennen ist das emotionale Annehmen des Erkannten.** So auch beim Trinker, wenn er zugibt: »Ich bin Alkoholiker.« Das ist etwas anderes als: »Ich trinke halt viel und gerne.« Damit signalisiert er das Ende der Ausreden und Täuschungen, ein Ende aller Relativierungen. Jetzt kann die Transformation beginnen.

TRANSFORMIERE DICH!

Der Startpunkt jeder Transformation ist das mutige Erkennen der Realität. Wie erkenne ich die Realität? Indem ich die Ergebnisse in meinem Leben anschaue. Schonungslos, ohne Ausrede. Der zweite, schwierigere Schritt ist das Anerkennen, das emotionale Annehmen des Erkannten. Wenn ein

Trinker sagt: »Ich trinke viel Alkohol«, hat er sein Problem erkannt. Doch nur wer zugibt: »Ich bin Alkoholiker«, ist bereit für eine Therapie. Jetzt erst beginnt die Transformation. An diesem Punkt scheitern viele, die erkennen, jedoch nicht anerkennen. Und jetzt passiert es: Der Druck der inneren Angst, es selbst nicht hinzubekommen, kanalisiert den Blick nach außen. Man wirft anderen vor, was man selbst lernen sollte. Schwache Führungskräfte, inkonsequente Eltern und charakterarme Lehrer tun genau das.

Wenn wir uns auf den Weg machen, hilft es uns, zu wissen: **Der Schlüssel zur Transformation liegt in uns und nicht außerhalb.** Es ist ganz einfach: Erkennen heißt eine Lösung suchen im Außen, anerkennen heißt eine Lösung suchen im Inneren. Jede Transformation durchläuft vier Stadien der »unbewussten Inkompetenz«, der »bewussten Inkompetenz«, der »bewussten Kompetenz« und der »unbewussten Kompetenz« – eine Matrix, auf der unser nächster Entwicklungsschritt offenbar wird. Sie hilft, uns selbst und andere zu führen.

AUFLÖSUNG VON GEGENPOLEN

Transformation kann auch mit der Auflösung von zwei Gegenpolen auf einem höheren Niveau beschrieben werden. Wenn wir uns beispielsweise das Verhältnis von Führungskräften zu ihren Mitarbeitern vorstellen: Hartnäckiges Zupacken und Durchsetzen sieht wie ein Pol aus, der manchmal notwendig und entscheidend ist. Auf der Gegenseite stehen Entspannung und Souveränität im Umgang mit Dingen, die uns unter Druck setzen. Also ein Gegensatz: Hartnäckigkeit versus Entspanntheit. Die Integration dieser Gegensätze ist für viele ein Geheimnis. Es lautet: entspannte Hartnäckigkeit oder die goldene Mitte.

Ein weiteres, leicht verständliches Beispiel ist die Spannung, die zwischen Mann und Frau entstehen kann. Der männliche Pol ist der aggressive, dominierende und erobernde Pol. Der weibliche Pol ist der ausgleichende, aufnehmende und hingebende Pol. In manchen Momenten brauchen wir den männlichen, in anderen den weiblichen Pol mehr. Wichtig ist, dass wir auf beide Pole Zugriff haben. Transformation im Menschen hat dann stattgefunden, wenn die beiden Pole keine Gegensätze mehr sind, sondern gemeinsam funktionieren. So gesehen bekommt die Frauenquote einen anderen Sinn: Es geht nicht mehr darum, welcher Führungsstil besser oder schlechter ist, sondern darum, voneinander zu lernen, also um Integration. Und dass der »weibliche Pol« wichtig für unsere Zukunft in Führungskulturen ist, dürfte inzwischen jedem klar sein.

Das ist also der Sinn hinter dem Ganzen: **Aus zwei scheinbaren Gegensätzen im Bewusstsein entsteht ein höheres Bewusstsein.** Dies ist mehr als die Summe ihrer Eigenschaften. Hier sehen wir die viel zitierte Idee der Formel »1 + 1 = 3«. Schnell zitiert, so schwer gelebt. So gibt es Menschen, die im mentalen Aggregatzustand »Überblick« sehr stark sind. Und es gibt jene, die primär den Blick fürs »Detail« haben. Transformation bedeutet, beide Aggregatzustände zu kennen und auf Knopfdruck abzurufen. Weitere Ideen sind: Nähe und Distanz, Vertrauen und Kontrolle, Lob und Kritik, fordern und fördern, ich und wir, introvertiert und extrovertiert, Beziehung und Stellung, Innenbezug und Außenbezug ... Dieses Buch ist voller Ideen zur Auflösung von Gegenpolen. Die Kunst ist, die beste Idee für sich selbst auszuwählen und deren Transformation umzusetzen. Beide bis zur unbewussten Kompetenz zu üben. In einem Pol fühlt man sich zunächst eher zu Hause – um dann zu erkennen, wann was benötigt wird und es entsprechend einzusetzen, ganz ohne Wertung. Das ist die große Herausforderung.

DURCHSCHNITT ODER HÖCHSTLEISTUNG?

Erfolgreich ist unsere Transformation, wenn es sich in diesem Bereich an unseren Ergebnissen deutlich zeigt. Unsere Wirkung erhöht sich dort, ohne dass wir nachdenken müssen, durch die unbewusste Kompetenz und nichts anderes. Wir liefern. Unsere Ideen kommen besser an. Andere hören besser zu. Dank höherem Vertrauen fließen wichtige Informationen schneller. Unsere Entscheidungskompetenz wird immer gefragter. Andere lassen sich leichter führen. Dank mehr Kreativität kommen bessere Lösungsideen, schnellere Abschlüsse, besserer Umsatz, mehr Profit, höhere Kundenzufriedenheit. Als Eltern erfreuen wir uns am Heranwachsen unserer Kinder zu starken Persönlichkeiten, die uns überholen. Und als Führungskraft erleben wir, wie Mitarbeiter immer mehr Verantwortung übernehmen und hochwertigere Resultate liefern.

Dafür müssen wir allerdings bereit sein, Altes loszulassen. Nehmen wir als Beispiel Madonna: Immer wenn alle einig waren, sie befände sich auf dem Zenit Ihres Erfolgs und es könne bestenfalls noch bergab gehen, erfand sie sich neu und wagte etwas Neues. Einer ihrer bekanntesten Titel heißt bezeichnenderweise »The Power of Goodbye« (»Die Kraft des Loslassens«). Das Verlassen »alter Pfade« scheint ein entscheidender Punkt für Transformationsprozesse zu sein. Von Beethoven bis Picasso: Sie alle vereint, dass sie immer eine »Schippe drauflegen« konnten. Darin erkennen Experten im Nachhinein leicht die verschiedenen Schaffensphasen der Künstler. So leicht die Betrachtung danach ist, so schwierig ist es, sich selbst auf die nächste Ebene der Erkenntnis zu transformieren.

Durchschnitt oder Höchstleistung? Natürlich muss das jeder selbst für sich entscheiden. Ich möchte niemanden zu

Spitzenleistungen überreden, wenn jemand zu mir sagt: »Herr Grundl, was Sie sagen, mag auf Sie und andere zutreffen, aber ich bin gerne Durchschnitt.« Davor habe ich Respekt, weil sich diese Person Gedanken gemacht hat und zu einem klaren Entschluss gekommen ist. Das ist eine bewusste Entscheidung, die ich voll und ganz akzeptieren kann. »Aber wenn alle so denken, wird sich die Welt doch nie ändern«, höre ich einige widersprechen. Das stimmt – und es stimmt nicht ganz. Es wird immer die Ausschläge nach oben geben. Menschen, welche sogar manchmal die Welt transformieren. Und natürlich gibt es viel Durchschnittliches in unserer Gesellschaft – und das ist durchaus hilfreich.

Ich bin der Meinung, dass der Durchschnitt das Funktionieren des Staats gewährleistet – er hat eine selbstregulierende Funktion und bietet Schutz. Je höher der Durchschnitt, umso besser. **Es muss nicht jeder Spitzenleistung erbringen!** Kants Idee des kategorischen Imperativs: »Handle nur nach derjenigen Maxime, durch die du zugleich wollen kannst, dass sie ein allgemeines Gesetz werde«. Das ist moralisch idealistisch sehr vorbildhaft, jedoch für mich an der Praxis vorbeigedacht. Ich orientiere mich lieber an Ergebnissen als an überzogenen Idealen. Denn die machen uns in der Umsetzung krank. Ob in Religion (Islamismus), Politik (Marxismus) oder Wirtschaft (Turbo-Kapitalismus): Diese Ismen, diese überzogenen Ideale, bringen die wirrsten Phänomene hervor – Selbstmordattentäter, Massenmörder, Bankengrößenwahn. Apropos Ideal: Wir wissen heute, dass die Kombination von Perfektionismus und Idealismus eine der größten Grundlagen eines Burnouts ist.

Für uns Menschen und unsere Gesellschaft geht es in der Entwicklung immer auch um die Balance zwischen Stabilität und Dynamik. Und für jedes Individuum stellt sich die Frage: Was will ich sein: unter Schnitt, Durchschnitt oder über Schnitt? Das Tolle ist: Es kommt nicht darauf an, was wir entscheiden. Wichtig ist, dass wir es bewusst tun und unseren Weg klar vor uns sehen. Jede Entscheidung ist richtig. Skeptisch werde ich bloß, wenn jemand sich für Unterdurchschnittliches entscheidet und Durchschnittsergebnisse haben will – da stimmt etwas nicht. Oder wenn mir jemand erzählen will, es gäbe sie nicht, die Welt der »unbegrenzten Möglichkeiten« in Bezug auf Höchstleistungen. Es geht darum, die Vielfalt an Möglichkeiten zu begreifen, seinen eigenen Platz in der Welt zu erkennen und zu sehen, welcher Weg dorthin führt. **Tiefer nachdenken, besser entscheiden, weniger beschweren!**

AUS DISZIPLIN WIRD KONSEQUENZ

In der dritten Transformationsphase, der »bewussten Kompetenz«, kommt es darauf an, dass wir bewusst uns entscheiden, Dinge zu tun oder zu lassen. Es gibt noch keinen Automatismus. Wir müssen uns Anweisungen oder Befehle geben und uns selbst mit einer gewissen Strenge führen. Das ist manchmal sehr mühsam und fordert uns. Es ist sozusagen das Fegefeuer der Disziplin, durch das wir gehen müssen, um im Paradies der Konsequenz und am Ende bei der Überzeugung anzukommen.

Aber vielleicht fällt es uns leichter, uns zu »gehorchen«, auf uns zu hören, wenn wir uns klarmachen, dass wir immer irgendwelchen Befehlen folgen. Umfeld, Menschen, Medien, Kunden, Kinder, Mitarbeiter, Chefs oder Partner üben ständig Einfluss auf unser Handeln aus und versuchen, uns zu diktieren, was wir zu tun und zu lassen haben. Doch wir haben die Wahl: Folgen wir in den entscheidenden Punkten unseren eigenen Befehlen oder denen anderer? Dann doch lieber den eigenen!

Je mehr ein Mensch sich selbst erkennt, desto mehr bleibt er bei sich, statt sich in der Außenwelt zu verlieren. Desto genauer weiß er, was ihm guttut und was nicht. Desto weniger vergleicht er sich mit anderen. Desto klarer werden ihm seine Motive und mentalen Begrenzungen. Und desto besser kann er Motive und mentale Begrenzungen nach seinen eigenen Vorstellungen formen.

Je weiter ein Mensch in seiner Selbsterkenntnis ist, desto mehr lebt er, als dass er gelebt wird. Er kann sein Leben freier gestalten. Und je freier ein Mensch sein Leben gestalten kann, desto bewusster kann er Entscheidungen treffen – und die Verantwortung dafür übernehmen, statt sie anderen zu überlassen oder sie ihnen gar vorzuwerfen. Das schließt die Verantwortung für das eigene Glück ein. **Weniger beschweren, mehr verantworten** – so sieht ein selbstbestimmtes Leben aus.

VERANTWORTUNG

Die Verantwortung für unser Befinden, unseren Alltag, die Umstände und unser Leben zu übernehmen, ist eigentlich ganz normal. Es ist ein Zeichen dafür, dass wir erwachsen geworden sind – nicht biologisch, sondern emotional erwachsen. Doch der Teil eines Landes, welcher im Kollektiv und permanent über die schlechte Konjunktur, die Steuergesetze, die Globalisierung, die Regierung, die Bundesliga-Ergebnisse, den Nachbarn, den Chef und die unglückliche Kindheit jammert, weigert sich beharrlich, erwachsen zu werden. Das sind viel zu viele.

Erst wenn wir wirklich bereit sind, für alles in unserem Leben unseren Teil der Verantwortung zu erkennen und zu übernehmen, werden wir große Schritte vorankommen. Wenn wir aufhören, uns weniger bei unserem Umfeld und

den Systemen zu beschweren, wird die Energie frei für die Transformation jedes einzelnen Menschen. Dabei sollten wir weder zu individualistisch noch zu kollektiv denken: Kollektive Individualität lautet hier die goldene Mitte und damit die Transformation. Das bedeutet: weniger über uns und andere meckern! Stattdessen mehr Verständnis für unsere eigenen Limitierungen haben und die anderer – und vor allem: härter an uns selbst arbeiten. Keine Verdrängungen und keine faulen Ausreden mehr. Das macht uns frei – und gewinnt die Herzen derer, die ein selbstbestimmtes und freies Leben führen wollen.

Wenn aber Freiheit wirklich da ist, was hält uns dann davon ab, erfolgreich zu leben und zu arbeiten, glücklich zu sein und nicht nur zu lieben, sondern auch gelingende Beziehungen zu haben? Sind es die Umstände, oder sind wir es selbst? Ich stelle immer wieder fest, dass viele Menschen sich vordergründig nach Freiheit sehnen, die nicht einmal ahnen, dass dies eine Sehnsucht nach Selbstverantwortung ist, die sie noch nicht leben können. **Wer Freiheit vermisst, vermisst zu großen Teilen den Willen, die Freiheiten auch zu nutzen, die schon vorhanden sind.**

Die Sehnsucht ist da, doch viele legen resignierend die Hände in ihren Schoß oder flüchten sich in Ersatzhandlungen. Intellektuell stark, emotional schwach. Diese Menschen erkennen wir an ihren Wenn-dann-Sätzen: »Wenn ich mehr Zeit hätte, dann ... Wenn mich die andern doch besser verstehen würden, dann ... Wenn ich keine Kinder hätte, dann ..., Wenn ich einen besseren Partner hätte, dann ..., Wenn ich eine glücklichere Kindheit gehabt hätte, dann ..., Wenn ich mehr geerbt hätte, dann ... Wenn die andern doch besser auf mich hören würden, dann ... Wenn mein Chef mich doch nur besser fördern würde, dann ...« Und in meinem Fall: »Wenn ich doch nur nicht behindert wäre, dann ...«

Schauen wir uns den ersten Satz einmal genauer an. »Wenn ich mehr Zeit hätte, dann ...« Dieser Satz könnte auch anders und damit kraftvoller gesagt werden. »Wenn ich in der Lage wäre, in meiner vorhandenen Zeit durch klarere Priorisierung, höhere Intensität und weniger Ablenkungen mich besser auf Ergebnisse zu konzentrieren, dann ...« Im ersten Satz handelt es sich um eine kollektive Ausrede des Opferseins. Deswegen benutzt ihn fast jeder, ohne nachzudenken. Wenn wir bei einer Party sagen: »Wenn ich mehr Zeit hätte ...«, wird jeder am Tisch mitnicken – mit der Konsequenz, dass man eh nichts machen kann. Und da es alle sagen, muss es doch auch stimmen, oder? Der Satz ist gefährlich. Wenn ich dem Leben sage: »Ich habe zu wenig Zeit«, dann wird das Leben dafür sorgen, dass ich Recht bekomme. In der zweiten Variante dagegen liegen Differenzierung und Verantwortung, genauer gesagt Selbstverantwortung. Es gibt uns Kraft, doch es zieht uns auch an den Ohren wie ein strenger Lehrer auf historischen Bildern. Wir sagen dem Leben: »Ich habe genug Zeit. Ich muss nur lernen, diese besser zu nutzen.« Auch hier wird uns das Leben irgendwann Recht geben. Der erste Satz festigt unser Opferdasein, der zweite Satz unser Schöpferdasein. Wählen wir uns selbst unseren Weg aus! Doch wählen wir weise, unsere Gedanken könnten wahr werden.

Die Verantwortung liegt voll bei jedem Einzelnen und zugleich bei jenen, die ihr Können in die Gemeinschaft einbringen. **Jeder muss entscheiden, was er zum Wohl aller beitragen und zum eigenen Gelingen tun will.** Jeder sollte sich fragen: Wenn das Schicksal Glück und Unglück gleichmäßig verteilt – wie viel Engagement möchte ich zeigen, um aus 50 zu 50 ein 70 zu 30 oder mehr zu machen? Was kann ich, was tue ich, was fehlt? Noch nie waren die Möglichkeiten, sein eigenes Ding zu machen, so gut wie heute. Und dennoch treffe ich immer wieder Menschen, die einfach sagen: »Ich bin halt so. Ich kann nicht anders, und die Umstände sind gegen mich.« Der Fußballer Jürgen Wegmann sagte einmal: »Zuerst hatten wir kein Glück. Dann kam auch noch Pech dazu.« Im Rahmen eines Fußballspiels ist das lustig. Wird der Satz zur Lebensphilosophie, ist das mehr als traurig.

LUST ODER FRUST?

Es ist völlig irrelevant, ob wir immer Lust haben oder nicht, ob es uns immer Freude macht oder nicht. Mal macht es mehr, mal macht es weniger Lust und Spaß. Wichtig ist, zu wissen, wohin wir wollen. Das Ziel vor Augen zu haben, für das wir etwas tun. Erinnern wir uns: **Verliebe dich in das Ergebnis, und der Weg wird leichter.** Vielleicht müssen wir auch auf dem Weg zur »unbewussten Kompetenz« immer mal wieder einen »Tankstopp« einlegen, bei dem wir uns bewusstmachen, wo der Nutzen – der Sinn – unseres derzeitigen Handelns ist, und unser Ziel so wieder energetisch aufladen. Wir wollen bessere Ergebnisse erzielen. Wir wollen neue Gewohnheiten bahnen. Das geht zwischendurch auch mal nur mit »blood, sweat and tears«!

Wenn wir »den Preis gezahlt haben« und uns oft genug bewusst mit unserem Thema in dieser Form auseinandergesetzt haben, werden wir fürstlich belohnt. Mehr belohnt, als wir je zu hoffen gewagt haben. Wir treten in die »magische« vierte Phase ein: die »unbewusste Kompetenz«. Ich muss nicht mehr allzu sehr darüber nachdenken, was ich tue. Es kommt aus dem kompetent geschulten Bauch heraus. Dann ist in mir Einsicht entstanden, und ich handle konsequent. Meine Ergebnisse werden stimmiger mit meinen Wünschen. Wunsch und Wille kommen sich immer näher. Ich brauche die Disziplin dieses Thema betreffend nicht mehr, weil mir mein Denken und Handeln in Fleisch und Blut übergegangen sind. Ich lebe Konsequenz. Ich bin Konsequenz und dadurch auch überzeugt. Und so wirke ich nun sehr überzeugend auf andere.

Wenn ich dafür wieder das Bild des Kriegers bemühe, stehen das Schwert für den Intellekt (Logik) und der schwertführende Arm für die Emotion (Überzeugung). Nur zusammen können sie auf hohem Niveau wirksam werden. Wenn das Schwert nicht scharf ist, wird es auch nicht durch meinen starker Arm zur Superwaffe, und ich bleibe unter meinen Möglichkeiten. Wenn mein Arm zu schwach ist, um das Schwert zu führen, nützt mir auch das schärfste Schwert in einem anspruchsvollen Kampf nichts. Nur ein Zusammenwirken von beiden führt zum Ziel maximaler Wirkung. Dann werde ich der Beste, der ich sein kann. So gewinne ich den Kampf gegen meine Defizite. **Die Logik ist durch den Verstand geprägt, die Überzeugung durch die emotionale Aufladung.**

RATIO UND EMOTIO

Was ist der Unterschied zwischen intellektuellem und emotionalem Verstehen? Nun, der Intellekt denkt, dass er etwas kann, und die Emotion beweist ihr Können durch Ergebnisse und durch Wirkung. Natürlich wird der Verstand dadurch nicht überflüssig, ganz im Gegenteil. Doch seine Rolle beim tieferen Verstehen unserer Entscheidungen und Handlungen relativiert sich. Der Mensch ist ein Mischwesen aus Rationalem und Emotionalem. **Der Intellekt wird überschätzt, die Emotion wird unterschätzt.** Ihr haftet ein negatives Image an, soziale Unerwünschtheit. So, als wären Emotionen unliebsame Einflüsse willensschwacher Charaktere.

So machen sich viele Menschen etwas vor: Sie denken, sie würden rational denken und entscheiden, machen das jedoch höchst emotional. Da die wahren emotionalen Gründe gesellschaftlich nicht so erwünscht sind, wandern sie ins Unbewusste. Zwei platte Beispiele: Welcher Mann würde schon zugeben, dass er sich von dem attraktiven Model an seiner Seite hauptsächlich Bestätigung von außen erhofft? Welche Frau würde gern eingestehen, dass der Millionärsstatus ihres neuen Schwarms ihr Sicherheitsstreben sehr beruhigt? Wir denken, wir wüssten Bescheid, unsere Motive seien andere. Doch unsere Handlungen sprechen eine ganz andere Sprache. So erlischt nach dem Herumzeigen der Trophy-Wife das Interesse des Manns an der Frau. Und er versteht nicht, warum. Er wird an diesem Muster nur etwas ändern können, wenn er seinen wahren Motiven ins Gesicht schaut.

Viel lieber glaubt der Mensch, sich und die Welt mit seinem Denken zu steuern, statt von seinen Gefühlen gelenkt zu werden – als wären sie Gegenspieler anstelle von Partnern. Es sind erneut scheinbare Gegenpole, welche es auf einer höheren Ebene zu integrieren gilt. Richtig, die es

zu transformieren gilt. Führender, starker Arm mit ge-
schliffenem Schwert. Es geht eben nicht darum, dass man
nur den Verstand genug schärfen muss, um die Emotion
zu bannen. Es ist nichts Schlechtes, starke Emotionen zu
haben, im Gegenteil. Die Frage lautet, ob jemand Herr oder
Sklave seiner Emotionen ist. Sie ins Unbewusste verdrängt,
weil sie unerwünscht sind. Wem es gelingt, Herr zu bleiben,
vermag ihre große Kraft für seine Entwicklung zu nutzen.
Was nützt es zum Beispiel, wenn jemand die gesamte Theorie des Humors kennt (Intellekt) und niemanden zum Lachen bringen kann (Emotion)? Wissen (Kennen) bringt erst
dann etwas, wenn es das gewünschte Ergebnisse (Können)
bringt.

Wissenschaftler haben längst nachgewiesen, dass bis
zu 90 Prozent der menschlichen Entscheidungen emotional
getroffen werden. Die Frage, die ich mir stelle: Genügt es
wirklich, nur zu denken, um sich selbst, die Menschen und
die Welt erfahren zu können? Ich glaube nicht. Erst ein Zusammenwirken von Verstand und Gefühl führt zu den gewünschten Ergebnissen. So meinen viele Menschen, sie
könnten sich durch Denken Erfahrung ersparen. Doch genau
dieses Denken schränkt massiv ein. Wir möchten beispielsweise keine Bewerbungsgespräche führen, weil sie ja eh
nichts bringen, weil sich ja so viele bewerben. Doch in Wahrheit haben wir große Angst vor Ablehnung und bewerben
uns deswegen erst gar nicht.

Kommt das wahre Motiv nicht auf den Tisch, drehen
wir uns im Kreis und finden keinen Ausweg. Merke: Durch
das wahre Motiv finden wir auch zu einem Ansatz einer
wirkungsvollen Transformation. Dabei hilft Erfahrung: **Manches kann durchdacht werden, anderes nur erfahren werden.** Je mehr Erfahrung wir haben, umso kraftvoller wird
das Denken. Vielleicht so: Jung = weniger denken, mehr
erfahren. Reifer = mehr denken, weniger erfahren. Deswe-

gen passen Jung und Alt aus meiner Sicht auch so gut zusammen, beruflich und privat.

In so manchen Unternehmen höre ich beispielsweise
immer wieder: »Wir wünschen uns eine ehrliche Feedback-Kultur. Authentisches, zeitnahes Feedback annehmen
und daran wachsen.« Alle scheinen zu wissen, wie wichtig
das ist. Der Wunsch ist da – der Wille auch? Der Intellekt
sagt »Ich möchte Feedback«, die Emotion allerdings wünscht
sich Bestätigung, Anerkennung. Kommt dann Kritik – das
gehört auch zum Feedback –, nehmen viele das Gehörte persönlich, reagieren gekränkt und beschweren sich über mangelnde Wertschätzung. Allzu schnell wird sich über »Mobbing aus der Chefetage« beschwert.

Dieses Beispiel zeigt deutlich, dass es Entwicklung ohne
Erkennen und Anerkennen der Realität nicht geben kann.
**Etwas endlich wahr-*nehmen* zu können, heißt noch lange
nicht, es auch wahr-*haben* zu wollen.** Am liebsten möchten
wir es wieder ausblenden, wenn wir uns so sehen, wie wir
wirklich sind. Doch wie wollen wir uns entwickeln, wenn
wir uns dieser Wahrheit nicht stellen können – weil unsere
Emotionen unbewusst die Bremse reinhauen? Wer vom intellektuellen Erkennen nicht zum emotionalen Anerkennen
gelangt, wird es vom reinen Kennen nicht zum Können
schaffen. Und wenn mir jemand sagt, er sei ja nur Rationa-
list, dann spüre ich oft: Ich habe einen typischen Trocken-
schwimmer vor mir – der alles über die Technik des Schwim-
mens weiß, sich aber nie in die Fluten gewagt hat. Er wird
ertrinken, sobald er ins kalte Wasser der Realität geworfen
wird.

Nochmals: Der Intellekt denkt, dass er etwas kann, die
Emotion beweist ihr Können durch Ergebnisse. **Ohne die
passende Emotion mangelt es an der Umsetzung.** Bei meiner Arbeit mit Menschen betone ich regelmäßig, wie wichtig
es ist, die Dinge des Lebens nicht nur oberflächlich durch

die Gedanken zu schleusen, sondern sie tief zu durchdringen, um zu einer echten Transformation zu gelangen. Das ist der Weg von der unbewussten Inkompetenz zur unbewussten Kompetenz. Natürlich ist das nicht möglich ohne den großen Anteil des Denkens – hier ist die Startlinie. Wir müssen reflektieren, was wir ändern wollen. Aber dass es ohne Reflexion nicht geht, bedeutet nicht, dass sie genügt.

Wer in seinem Leben bessere Ergebnisse haben will, benötigt Transformation. Das gilt für Menschen genauso wie für Unternehmen. Und die geht nur mit Verstand und mit Emotion. Die Umsetzung beweist es. Unsere Ergebnisse beweisen, was wir wirklich wollen. **Was der Kopf schon weiß, muss die Seele erreichen**, und der Weg liegt am Ende in der Handlung. Und die Qualität der Handlung zeigt sich in Ergebnissen. Neues lernen, durchdringen und anwenden, Schritt für Schritt, und das immer wieder. Nicht ohne Grund sagt Laotse: »Eine Reise von tausend Meilen beginnt unter deinem Fuß.« Auch große Reisen beginnen damit, dass ich mir eine Fahrkarte kaufe. Und wenn ich es wirklich will, bin ich auch in der Lage, Schritt für Schritt zu gehen.

WO EIN WILLE, DA EIN WEG?

Für den freien Willen ist der Zusammenhang von Verstand und Emotion sowie von Körper und Bewusstsein wichtig. Wer *rein* wissenschaftlich denkt, schränkt sich aus meiner Sicht ein. Wer *auch* wissenschaftlich denkt, schränkt sich hingegen weniger ein. Der »Wissenschaftler« in uns ist eine klasse Lernhilfe, aber er ist eben nicht alles. Der »Träumer« in uns denkt sicher weniger wissenschaftlich, doch seine Vorstellungskraft bahnt den Weg in eine kaum sichtbare Zukunft. Der »Macher« in uns geht frisch ans Werk, während der »Zweifler« in uns ständig Sand ins Getriebe streut.

Wie frei der Wille tatsächlich ist, wissen wir nicht. Forscher schlagen sich hier gegenseitig mit ihren Studien die Köpfe ein: Gibt es ihn, den freien Willen, oder gibt es ihn nicht? Ich gehe dieser Frage anders nach: »**Wie viel freier Wille ist in mir, und wie kann ich diesen formen?**« Ich stelle ihn grundsätzlich gar nicht in Frage. Denn wenn ich nur zu 10 Prozent frei bin, muss ich das nutzen. Und wenn es aber 90 Prozent sind, gilt es ebenfalls, das möglichst gut zu nutzen. Mit diesem Bild kann ich hervorragend arbeiten. Das Gleiche gilt beim Thema Talent, denn auch hiervon haben Menschen unterschiedlich viel. Doch letztlich ist das unbedeutend, denn wir können daran nichts ändern. Also geht es darum, vorhandenes Talent zu erkennen, an dieses ranzukommen und es zu formen. Mehr können wir nicht tun – weniger sollten wir nicht. Denn darauf kommt es an.

Warum ich für diesen Pragmatismus plädiere? Weil ich in meinem Leben die Wirkung eines starken und unbeugsamen Willens jeden Tag erlebe. Denn ohne diesen Willen könnte ich nicht der sein, der ich bin, und würde diese Zeilen nicht schreiben. So spannend und faszinierend ich die geschilderten Rätsel finde, so wenig muss ich sie theoretisch auflösen können, um meine Existenz in die eigene Hand zu nehmen. Ich fühle mich frei, denn ich entscheide mich jeden Tag, mein Leben aktiv voranzutreiben und mich nicht einem Schicksal zu ergeben, das ich selbst verantwortet habe. Als ich diesen unheilvollen Sprung von der mexikanischen Klippe wagte, war es allein meine Entscheidung. Obwohl mein Bauchgefühl signalisierte, dass genau dieser Sprung schiefgehen könnte, wollte ich dem Rausch nicht widerstehen. Kann ich dem Wasser einen Vorwurf für seine physikalischen Eigenschaften machen? Wohl kaum. Ich bin also die Summe meiner Entscheidungen. Und ich bin damit einverstanden.

DER GLAUBE VERSETZT BERGE?

Meine Antwort auf diese Frage lautet eindeutig: Ja! Die Frage, die wir klären müssen, lautet allerdings: Woran glauben wir? An einen Gott – oder sind religiöse Empfindungen absurd? An die Wissenschaft – und nur an das, was wir nachweisen können? An die Liebe oder das Schicksal? An die Gesetze des Marktes oder an Gerechtigkeit? An die heiligen Kräfte eines Wassers, das bei Vollmond und kniend im Rückwärtsgang bei Gegenwind aus einem Brunnen geschöpft wurde?

Für mich ist Glaube eine Frage der inneren Haltung – unabhängig vom Objekt meines Glaubens. Was heißt denn glauben? Glauben heißt für mich: Vertrauen haben in etwas, dessen Existenz ich mit meinen Sinnen (noch) nicht erfassen kann. Ich trage ein inneres Bild in mir, dem ich zuversichtlich in der Realität entgegengehe – obwohl ich nicht sicher weiß, ob es dieses Bild gibt.

Im alltäglichen Sprachgebrauch ist die Formel »Ich glaube …« oft Ausdruck einer Unsicherheit mit dem Subtext: »Ich weiß es nicht genau.« Für mich hat diese Aussage eine völlig andere Bedeutung. Denn das Wort »glauben« kommt vom mittelhochdeutschen »gelouben« und althochdeutschen »gilouben«, was »für lieb halten, gutheißen« bedeutet, und geht mit den verwandten Wörtern »Lob« und »lieb« unter anderem auf die indogermanische Wurzel »leubh« zurück. Wenn ich also glaube – nicht im zweiflerischen unsicheren Sinn –, dann gutheiße ich etwas. Ich entwickle eine positive Haltung dorthin.

Wenn ich sage: »Ich glaube an dich. Ich glaube an mich. Ich glaube an uns. Ich glaube an eine erfolgreiche Zukunft. Ich glaube an dieses Projekt«, dann habe ich eine starke innere Sicherheit, dass dem so ist. Wenn ich an etwas glaube, weiß ich es eigentlich nicht genau. Trotzdem ist da eine sehr große Sicherheit. Eine innere Sicherheit, die mich handlungsfähig macht. Ich weiß nicht, woher sie kommt. Vielleicht hat sich diese innere Sicherheit durch die Ergebnisse entwickelt? Oder war sie im Kern immer schon irgendwo da? Ich weiß es nicht. Was ich weiß: **Glauben besitzt eine unglaubliche Kraft** – und kann daher auch »symbolisch« Berge versetzen.

Unsere wissenschafts- und faktenorientierte Welt ist wichtig. Sie schärft den Intellekt, sie schärft das Schwert. Doch unsere Emotionen werden stark vom Glauben, von inneren tiefen Bildern geführt. Ein Beispiel: Nehmen wir das Wort »Vertrauen«. »Ich glaube an sie!« Oder: »Ich glaube, sie betrügt mich!« Einmal Vertrauen, einmal Misstrauen. Wie stark sind die Emotionen hinter diesen Sätzen, und wohin führen sie? Deswegen müssen wir unsere Emotionen erkennen, anerkennen und transformieren. Den schwertführenden Arm trainieren – damit er das Schwert des Intellekts sauber führen kann.

Die Frage, ob wir an etwas glauben, ist von enormer Bedeutung für jeden von uns. Und glauben kann uns über bisherige geistige Limitierungen hinweghelfen. Arthur Schopenhauer drückte es so aus: »Die Gedanken sind unser Schicksal.« Denn unsere Gedanken von gestern sind unsere Ergebnisse von heute. Und unser Denken von heute bestimmt die Ergebnisse von morgen. Somit ist Philosophie kein nutzloses Gedankenverwirrspiel, sondern die brutale Realität der Zukunft. Gedanken sind tiefe innere Bilder und Überzeugungen von großer Bedeutung. Sie werden irgendwann real.

Es ist dabei egal, woran wir glauben. Die Fähigkeit zu glauben ist entscheidend. **Und dann geht es darum, was der Glauben in uns bewirkt, wohin er uns führt.** Wobei hilft uns der Glaube an Gott oder an etwas anderes? Wohin führt er uns? Ich kenne Atheisten, die christliche Werte vorbildlich leben, und Kirchgänger, deren Manipulationen

dem Teufel sicher die größte Freude machen. Somit geht es
eher darum, an der Stärke seines Glaubens zu arbeiten und
die Wirkung seines Glaubens im Blick zu haben, als anderen
Vorwürfe zu machen.

Des Weiteren finde ich es viel interessanter, wohin ein
Glaube führt. Bringt er uns geistiges Wachstum, Toleranz,
Nächstenliebe und Größe? Oder bringt er Engstirnigkeit,
Vorwürfe, Hass und Angst? »Wohin führt dein Glaube, was
macht er mit dir?« Diese Frage ist viel wichtiger als: »Woran
glaubst du?« **Glaube ist für mich wie eine Trägerwelle, die
durch alles hindurchströmt.** Er ist wie ein Basso continuo,
auf dem sich die Melodie des Lebens entfalten kann. Dann
ist es egal, ob einer mit Weihrauch in der Sommersonnen-
wende die Ahnen beschwört oder sich um eine bestimmte
Uhrzeit auf einen Teppich kniet oder am Sonntag zur Beichte
geht. Letztlich führen diese unterschiedlichen Glaubensbrü-
cken immer zu der gleichen Insel. Und der ist es völlig egal,
von wo aus sie erreicht wird.

MÖGLICHKEITEN UND GRENZEN

»Um das Mögliche zu erreichen, muss das Unmögliche
immer wieder versucht werden.« Diesen Satz kennt fast
jeder – er stammt aus Hermann Hesses Feder. Es geht letztlich darum, Grenzen zu überwinden, um das zu realisieren,
was möglich ist. Doch welche Grenzen sollten überwunden
werden? Welche besser nicht? Und wo geht es nicht? Wird
mit der Gentechnik eine Grenze überschritten, oder wird
daraus einmal das größte Geschenk an die Menschheit? Wir
werden es irgendwann einmal wissen. Soll der Mensch flie-
gen lernen? Hat er schon. Ist es zu seinem Vorteil? Wir werden sehen, aber bis jetzt scheint es so. Was manches Mal als
Engel daherkommt, entpuppt sich irgendwann einmal als

Teufel und umgekehrt. Die Atomkraft schien die Lösung für unsere Energieprobleme zu sein, und der Dieselmotor der beste Antrieb der Zukunft.

Diese Welt setzt uns auch Grenzen, ebenso wie mein Körper mich begrenzt. Bestimmte Dinge kann ich seit meinem Unfall einfach nicht mehr tun. Dafür konzentriere ich mich jetzt umso mehr auf die mir möglichen Wege und mache das Beste daraus. Das ist einfach gesagt und oft sehr schwer umgesetzt. Und das gilt für körperlich nicht eingeschränkte Personen genauso wie für mich. Jeder Mensch hat Möglichkeiten und Grenzen. **Doch viele unterschätzen das, was sie könnten, und sehen zu sehr die Widerstände.** Andere wiederum haben das umgekehrte Problem: Sie überschätzen ihre Möglichkeiten und ignorieren ihre Grenzen mit unheilvollen Folgen. So wie ich beim Sprung von der Klippe.

Aus diesem Grund sehe ich meinen Unfall auch als Geschenk. Ein Geschenk, das ich nicht verkläre, weil es mich 90 Prozent meiner körperlichen Möglichkeiten gekostet hat. Es ist wie ein strenger Lehrer, welchen ich zu schätzen gelernt habe. Denn er hat mich gelehrt, was ich wirklich kann. Wo ich hingehöre. Wo mein Platz ist. Für was ich gemeint worden bin. Und es hat mir gezeigt, was mein Wille bewegen kann und was nicht. Es hat mich mutig gemacht und demütig. Es hat mich so sehr mit Willen infiziert, dass meine Grenzen zwar nicht verschwunden, aber in gewisser Weise machtlos geworden sind. Die Grenzen beherrschen mich nicht mehr – ich beherrsche den Raum dazwischen. **Durch konsequentes Handeln bin ich zu einem Realisten des Willens geworden.**

Heute bewege ich Menschen dazu, mittels ihres freien Willens die Besten zu werden, die sie sein können. Diese Reise zu sich selbst beginnt mit Selbsterkenntnis. Denken – Handeln – Ergebnisse. Und wieder von vorn. Wer diesen Kreislauf konsequent drehen möchte, muss lernen, seinen

Befehlen zu folgen, und zwar genau dann, wenn es eng wird. Denn auf dem Weg gilt es, Berge zu erklimmen, deren Höhe im Voraus nicht ersichtlich ist. So beginnt mancher Aufstieg im Dunkeln, nahe der Wolkendecke. Und nach Durchstoßen der Wolken wird erst klar, dass es ein Achttausender ist. Und was für einer!

8

EIGENEN ÜBERZEUGUNGEN FOLGEN

Der Weg zum Kern unserer Persönlichkeit ist eine Reise zu uns selbst: Wir entwickeln uns, kommen uns näher, werden uns bewusster, sehen uns immer klarer. Sie ist ein wenig wie eine Wanderung im Gebirge: Kaum haben wir einen inneren Berg – eine innere Limitierung – erkannt, anerkannt und überwunden – das Thema transformiert –, steht der nächste vor uns. Je nach inneren Einschränkungen gilt es, eine Bergkette zu überwinden – eine Lebensaufgabe. Manche Themen sind ähnlich, manche unterschiedlich. Jeder hat seinen eigenen, einzigartigen Weg zu gehen. Mit der Überwindung jedes »symbolischen« Achttausenders nehmen Erfüllung und Erfolg im Leben zu.

Im Himalaya gibt es zehn Achttausender, weltweit sind es vierzehn. In diesem Buch habe ich von der Überwindung meiner inneren Achttausender geschrieben – so offen, wie ich kann, und wohl wissend, dass ich mich gerade mit meinen nächsten Limitierungen auseinandersetze. Vielleicht macht das Mut: Mut die eigenen Achttausender anzugehen. Jeder von uns ist anders. Jeder hat seine, ganz eigenen Achttausender. Sind es fünf, sieben oder vierzehn? Ich weiß es nicht. Ich weiß nur, jeder hat seine eigenen.

Am 3. Dezember 1990 änderte sich nach meinem Unfall mein Leben innerhalb von Sekunden. Nichts war mehr so, wie es einmal war. Wie ein nasser Sack schlug ich auf dem Wasser auf. Das Wasser fühlte sich hart wie ein betonierter

Garagenboden an. Mein Aufprall auf dem Wasser der mexikanischen Lagune war wie ein Schlag, der mir Leib und
Seele brach. Der erste Achttausender war da – und dem
sollten noch einige folgen. Meine Reise nach innen begann.

Jeder hat seine eigene Geschichte, sein eigenes Leben
und seine eigenen inneren Berge. Hoffentlich haben wir den
Respekt vor dem Ringen der anderen. Denn wenn wir uns
über andere erheben, nur weil wir ein paar Schritte weiter
sind, wird es auf uns selbst zurückfallen.

Aus meiner Sicht geht es sogar noch weiter. Denn wer
eine besondere Begabung besitzt, hat eine besondere Verantwortung. Und die gilt es, der Menschheit zurückzugeben, in
welcher Form auch immer. Denn sie gehört nicht uns allein.
Doch bleibt die Frage im Raum stehen: Warum soll ich diese
immer wiederkehrende Anstrengung der Selbsterkenntnis
auf mich nehmen? Lohnt es sich? Ich bemühe mich um eine
Annäherung aus einer anderen Richtung: Was ist leichter, der
Weg zu einem erfüllten und erfolgreichen Leben? Oder der
Weg zu einem nicht erfüllten und nicht erfolgreichen Leben?
Viele antworten darauf, dass es leichter sei, weniger zu ver-
antworten, sich mehr wegzuducken und öfter mal Opfer zu
sein. Meine Meinung ist: Die Ausreden und Selbstlügen dieses
Wegs sind für mich schwerer zu ertragen, als die nächste
Stufe der Erkenntnis und damit der Selbstverantwortung zu
erklimmen.

Zum Abschluss möchte ich noch vom letzten Achttausender erzählen. Dort auf dem Gipfel kommen wir endlich
bei uns selbst an. Wir haben erkannt, für was wir gemeint
sind. Nicht, was wir wollen oder was wir müssen, sondern
wofür wir gemeint sind – ein großer Unterschied. Wir dienen, und zwar etwas weit größerem als uns selbst. Wir
setzen eigene Ideen um oder die Ideen anderer. Uns geht es
um die kraftvollste Idee an sich – nicht von wem die Idee
stammt. Das ist uns egal.

Eine tiefe Dankbarkeit durchströmt uns. Wir tun nicht dankbar, wir sind es. Der Krieger in uns kommt zur Ruhe; der Liebende und Weise in uns bekommt mehr Raum. Es ist ein geführtes Geschehenlassen. Die Praxis wird zum Ergebnis des Nachdenkens, nicht umgekehrt. Wir verstehen, ohne einverstanden sein zu müssen. Wir leben die Worte des Philosophen Karl Jaspers: »Heimat ist da, wo ich verstehe und wo ich verstanden werde.« Und da wir zuerst verstehen wollen, kann fast überall unsere Heimat sein.

Es ist ein manches Mal ein beschwerlicher Weg, doch er lohnt sich! Er lohnt sich nicht nur für uns selbst, sondern auch für unsere Beziehungen, unsere Kinder, unsere Großfamilie, unsere Mitarbeiter, unsere Chefs. Es lohnt sich für alle Menschen in unserem Umfeld. Alles wird leichter. Wir sind an unserer Quelle angelangt, wir sind zum Inspirator geworden. Wir werden zur Inspiration für andere. Unser Sein überstrahlt unser Tun.

Mein Weg von Einsichten zu Handlungen und zu Ergebnissen war manchmal mühsam, ja fast unerträglich. Das muss nicht so sein. Andere Wege sind einfacher, leichter. Jeder Weg ist einzigartig; wir sind einzigartig. Meine innere Bergwanderung war und ist nun einmal so. Doch was bleibt, ist die Dankbarkeit für die Chance, diesen Weg gehen zu dürfen – so gut ich kann und so lange ich darf. Dazu gehört auch der Unfall. Ich bin mit ihm einverstanden, voll und ganz. Ich kann nicht sagen, wer ich ohne den Unfall heute wäre – und da bin ganz klar: Es interessiert mich auch nicht.

Wir alle ringen immer um die nächste Stufe der Erkenntnis. Das macht uns zu Schwestern und Brüdern im Geiste. Wir brauchen Respekt für das Ringen des anderen. Wenn ich auch auf einer bestimmten Stufe stehe, weiß ich doch nie, wie es weitergeht. Kann ich denn sicher sein, dass mir die nächste Erkenntnis nicht von einem Kind geschenkt wird – einfach so im Vorübergehen? Wir Menschen brauchen einander, um die nächste Einsicht zu erlangen, um aneinander und miteinander zu wachsen. Alles, was ich mit meiner Geschichte sagen will: Es lohnt sich. Steh jeden Tag auf, und gib dich dem Leben hin. Sei auf dem Spielfeld und spiel mit, mal mehr, mal weniger intensiv. Sei kein Zuschauer und urteile nutzlos über andere. Gib einfach alles und siehe, wie weit du kommst. Fast ganz nebenbei wirst du der Beste, der du sein kannst. Und: **Du brauchst überhaupt nicht mit allem einverstanden sein, was du verstehst.**

LITERATURLISTE

Es gibt unterschiedliche Motive für eine Literaturliste. Mein Motiv für diese Liste ist Inspiration für dieses Buch. Jeder von uns ist die Summe vieler Dinge, die er von anderen Menschen lernen durfte: Ideen, Gedanken, Meinungen, Interpretationen. Manche dieser Menschen sind schon lange tot, manche umgeben uns jeden Tag oder eine gewisse Zeit lang, andere geben uns ihre Gedanken durch Bücher weiter. Inwiefern ein Autor stimmig mit seinen Aussagen ist, muss jeder Leser für sich selbst beantworten. Das gilt für wissenschaftliche Studien genauso wie für Interpretationen des Zeitgeschehens oder der Historie. Selten inspiriert mich ein ganzes Buch komplett. Meist sind es kurze Wortfolgen oder Gedanken. Diese lösen dann bei mir weitere Gedankengänge aus. Manches mal werden dann daraus wertvolle Unterscheidungen, welche sich in gewünschten Ergebnissen in meinen Leben zeigen. Viel Freude beim Gedankenjagen:

Ariely, Dan: Denken hilft zwar, nützt aber nichts. Warum wir immer wieder unvernünftige Entscheidungen treffen. München: Knaur 2010

Berendt, Joachim-Ernst: Das dritte Ohr. Vom Hören der Welt. Hamburg: Rowohlt 1988

Branden, Nathaniel: Die 6 Säulen des Selbstwertgefühls: Erfolgreich und zufrieden durch ein starkes Selbst. Piper 2003

Chang, Dong-Seon: Mein Hirn hat seinen eigenen Kopf: Wie wir andere und uns selbst wahrnehmen. Hamburg: Rowohlt 2016

Charvet, Shelle Rose: Wort sei Dank. Von der Anwendung und Wirkung effektiver Sprachmuster. Paderborn: Junfermann 2010

Covey, Steven R.: Die 7 Wege zur Effektivität: Prinzipien für persönlichen und beruflichen Erfolg. Gabal 2005

Drucker, Peter: Was ist Management. Das Beste aus 50 Jahren. Econ 2002

Emmons, Robert: Vom Glück, dankbar zu sein. Eine Anleitung für den Alltag. Frankfurt: Campus 2008

Fromm, Erich: Die Furcht vor der Freiheit. München: dtv 2016

Golemann, Daniel und Richard Boyatzis und Annie Mckee: Emotionale Führung. Berlin: Ullstein 2015

Grinder, Michael: Führung durch Charisma. Eine Analogie von Hunden und Katzen. Grettstadt: Synergeia 2009

Kitz, Dr. Volker und Dr. Manuel Tusch: Psycho? Logisch! Nützliche Erkenntnisse der Alltagspsychologie. München: Heyne 2011

Knigge, Moritz Freiherr, und Claudia Cornelsen: Zeichen der Macht. Die geheime Sprache der Statussymbole. Berlin: Econ 2016

Kotter, John P.: Leading Change. Wie Sie Ihr Unternehmen in acht Schritten erfolgreich verändern. München: Vahlen 2016

Langner, Ellen J.: Mindfulness. Das Prinzip Achtsamkeit. Die Anti-Burn-out Strategie. München: Vahlen 2015

Löhken, Sylvia: Intros und Extros: Wie sie miteinander umgehen und voneinander profitieren. Offenbach: Piper 2016

Malik, Fredmund: Führen Leisten Leben: Wirksames Management für eine neue Welt. Campus 2014

Nisbett, Richard E.: Einfach denken! Wie wir alltägliche Denkfallen vermeiden und die richtigen Entscheidungen treffen. Frankfurt: S. Fischer 2016

Obermaier, Pamela und Marcus Täubner: Gewinner grübeln nicht. Richtiges denken als Schlüssel zum Erfolg. Berlin: Goldegg 2016

Riddersträle, Jonas und Kjell Nordström: Karoke capitalism. management for mankind: Stockholm: BookHouse 2003

Sprenger, Reinhard: Das Prinzip Selbstverantwortung: Wege zur Motivation. Campus 2015

Streminger, Gerhard: Adam Smith. Wohlstand und Moral. München: C. H. Beck 2017

BORIS GRUNDL auf YouTube

» Das Ende aller Ausreden «

Vorträge, Executive Coaching, Intensiv-Seminare
www.borisgrundl.de

Menschen führen. Umgesetzt!
Transformation von Führungsteams
www.grundl-akademie.de

Verantwortung verstehen und fördern
Forschungsergebnisse Projekt „Verantwortung"
Kostenfreier Selbsttest „Standpunkt Verantwortung"
www.verantwortungsindex.de